雪の結晶図鑑

菊地勝弘・梶川正弘 著

北海道新聞社

目次

はじめに

1957年8月、私は恩師の北海道大学大学院理学研究科気象学研究室の孫野長治教授と一緒に手稲山頂（1,024m）にいました。孫野先生は、中谷宇吉郎博士の直弟子で、1955年に中谷博士の雪の研究を引き継ぎました。中谷ダイヤグラム検証のために手稲山頂に雲物理観測所を建てようとしていました。翌年観測所が完成し、雪の観測が始まりました。私は顕微鏡を担当し、初めて顕微鏡で見る結晶に興奮したのを覚えています。

1968年、私は第9次日本南極観測隊員として昭和基地で越冬観測に従事しました。研究分野は雲物理学で、越冬観測では世界で初めて、雪の結晶や氷晶核などを観測し、厳冬期に数多くの奇妙な雪の結晶を発見しました。中谷先生が私に書いてくださった「地の底海の果には何があるか分らない」とは、まさにこのことだと実感しました。この結晶は後に「御幣（ごへい）」型と命名しました。

共著者の梶川正弘博士は、気象学研究室の後輩です。私たちは孫野先生の「雲の中の出来事は雲の中に入ってみなければわからない」という教えをモットーとして研究してきました。「新しい雪の結晶の発見」は、文部省（当時）科学研究費海外学術調査に採用され、1977年には、カナダ・ノースウェスト準州イヌビック（北緯67度22分、西経133度42分）で、私たちの北極での本格的な観測が始まりました。これを機に、私は梶川博士を共同研究者として極地研究を行ってきました。私たち二人が撮った顕微鏡写真は数万枚、レプリカは数千枚を超えました。たった一コマの雪の結晶の写真でも、それを撮るまでに数十個、数百個を精査し、それでも満足がいかなければ何枚も何十枚ものスライドを精査した結果です。本書に掲載した写真はそれらの一部ですが、その背後には何百、何千倍もの撮影されなかった結晶があります。私たち二人は、世界中のいろいろな場所で最も多くの結晶を見た研究者だと自負しています。本書が、千差万別の雪の結晶に対する新たな興味を惹き起こすことを願っています。

本書を通して、中谷先生が私に書いてくださったもう1枚の色紙「科学と芸術との間には硝子（ガラス）の壁がある」の言葉を想い浮かべ、「硝子の壁」の向こう側がほんのちょっぴり見えたような気がします。中谷、孫野両先生もこの図鑑の完成をきっと喜んでくださるに違いないと確信しています。

2011年12月

菊地 勝弘

I
天からの贈り物

菊地勝弘

1．初雪前線

北海道で晩秋から初冬にかけて、カラマツの葉がすっかり茶色に変わり、雪虫ともいわれているアブラムシの仲間トドノネオオワタムシが初雪の前兆として飛び交うころが、北海道に住む人々が冬の訪れを実感する時です。日々の天気図は「西高東低の冬型」、または単に「冬型」と呼ばれる、等圧線が南北に長く、それをはさんで日本列島の西側に高気圧、東側に低気圧が居座る形で北西の季節風が吹くパターンとなります。初雪の便りが真っ先に届けられるのは、大雪山系の旭岳（2,290m）か、黒岳（1,984m）からです。山岳部の初雪は初冠雪といいます。この初雪の便りから、「初雪前線」は、山の斜面を一日約40mの速さで麓（ふもと）まで下り、それから日本列島を一日に約25kmの速度で南下するといわれています。

2．雪の結晶の誕生

冬の訪れを告げる気圧配置が現れると、中国東北部やシベリア大陸で発生した冷たくて乾いた空気が日本海上に流れ出て、海面からは相対的に暖かく湿った水蒸気が一気に上昇して雲をつくります。気象衛星画像では、日本海上を北西から南東方向に日本列島に向かって白く輝いている雲の列を見ることができます（**図１**）。この雲が**雪雲**です。

図１　1979年１月19日12：00の気象衛星の赤外画像（気象庁）

一般に、巻雲（けんうん）や高度10,000m以上の対流圏上部まで発達した積乱雲（せきらん）や飛行機雲（**図２**）の中は、気温はいつも－30℃以下となっているので、これらの雲は「雪の赤ちゃん」といわれる氷晶の製造工場です。この工場では、海面から蒸発した水蒸

（a）巻雲

（b）積乱雲

（c）飛行機雲

図２　「氷晶の製造工場」の雲たち（a、b：菊地勝弘、c：山田圭一撮影）

気が上昇するとともに温度が低下して凝結し、氷点下でも凍らない過冷却の雲粒になります。この雲粒を凍結させるような氷晶核などによって雲粒は一気に丸い氷の粒に変わります。この氷の粒は時間とともにその表面にあたかもゴルフボールのような特徴的な結晶面が現れ、ついにはごく微小な角柱の氷に変わります（**図3**）。氷晶の発生です。このときの氷晶の大きさは直径10μm以下です（1μm＝マイクロメートル＝は、1000分の1mm）。

北海道や高緯度地方では、特に朝方の気温が－20℃以下になった時など、青空をバックにこの氷晶が朝日の光を反射してキラキラと輝いて見えることがあります。この現象はダイヤモンドの粉をまき散らしたように見えることから「ダイヤモンド・ダスト現象」といいます。気象用語としては細氷のことですが、今日ではダイヤモンド・ダストの方がよく使われています。また同時に、大小の河川の近くでは、川面から立ち上る水蒸気が冷たい樹木に昇華凝結（水蒸気が直接、氷として凝結する現象）して樹霜の花が咲き、冬の寒さの厳しさを代表する光景を見ることができます。こんな光景はまさに天からの贈り物です。

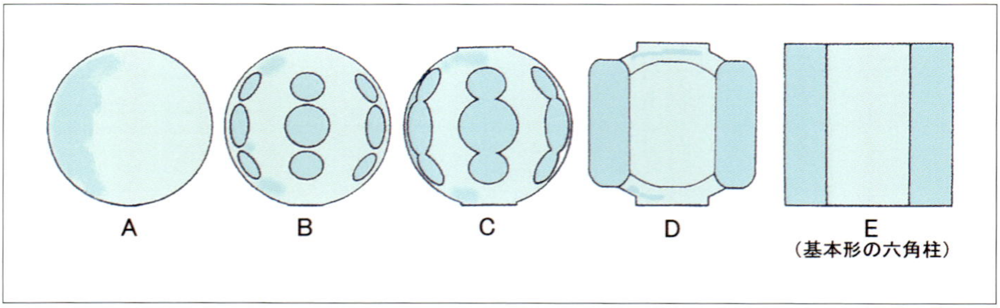

図3　凍結微水滴（A）が氷晶（E）となる過程（山下, 1974）

3．雪の結晶の成長

丸い氷の粒から、ゴルフボール状へと変わった氷晶は、その後も雲の中の水蒸気をもらって成長しますが、そのうちの特定の面（上下二つの底面と六つの柱面）の成長が早く、基本形の六角柱へと成長します（**図3**のE）。この時点での基本形の六角柱は幅（a－軸または副軸といいます）と長さ（高さ）(c－軸または主軸といいます）は同じくらいです。この六角柱から板状結晶（代表的な結晶形は「角板」型や「樹枝六花」型）に成長するか、または柱状結晶（代表的な結晶は「角柱」型や「針」型）に成長するかは、その六角柱ができた雲の中の温度と湿度の条件によって決まります。通常の光学顕微鏡で観察できる大きさは、外形が0.01mm以上ですが、0.1mm位まで成長すると、氷晶は外形や表面構造にはっきりとした特徴が現れ、雪の結晶と呼ばれます。**図4**は相対的に板状結晶なら大きさを、柱状結晶なら長さを強調して模式的に描かれたものです。

小さな基本形の六角柱から柱状に成長し始めた結晶は、角柱からさらに柱状に伸びて、結晶は上下二つの底面と六つの柱面のそれぞれにくぼみができてきて、「骸晶（がいしょう）角柱」型になります。それからさらに縦長に伸びると同時に、それぞれのくぼみも深まり、「骸晶角柱」型から「鞘（さや）」型へと変わります。さらに成長が進むと「鞘」型の上下の六角のそれぞれの角から細い角柱が伸び始め、ついには「針」型になります。しかし、針の部分は6本全てが同じ長さになることは珍しく、普通は上下それぞれに2～3本が特に長くなり、先端もとがって針のようになります。こ

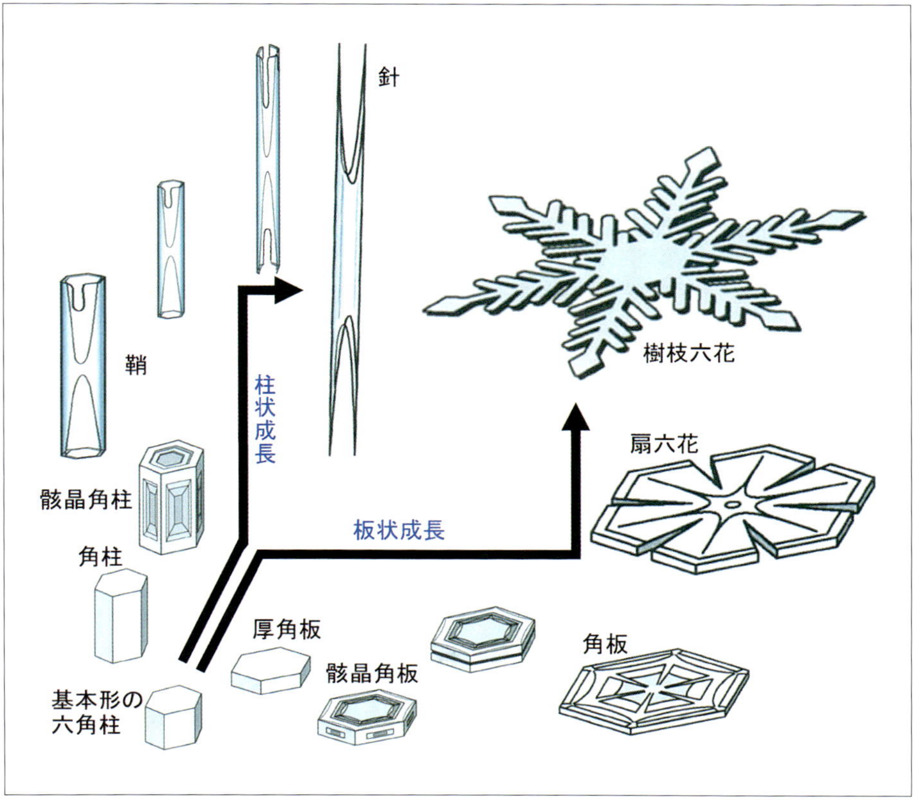

図4　単結晶の雪の成長過程と形の変化、小林（1984）を改変

の一連の結晶は、結晶主軸の方向が同じなので、すべての結晶は単結晶です。しかし、「角柱」型や「骸晶角柱」型の状態から、柱状結晶の成長が「砲弾集合」型に代表されるように立体化して成長することがあります。そうなるとそれぞれが単結晶の「砲弾」型だったものの結晶主軸がいろいろな方向を向いているので多結晶と呼ばれるのです。

一方、基本形の六角柱から板状結晶に成長し始めた結晶は、二つの底面が大きく成長して「厚角板」型となりますが、さらに成長が進むと二つの底面と六つの柱面のそれぞれにくぼみができ始め、「骸晶角板」型になります。それからさらに水平方向に広がると同時にくぼみも深まり、表面構造に細かい溝や稜も認められる「角板」型へと成長します。柱状結晶に成長した「鞘」型のそれぞれの角から細い「角柱」型が伸び始めたように、板状成長した結晶では「角板」型のそれぞれの六つの角が優先的に水蒸気を捕捉して、先端が伸び始めると同時に幅も広がってきて、それらはあたかも角板の先端に扇が成長したような「扇六花」型に、さらに水蒸気の多い状態が続けば、「扇六花」型の先端が細く伸びると同時に二次枝も成長してよく知られた「樹枝六花」型（**図5**）になります。この一連の結晶は、結晶主軸が平板状に垂直で同じなので、いずれの結晶も単結晶です。

図5　「樹枝六花」型の結晶

しかし、「骸晶角板」型や「角板」型の状態から、「交差角板」型に代表されるように立体化して成長することがあります。そうなると、「交差角板」型の結晶主軸は、いろいろな方向を向いていることになり、多結晶ということになります。

雪の結晶は、規則正しい六角形をしているといわれる一方で、千差万別の顔をもっているともいわれます。基本形の六角柱から角柱、厚角板の段階では、骸晶構造に見られるくぼみや表面構造になんらの模様も認められない、マクロにはいわゆる無垢の結晶といわれるような正真正銘の六角柱、六角板であって理想的な雪の結晶の容姿とも言えるものです。それは雪の結晶が六方晶系であるという結晶構造に起因しています。ところが、ある程度の大きさに成長した「鞘」型や「扇六花」型などのようになると、外形は六角、六花を保っているものの表面構造や微細構造は千差万別です。雪の結晶が二つと同じものはないといわれるゆえんでもあります。そのことが雪の結晶の多様性を示しており、この多様性によって美しさも増すのです。こうした意味でも、雪は、天からの贈り物なのです。

4．雪の結晶の分類

雪の結晶の本格的な分類は、雪の博士として著名な、北海道大学理学部教授だった中谷宇吉郎博士が1938年（昭和13年）に発表した分類がよく知られています。中谷博士は、北海道中央部の十勝岳中腹の白銀荘などを拠点として行った観測を充実させ、1949年には「**一般分類**」(178ページ参照）を完成させました。さらに、天然で観測された結晶の多くを低温室で人工的につくることにも成功し、それらをもとに横軸に温度（Ta）を、縦軸に氷に対する過飽和度：湿度（s）をとって、雪の結晶の成長条件を明らかにし、1954年に「**中谷ダイヤグラム**」(174ページ参照）を作成しました。このダイヤグラムの温度範囲は－25℃まででした。中谷博士の「雪は天から送られた手紙である」という言葉はあまりにも有名ですが、これは雪の結晶の形を見れば、その結晶が発生し、成長した上空の気象条件が分かることを表したものです。

その後、中谷博士の直弟子で、北海道大学理学部教授だった孫野長治博士らによって1966年、手稲山や石狩平野を中心に行った観測をもとにした「**気象学的分類**」(179ページ参照）が公表され、この分類が一般に広く利用されてきました。これらは北海道での観測に基づいた分類です。

1956年、日本の南極観測が開始されました。第９次日本南極地域観測隊の越冬隊員として加わった菊地が1968年、昭和基地での越冬中（**図６**）に多数の新しい雪の結晶を発見して、天然の雪の結晶の成長温度領域が一気に拡大されることになりました。加えて、新たに人工雪生成のために好都合な、小型の低温用の実験箱も開発され、－25℃以下の雪の結晶も容易に成長させることができるようになりました。こうなると、新しい雪の結晶に正規の名称がついていないことは、研究を進めていくうえで大変不便な状況となり、今後の雪の研究のために、私たちが長年かけて行ってきた観測をもとに新しい分類をまとめることになりました。

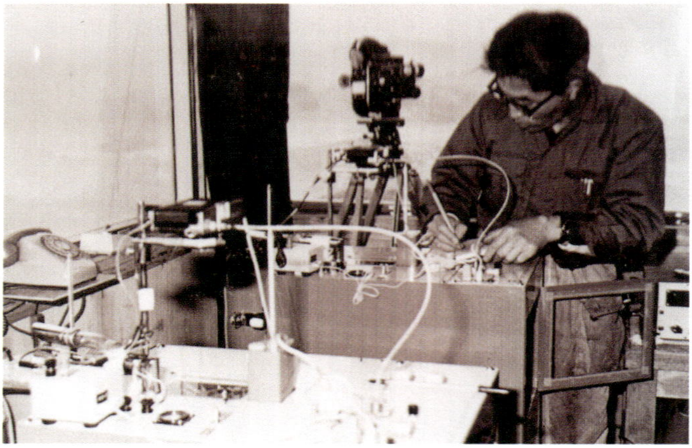

図６　南極・昭和基地で氷晶核の測定をする筆者（菊地）＝1968年

私たちの観測域は、国内は北海道、秋田県、石川県、北半球ではカナダ、ノルウェー、スウェーデン、フィンランドの北極域に、グリーンランド、スピッツベルゲン島、南半球では南極昭和基地、南極マクマード基地、南極点基地などを含みます。このことから、新しい分類は、地球規模、世界的なという意味を持つ「**グローバル・スケール分類**」、略して「**グローバル分類**」ということにしました。グローバル分類は2011年、研究者の間で検討を重ね、承認されました。

14～15ページの**表**がグローバル分類です。本書で紹介する雪の結晶形の配列と名称は、グローバル分類にしたがっています。将来、多少の変更もありえるでしょうが、本書の分類が今後は、雪の研究のスタンダードとなります。このような世界規模の雪の結晶のカラー図鑑は世界初であることをあえて強調しておきます。

5．雪の結晶の撮影

本書は、雪の結晶をできるだけ美しく撮影し、その構造を分かりやすく見せるために各種の手法を用いました。

＊写真の多くは偏光顕微鏡という特殊な顕微鏡を使って撮影しました。偏光というのは、光の振動方向が一方向に偏った光のことで、この光が結晶を透過するときに、結晶の向きによって透過のしかたが異なり、この違いを偏光板によって検出することができます。この顕微鏡を使用すると、雪の結晶の結晶主軸（c－軸ともいいます。23ページ図参照）の方向や、多結晶（単体の結晶ですが、結晶主軸が複数ある結晶）の場合は結晶相互の位置関係など多くの情報を検出できるメリットがあります。

＊偏光顕微鏡では、鋭敏色板（えいびんしょくばん）という特殊な波長の色板を使うのが一般的です。こ

れを使用することで主軸の方向の違いや単一な結晶の範囲など、色の違いや色合いの濃淡で識別することができます。結晶の背景がピンク色になっている写真（**図7**の上）はこの色板によるものです。特に、柱状の結晶を横にした状態（結晶主軸を光軸に対して直交させた状態）に置くと、主軸の向きによって濃い青紫色から青色…だいだい色、黄色へと変わります。一方、板状結晶の場合は平らに置かれた状態では、常に結晶主軸が光軸と平行なので、結晶を含めた背景全体もピンク色で、結晶の輪郭のみが黒色になります。

＊柱状の結晶を横にした状態で撮影されたものの多くは、黄色の部分は主軸が右上から左下、それに対して青色の部分は主軸が左上から右下であることを表しています。ただ、写真の位置関係からトリミングしたため、お互いの色合いが90度偏っているものもあります。複雑な構造を持った、一見平板に見える雪の結晶も色合いから柱面が横になった結晶であることや、単結晶か多結晶かの違いが分かります。

＊特殊なフィルターを使って撮影した結晶もあります。主に背景の色が薄青、薄緑、黄色などになっているもので、結晶の縁を白く輝かせています。

＊通常の色フィルターやカラーセロファンをフィルターとして使っているものがあります。

＊通常の生物顕微鏡で撮影されたものは、背景が白で結晶の輪郭は単一の黒色のいわゆるモノクローム写真になっています。

＊板状の結晶などは鋭敏色板を通して撮影しても、背景のピンク色が優先して、結晶の輪郭のコントラストがはっきりしない場合があります（**図7**の上）。こうした画像はコンピューターのソフトで、色相や色調を変換するデジタル処理をして、結晶構造をより鮮明に見えるようにしました（**図7**の下）。結晶構造そのものには一切手を加えていません。

図7　偏光顕微鏡で撮影した写真（上）と、それをデジタル処理で色調変換した写真（下）

グローバル分類

大分類（G） 中分類（Ｉ） 小分類（E）

- C 柱状結晶群
  - 1．針状結晶
    - a．針
    - b．束状針
    - c．針集合
  - 2．鞘状結晶
    - a．鞘
    - b．束状鞘
    - c．鞘集合
  - 3．角柱状結晶
    - a．角柱
    - b．骸晶角柱
    - c．巻込骸晶角柱
    - d．細長角柱
    - e．角柱集合
  - 4．砲弾状結晶
    - a．角錐
    - b．砲弾
    - c．骸晶砲弾
    - d．砲弾集合
- P 板状結晶群
  - 1．角板状結晶
    - a．角板
    - b．厚角板
    - c．骸晶角板
  - 2．扇状結晶
    - a．扇六花
    - b．広幅六花
  - 3．樹枝状結晶
    - a．星六花
    - b．樹枝六花
    - c．羊歯六花
  - 4．複合板状結晶
    - a．角板付六花
    - b．扇付六花
    - c．角板付樹枝
    - d．扇付樹枝
    - e．枝付角板
    - f．扇付角板
    - g．樹枝付角板
  - 5．分離・多重六花状結晶
    - a．二花
    - b．三花
    - c．四花
    - d．十二花
    - e．十八花
    - f．二十四花
  - 6．立体状結晶
    - a．立体扇付角板
    - b．立体樹枝付角板
    - c．立体扇付樹枝
    - d．立体樹枝付樹枝
  - 7．放射状結晶
    - a．放射角板
    - b．放射樹枝
  - 8．非対称板状結晶
    - a．非対称板状
    - b．複雑多重角板

大分類（G） 中分類（Ｉ）

- CP 柱状・板状結晶群
  - 1．鼓状結晶
  - 2．砲弾・板状結晶
  - 3．柱状・板状結晶
  - 4．交差角板状結晶
  - 5．柱状・板状の不規則結晶
  - 6．骸晶状結晶
  - 7．御幣状結晶
  - 8．矛先状結晶
  - 9．鴎状結晶

菊地勝弘・亀田貴雄ほか、2011）

小分類（E）

- a．角板鼓
- b．樹枝鼓
- c．多重鼓

- a．角板付砲弾
- b．樹枝付砲弾
- c．角板付砲弾集合
- d．樹枝付砲弾集合

- a．針付六花
- b．角柱付六花
- c．巻込骸晶付六花
- d．針付角板
- e．角柱付角板
- f．巻込骸晶付角板

- a．交差角板
- b．連鎖交差角板
- c．放射交差角板

- a．角柱・砲弾・交差角板の不規則結晶

- a．骸晶四角形
- b．多結晶骸晶四角形
- c．多重骸晶四角形
- d．複雑骸晶多角形
- e．骸晶角柱・交差角板
- f．骸晶砲弾・四角形
- g．多角形骸晶集合
- h．複雑柱面構造

- a．御幣
- b．砲弾付御幣
- c．交差角板付御幣
- d．角柱御幣
- e．対称御幣
- f．氷柱御幣
- g．多重菱形御幣

- a．矛先
- b．砲弾集合付矛先
- c．交差角板付矛先
- d．多重矛先

- a．内側角板付鴎
- b．外側角板付鴎
- c．両側角板付鴎
- d．内側鋸歯付鴎
- e．外側鋸歯付鴎

大分類（G）　中分類（I）　小分類（E）

- A 付着・併合結晶群
  - 1．柱状結晶の併合
    - a．角柱・砲弾集合等の併合
  - 2．板状結晶の併合
    - a．角板・樹枝状等の併合
  - 3．柱状・板状結晶の併合
    - a．柱状・板状・交差角板等の併合
- R 雲粒付結晶群
  - 1．雲粒付結晶
    - a．雲粒付柱状
    - b．雲粒付角板
    - c．雲粒付六花
    - d．雲粒付立体
  - 2．濃密雲粒付結晶
    - a．濃密雲粒付柱状
    - b．濃密雲粒付角板
    - c．濃密雲粒付六花
    - d．濃密雲粒付立体
  - 3．霰状雪
    - a．六花霰状雪
    - b．塊霰状雪
    - c．枝付霰状雪
  - 4．霰
    - a．六花霰
    - b．塊霰
    - c．紡錘霰
- G 初期結晶群
  - 1．柱状氷晶
    - a．角柱氷晶
    - b．扁平角柱氷晶
  - 2．板状氷晶
    - a．角板氷晶
    - b．非六角板氷晶
    - c．六花氷晶
  - 3．多面体氷晶
    - a．十四面体氷晶
    - b．二十面体氷晶
  - 4．多結晶氷晶
    - a．角板氷晶集合
    - b．複雑交差角板氷晶
    - c．不規則氷晶
- I 不定形群
  - 1．氷粒
    - a．氷粒
  - 2．雲粒付雪粒
    - a．雲粒付雪粒
  - 3．結晶破片
    - a．結晶破片
- H その他の固体降水群
  - 1．凍結降水
    - a．凍結雲粒
    - b．連鎖凍結雲粒
    - c．凍結小雨滴
  - 2．霙
    - a．霙
  - 3．凍雨
    - a．凍雨
  - 4．雹
    - a．雹

雪結晶の分類（グローバル分類）

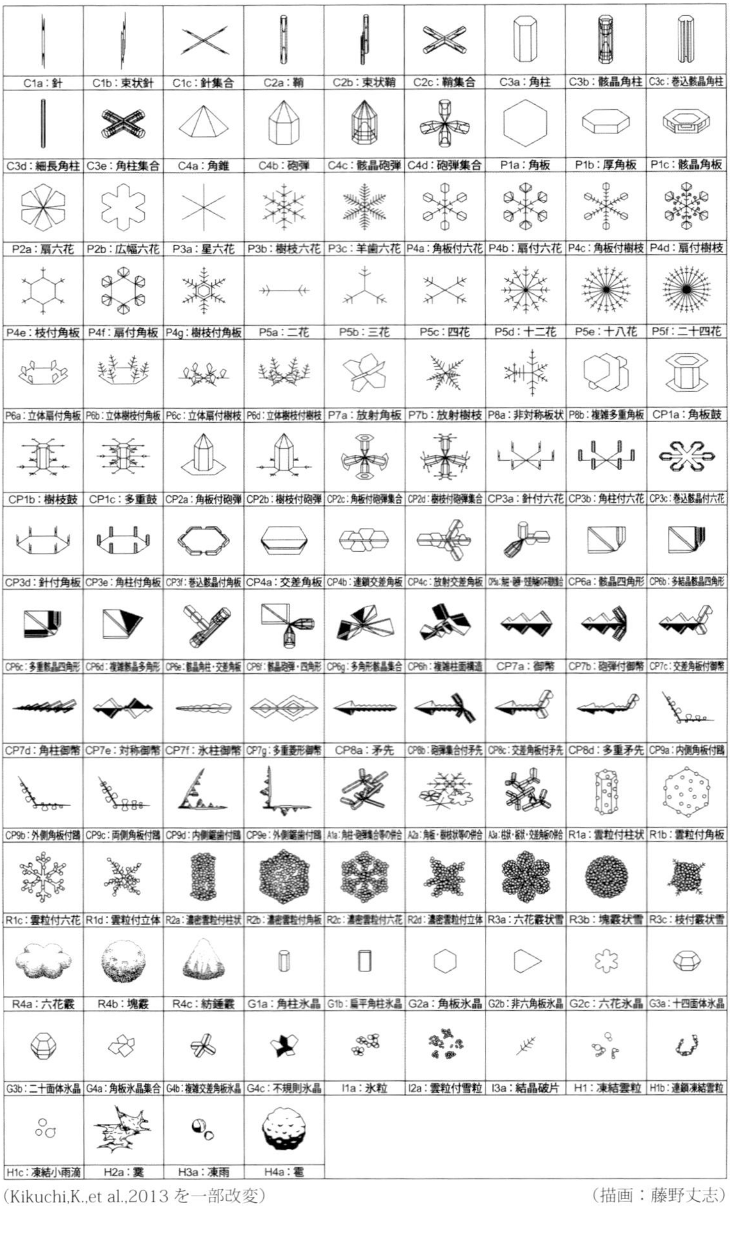
C1a：針
C1b：束状針
C1c：針集合
C2a：鞘
C2b：束状鞘
C2c：鞘集合
C3a：角柱
C3b：骸晶角柱
C3c：巻込骸晶角柱
C3d：細長角柱
C3e：角柱集合
C4a：角錐
C4b：砲弾
C4c：骸晶砲弾
C4d：砲弾集合
P1a：角板
P1b：厚角板
P1c：骸晶角板
P2a：扇六花
P2b：広幅六花
P3a：星六花
P3b：樹枝六花
P3c：羊歯六花
P4a：角板付六花
P4b：扇付六花
P4c：角板付樹枝
P4d：扇付樹枝
P4e：枝付角板
P4f：扇付角板
P4g：樹枝付角板
P5a：二花
P5b：三花
P5c：四花
P5d：十二花
P5e：十八花
P5f：二十四花
P6a：立体扇付角板
P6b：立体樹枝付角板
P6c：立体扇付樹枝
P6d：立体樹枝付樹枝
P7a：放射角板
P7b：放射樹枝
P8a：非対称板状
P8b：複雑多重角板
CP1a：角板鼓
CP1b：樹枝鼓
CP1c：多重鼓
CP2a：角板付砲弾
CP2b：樹枝付砲弾
CP2c：角板付砲弾集合
CP2d：樹枝付砲弾集合
CP3a：針付六花
CP3b：角柱付六花
CP3c：巻込骸晶付六花
CP3d：針付角板
CP3e：角柱付角板
CP3f：巻込骸晶付角板
CP4a：交差角板
CP4b：連鎖交差角板
CP4c：放射交差角板
CP5a
CP6a：骸晶四角形
CP6b：多結晶骸晶四角形
CP6c：多重骸晶四角形
CP6d：複雑骸晶多角形
CP6e：骸晶角柱・交差角板
CP6f：骸晶砲弾・四角形
CP6g：多角形骸晶集合
CP6h：複雑柱面構造
CP7a：御幣
CP7b：砲弾付御幣
CP7c：交差角板付御幣
CP7d：角柱御幣
CP7e：対称御幣
CP7f：氷柱御幣
CP7g：多重菱形御幣
CP8a：矛先
CP8b：砲弾集合付矛先
CP8c：交差角板付矛先
CP8d：多重矛先
CP9a：内側角板付鴎
CP9b：外側角板付鴎
CP9c：両側角板付鴎
CP9d：内側鋸歯付鴎
CP9e：外側鋸歯付鴎
A1a：角柱・砲弾集合等の併合
A2a：角板・樹枝状等の併合
A3a：柱状・板状・交差角板の併合
R1a：雲粒付柱状
R1b：雲粒付角板
R1c：雲粒付六花
R1d：雲粒付立体
R2a：濃密雲粒付柱状
R2b：濃密雲粒付角板
R2c：濃密雲粒付六花
R2d：濃密雲粒付立体
R3a：六花霰状雪
R3b：塊霰状雪
R3c：枝付霰状雪
R4a：六花霰
R4b：塊霰
R4c：紡錘霰
G1a：角柱氷晶
G1b：扁平角柱氷晶
G2a：角板氷晶
G2b：非六角板氷晶
G2c：六花氷晶
G3a：十四面体氷晶
G3b：二十面体氷晶
G4a：角板氷晶集合
G4b：複雑交差角板氷晶
G4c：不規則氷晶
I1a：氷粒
I2a：雲粒付雪粒
I3a：結晶破片
H1：凍結雲粒
H1b：連鎖凍結雲粒
H1c：凍結小雨滴
H2a：霙
H3a：凍雨
H4a：雹

（Kikuchi,K.,et al.,2013 を一部改変）

（描画：藤野丈志）

Ⅱ 雪の結晶の素顔

写真：菊地勝弘・梶川正弘　解説：菊地勝弘

雪の結晶のなぜ？ なるほど！ ①

雪はなぜ白く見える?

「雪はなぜ白い?」という疑問をもったことはないでしょうか。この疑問は、正確にいえば「雪の結晶はなぜ白く見える?」ということになります。目に見える太陽の光（可視光といいます）は、虹のように赤から紫まで、さまざまな色から成り立っています。私たちが目にする物の色というのは、その物が反射する可視光のうち強く反射する色で決まります。すべての色の光を同じように反射すると、可視光のすべてが合わされることになって、結果として白く見えます。

扉写真は樹枝六花の結晶による板状結晶の併合といわれる雪片ですが、白く輝いています。雪の結晶は、凹凸のある表面で、どの光も同じように反射するので白く見えることになるのです。ほとんど透明な氷の塊を、粉々にしてかき氷をつくると、白く見えるようになるのと同じです。（梶川）

C 柱状結晶群

基本形の六角柱から縦方向(結晶主軸＝c－軸の方向)に成長する結晶のグループを【C:柱状結晶群】といいます。Cは中谷博士によるColumnar crystal（柱状の結晶）のCを意味しています。

1／針状結晶

a：針

b：束状針

c：針集合

2／鞘状結晶

a：鞘

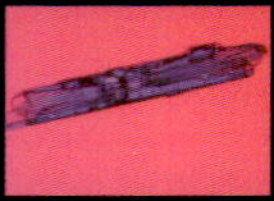
b：束状鞘

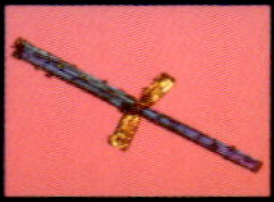
c：鞘集合

3／角柱状結晶

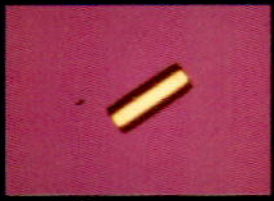
a：角柱

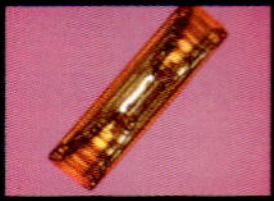
b：骸晶角柱

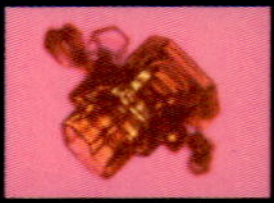
c：巻込骸晶角柱

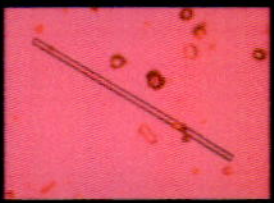
d：細長角柱

e：角柱集合

4／砲弾状結晶

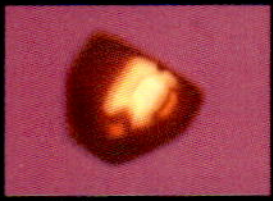
a：角錐

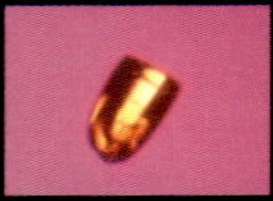
b：砲弾

c：骸晶砲弾

d：砲弾集合

C1：針状結晶／C：柱状結晶群

C1a：針

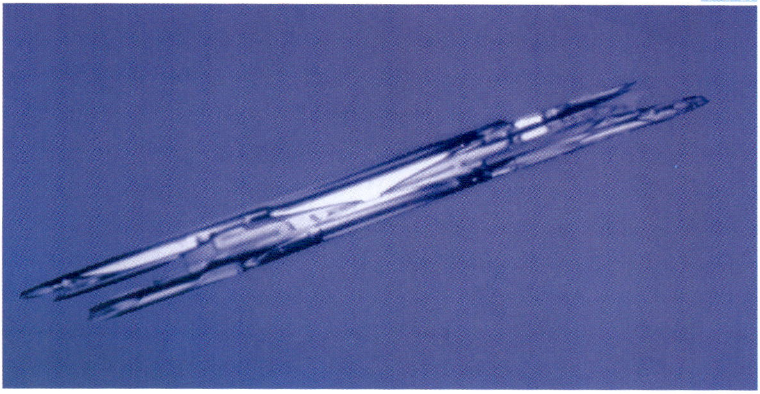

C1a：針

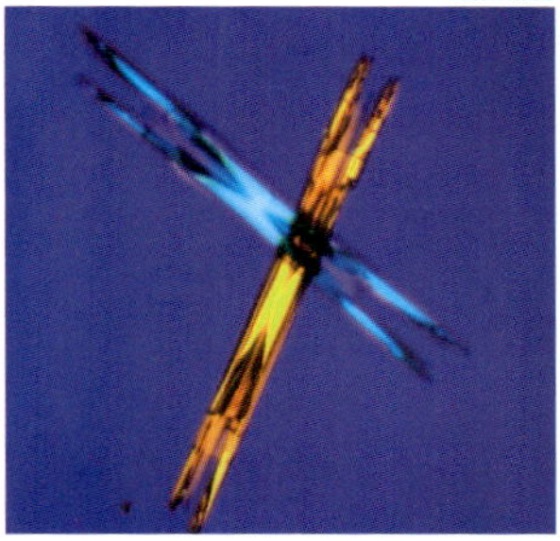

C1a：針

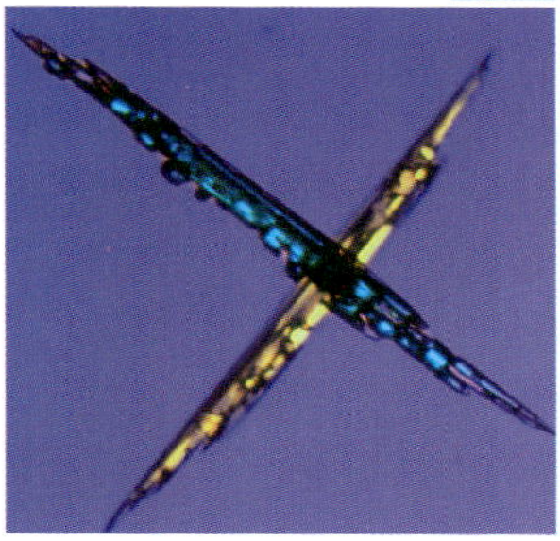

C1a：針

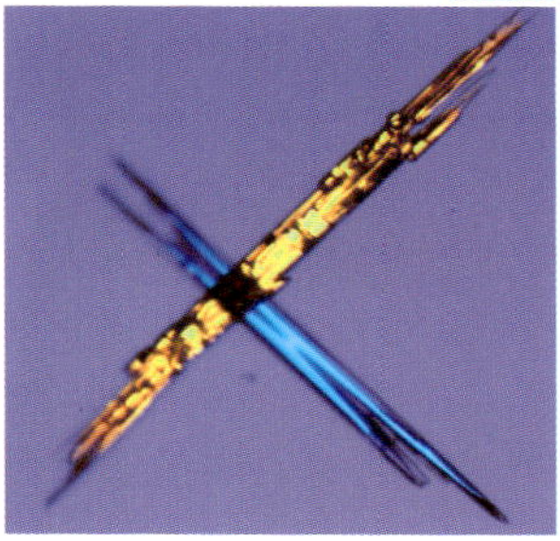

中分類で針状結晶に分類されたものは、さらに小分類で3種に分けられます。結晶の長さは1～2mm。成長温度範囲は−3～−6℃です。典型的なものは「**C1a：針**」※型で、六角柱の結晶のそれぞれの角から伸びた部分の先端がとがった針のようになっています。ただ、6個の角のすべてから針が伸びているわけではなく、上下それぞれ2～3本程度です。理想的な環境であれば、上下6本ずつの計12本の針が成長するのでしょうが、もとの角柱本体の幅がせまいので、雲の内の水蒸気の奪い合いが起こり、上下2～3本しか大きく成長できなかったものと考えられます。「**C1b：束状針**」型は針型が数本束になったように見えるものです。「**C1c：針集合**」型は、中心にある1個の核となった凍結雲粒や氷晶核から結晶学的規則性をもって針型に成長したものです。このような針集合型はまれにしか見ることができません。これまでの分類では、降ってくる途中でそれぞれの針が、数個付着･併合したものを「針組合わせ」として分類していましたが、新しい分類では、付着･併合したものは別に大分類の【A：付着・併合結晶群】の中で「A1a：角柱・砲弾集合等の併合」として分類しています。

※結晶の正式名称は「C1a：針」ですが、雪の結晶の観測や結晶分類などを話題にしているときは、この表現で針型の結晶のことだとわかるのですが、結晶の「針」型なのか、縫い針の針のことなのかはっきりしないこともあります。この図鑑では「C1a：針」型のように結晶であることを明確にするために、必要な場合には「型」をつけてあります。雪の結晶の分類上は「C1a:針」と表します。他の結晶も同様です。

C1：針状結晶（しんじょう）／C：柱状結晶群

C1a：針

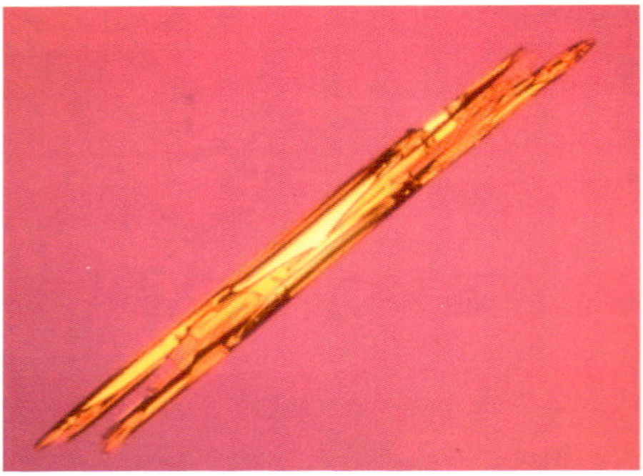

C1a：針

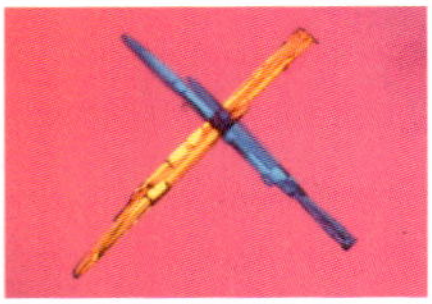

C1a：針

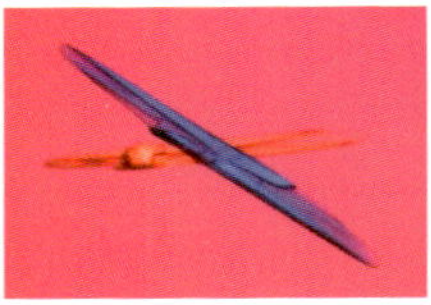

C1a：針

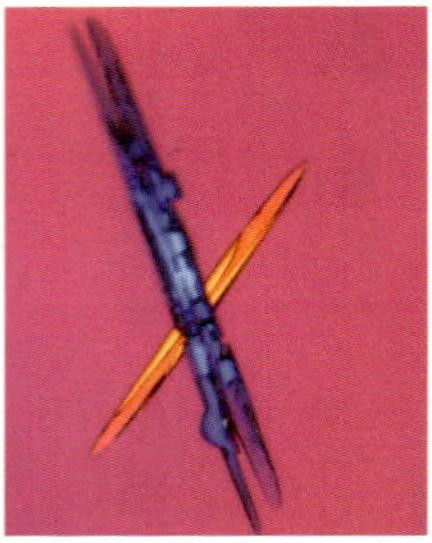

C1a：針

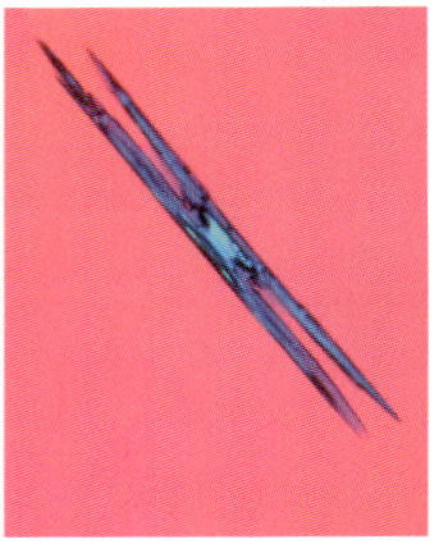

C1a：針

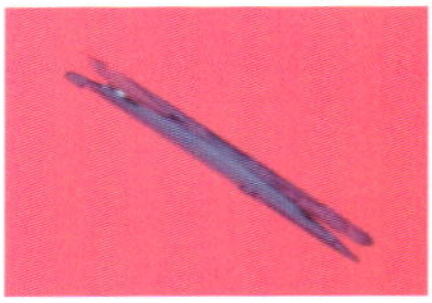

C1a：針

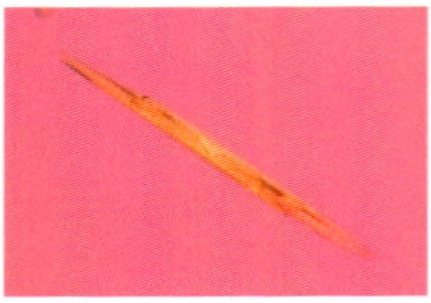

C1a：針

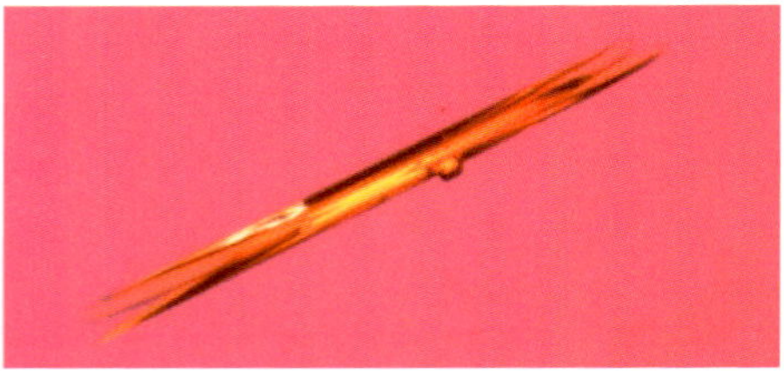

C1a：針

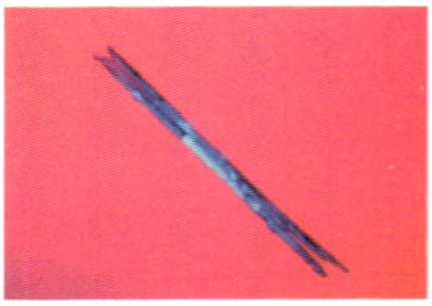

C1a：針

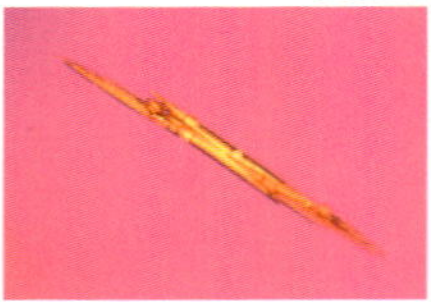

C1a：針

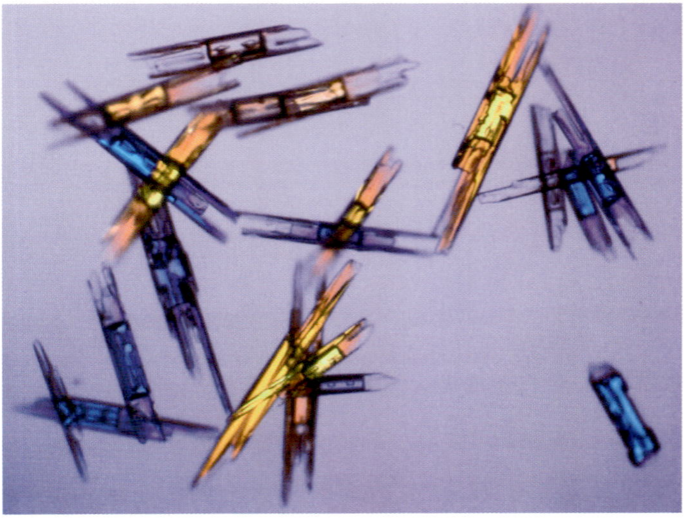

C1a：針

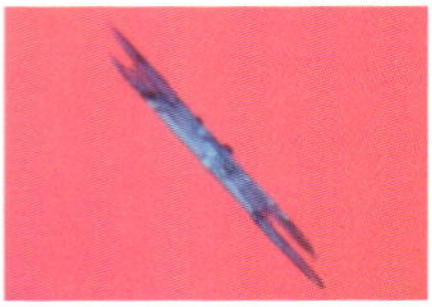

C1a：針

C1a：針

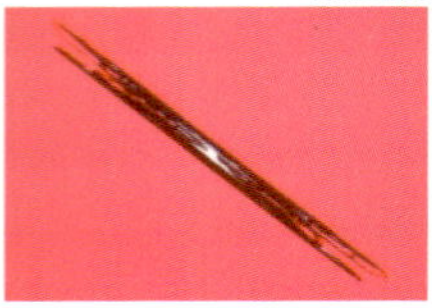

C1b：束状(そくじょう)針

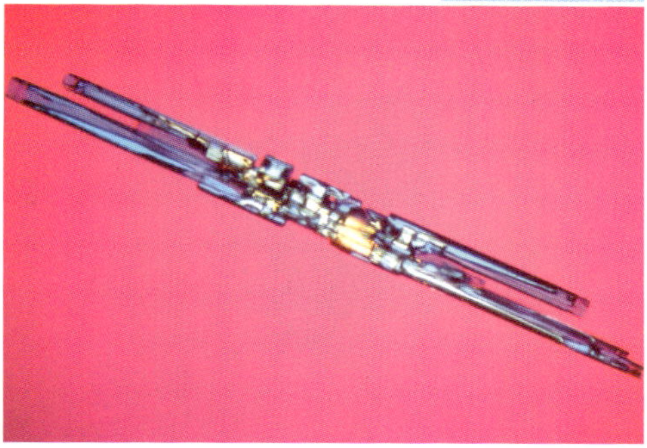

C1b：束状針

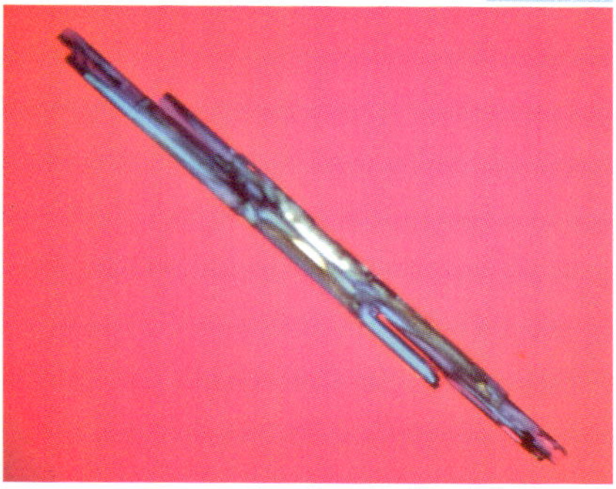

C1b：束状針

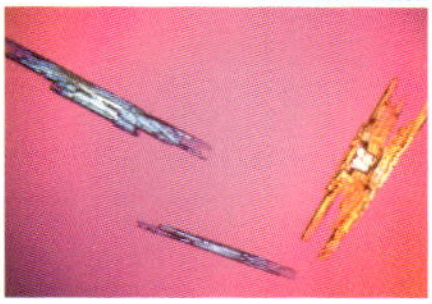

C1b：束状針

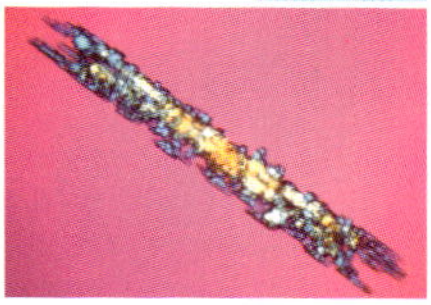

C1b：束状針

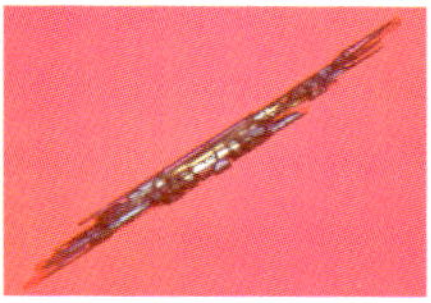

C1b：束状針

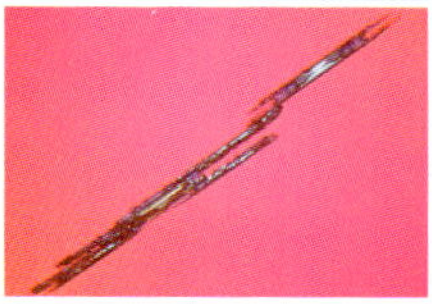

C1b：束状針

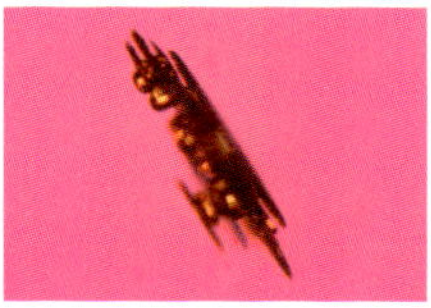

C1b：束状針

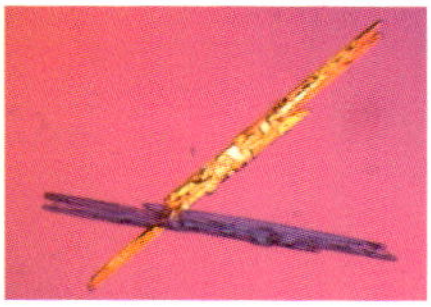

C1b：束状針

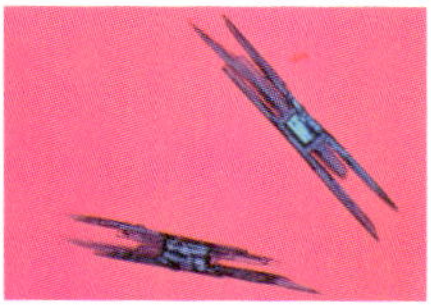

C1b：束状針

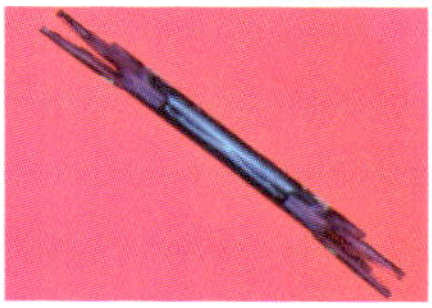

C1b：束状針

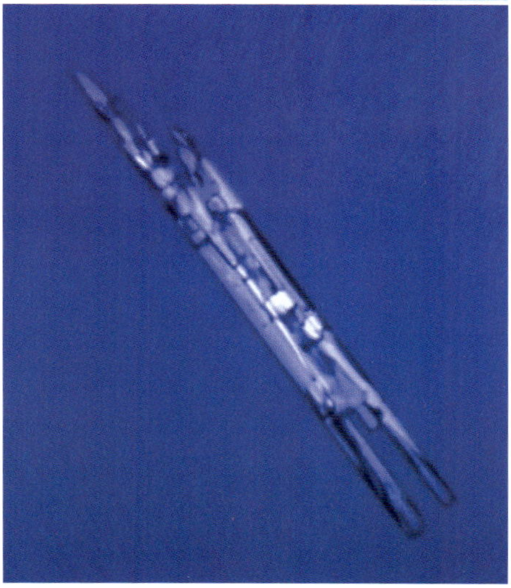

C1b：束状針

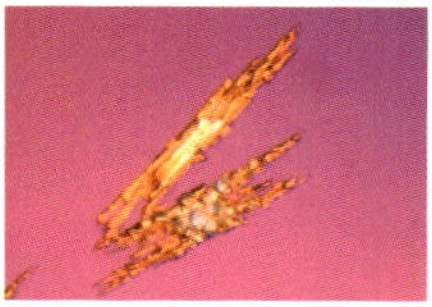

C1b：束状針

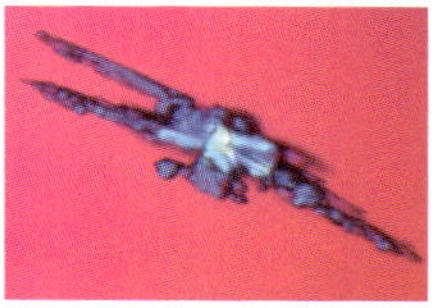

C1b：束状針

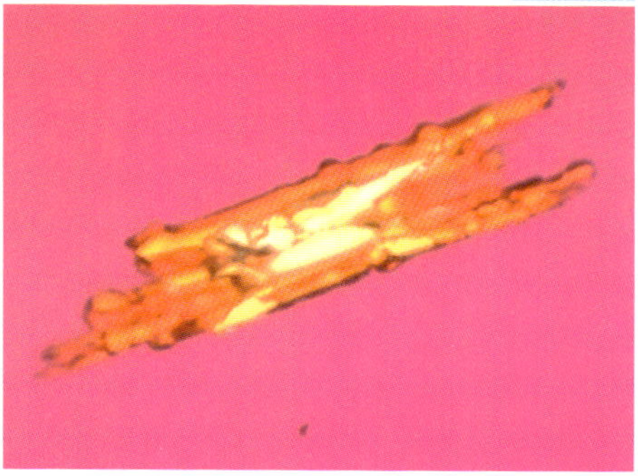

C1：針状結晶（しんじょう）／C：柱状結晶群

C1c：針集合

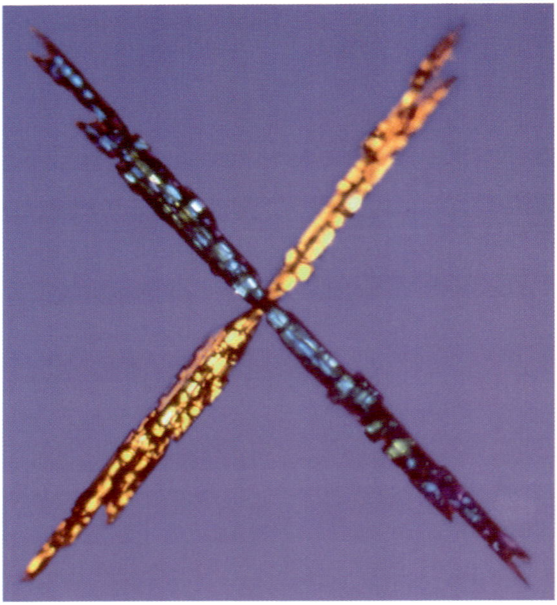

C1b：束状針

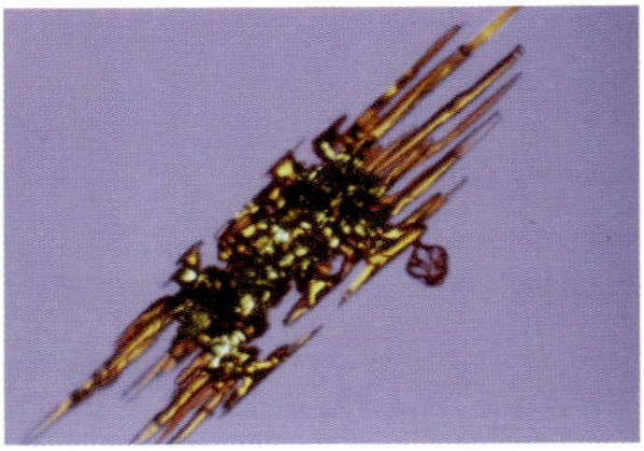

C1b：束状針

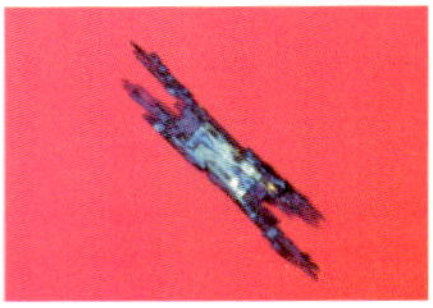

C1c：針集合

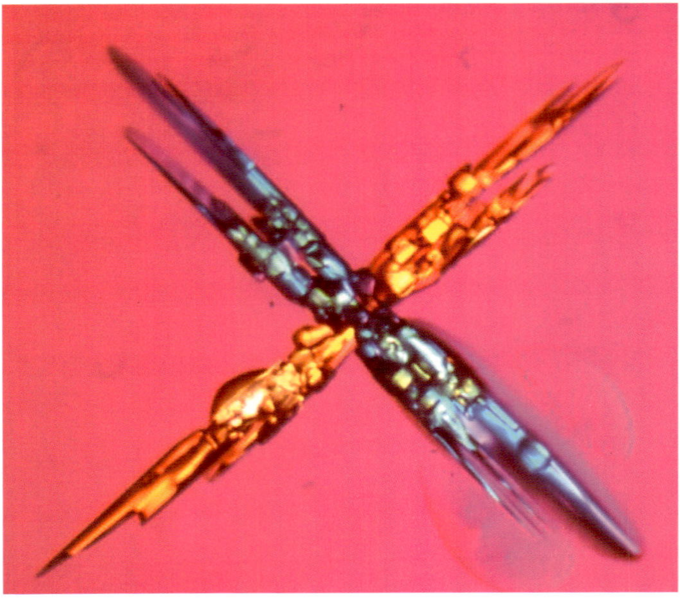

C1b：束状針

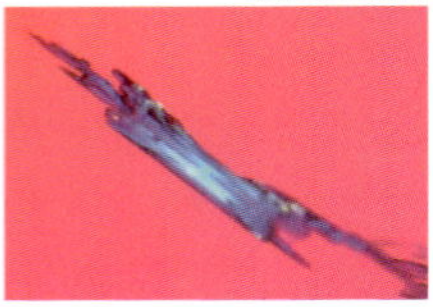

C1b：束状針

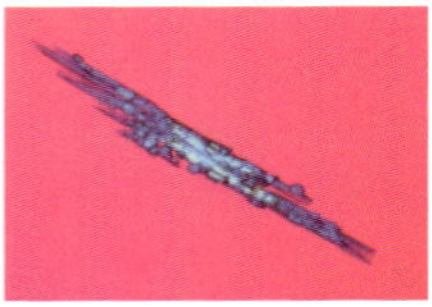

C1b：束状針

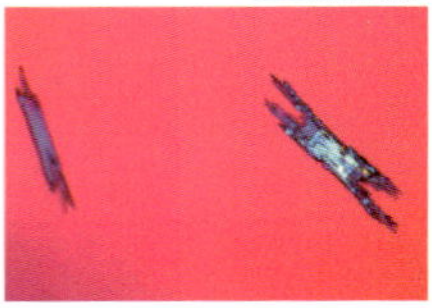

雪の結晶はなぜ六角形?

雪の結晶（氷の結晶）は、2個の水素原子（●印）と1個の酸素原子（●印）からなる水の分子が、数多く集まって結晶をつくっています。その構造は、**図1**のように1本の結晶主軸（c—軸）と3本の副軸（a－軸）とで構成されています。これを結晶主軸と平行な方向から見ると、酸素原子の配列は六方対称をしています。これが氷の基本形（氷晶の最小単位）です。

氷晶は雪の結晶の赤ちゃんです。その生成は、雲の中で過冷却した雲粒が凍結することで始まります。凍結した雲粒は時間とともにたくさんの小さな面で囲まれたゴルフボールのような結晶になり、そのうち特定の面だけが早く成長して最終的には六方対称の六角柱になります（8ページ参照）。これが**基本形の六角柱**です。結晶の高さ（Lc）と結晶の幅（La）との比（Lc／La）が1に近い六角柱（断面が六角形の鉛筆を7mmくらいに切った六角柱です）が基本形ですが、（Lc／La）＜1なら板状結晶（六角形をしたお煎餅のような形）、（Lc／La）＞1なら柱状結晶（断面が六角形の鉛筆を1cm以上に切った六角柱）といいます（**図2**）。その後は結晶の環境の気温と湿度によって多様な外形の結晶に成長します。（菊地）

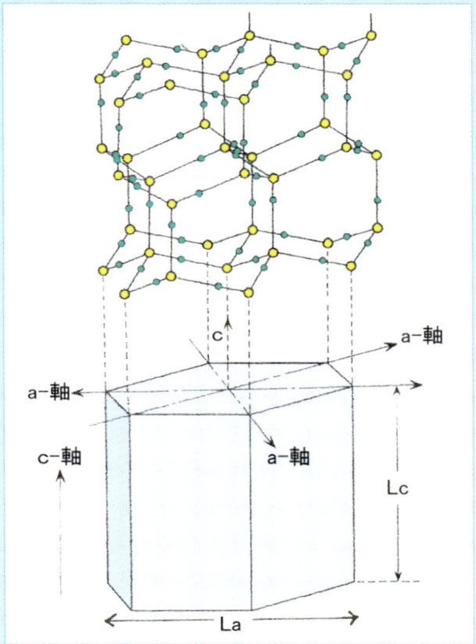

図1　雪の結晶格子　●：水素原子　●：酸素原子

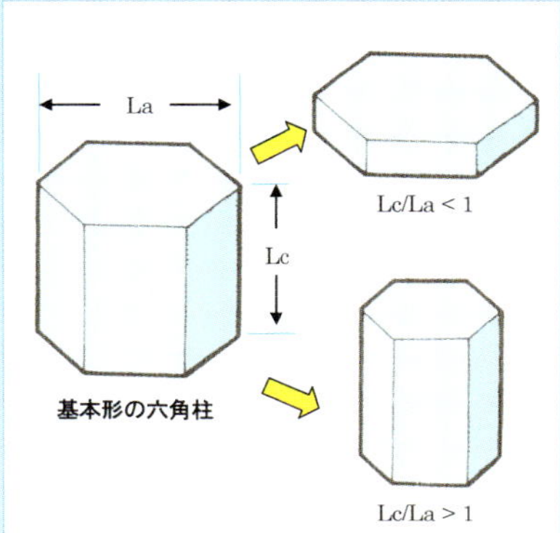

図2　基本形の六角柱と板状結晶成長（Lc/La＜1）、柱状結晶成長（Lc/La＞1）

C2：鞘状結晶／C：柱状結晶群

鞘状結晶は3種に分けられます。長さは2mmくらいで、成長温度範囲は針型よりわずかに低温で−6～−10℃です。「**C2a：鞘**」型は「針」型よりもひとまわり太く、結晶上下の先端は針のようにとがっていないので、「針」型とは区別できます。また、「鞘」型というように、中身がはっきりした中空になっているのが特徴です。「**C2b：束状鞘**」型は「鞘」型が複数本（通常は2～3本）束になったもので、「**C2c：鞘集合**」型は「針」型の部分が「鞘」型の集合になった違いだけです。結晶表面にぶつぶつ見えているのは、雲粒が付着して凍ったものです。

C2a：鞘

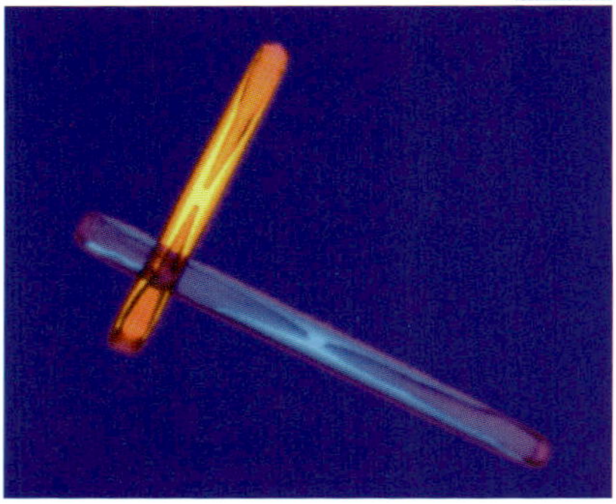

C2a：鞘

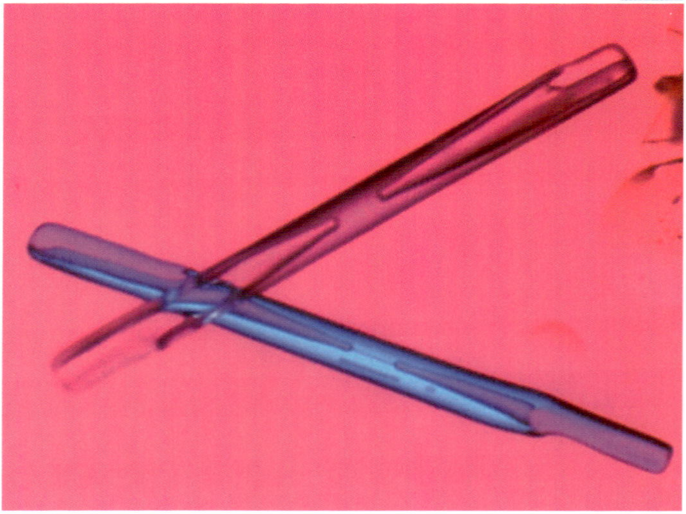

C2a：鞘

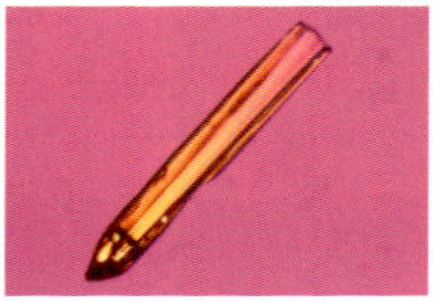

C2a：鞘

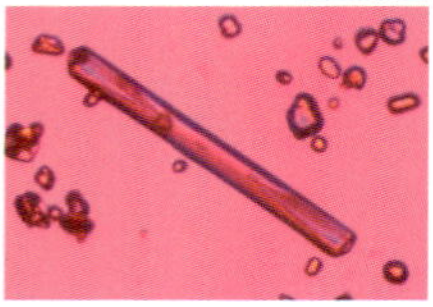

C2a：鞘

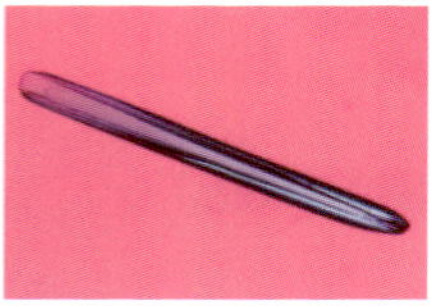

C2a：鞘

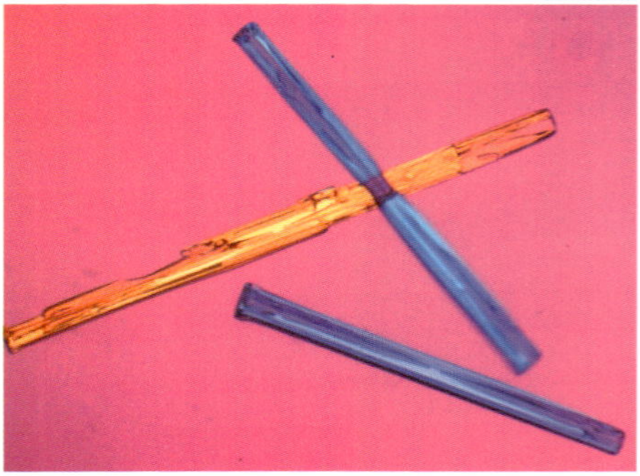

C2a：鞘

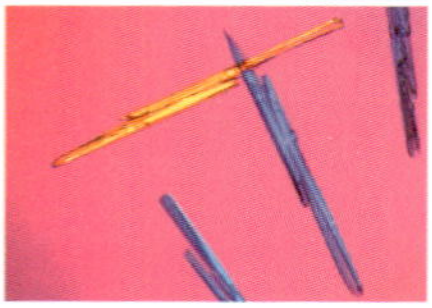

C2a：鞘

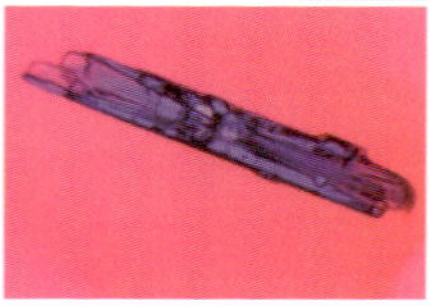

C2a：鞘

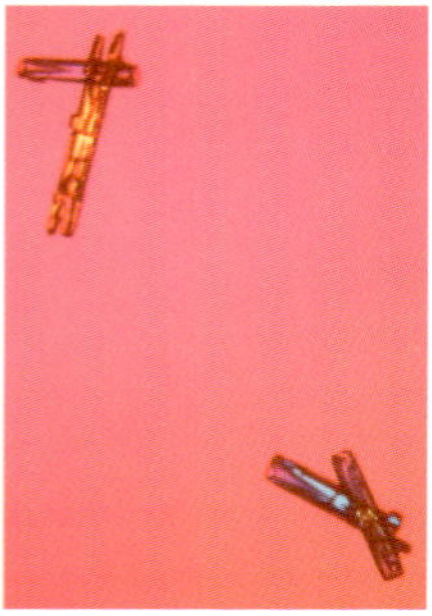

C2a：鞘

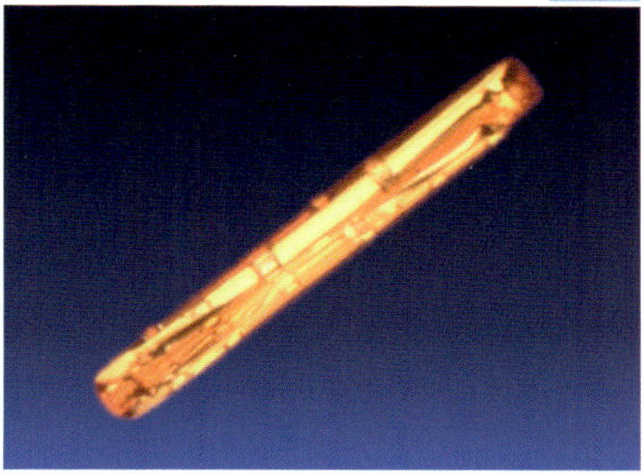

C2a：鞘

C2a：鞘

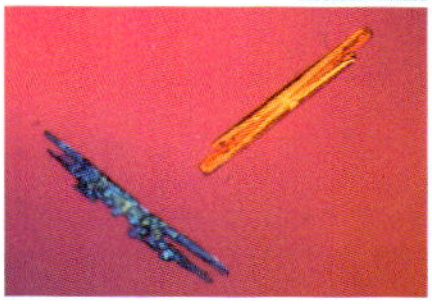

C2a：鞘

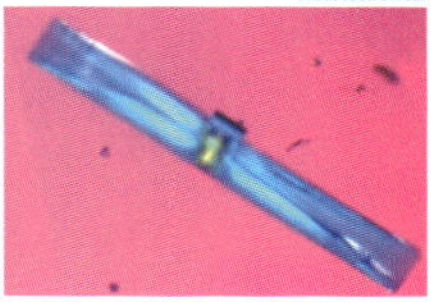

C2a：鞘

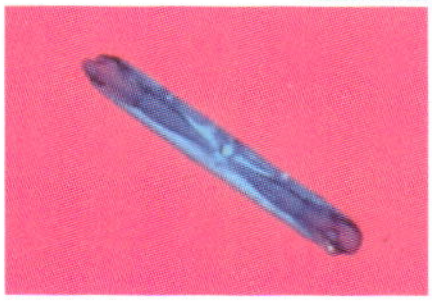

C2b：束状鞘

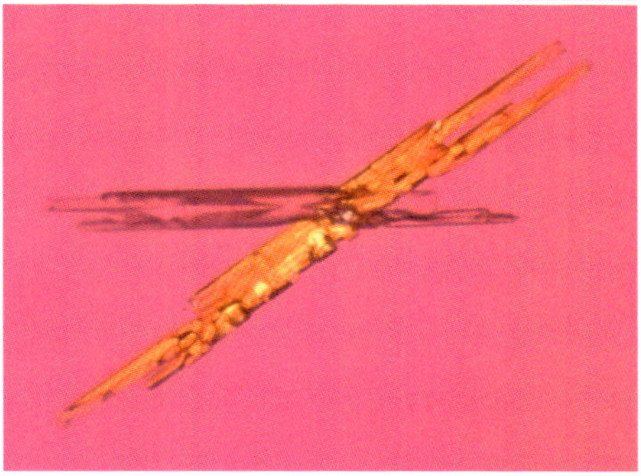

C2b：束状鞘

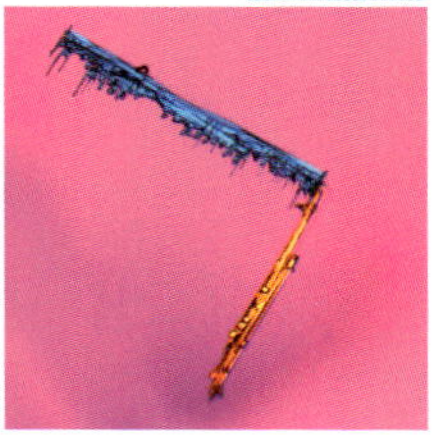

C2b：束状鞘

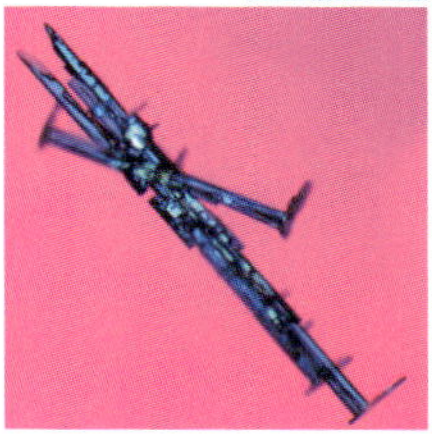

C2b：束状鞘

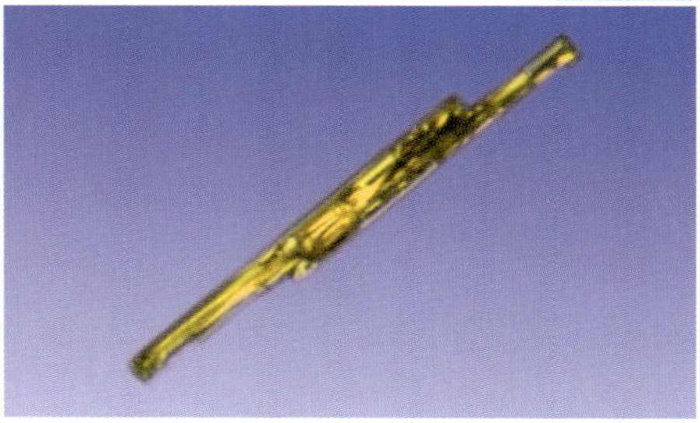

C2b：束状鞘

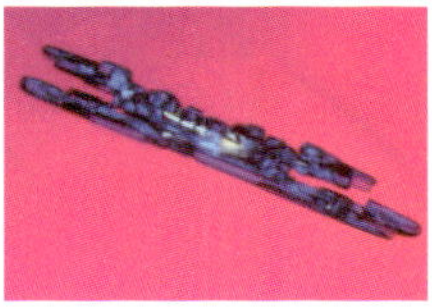

C2b：束状鞘

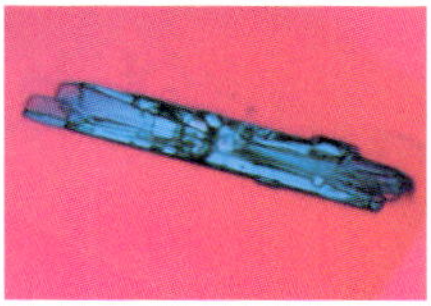

C2b：束状鞘

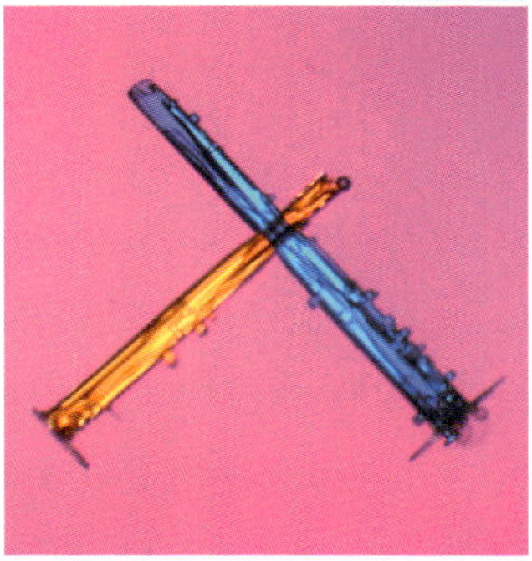

C2c：鞘集合

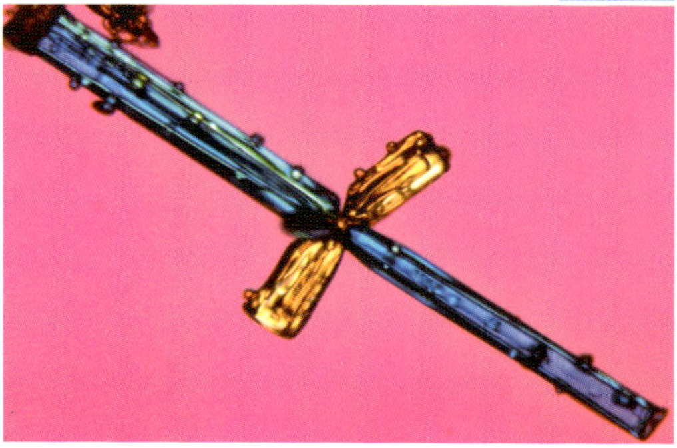

C3：角柱状結晶／C：柱状結晶群

C3a：角柱

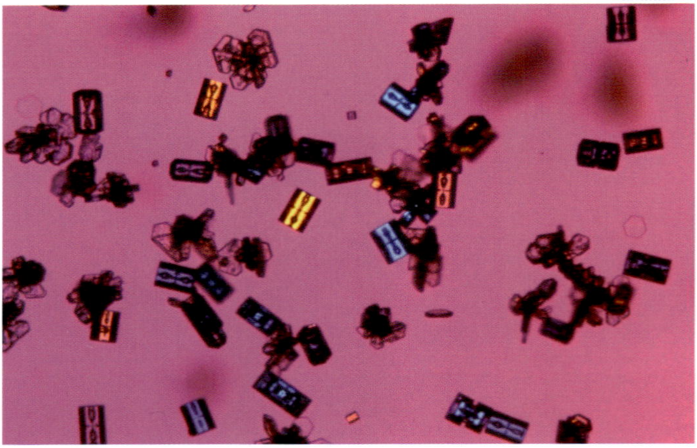

C3a：角柱

C3a：角柱

C3a：角柱

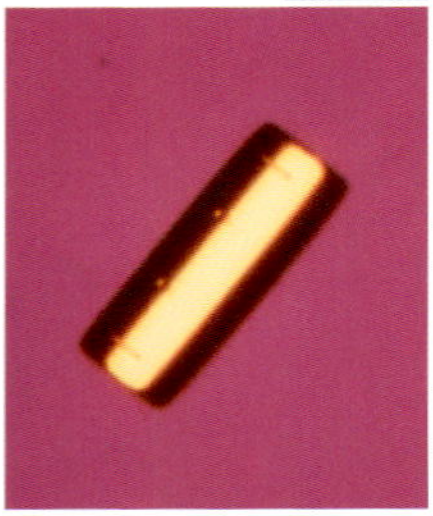

C3a：角柱

C3a：角柱

C3a：角柱

雪の結晶の成長は、基本的には基本形の六角形から柱状か板状に成長しますが、柱状結晶群で最も代表的なものが、この角柱状結晶です。「**C3a：角柱**」型は基本形から一気に成長するものが多く、ある程度以上に大きくなったものはほとんどが「**C3b：骸晶角柱**」型です。骸晶というのは、結晶の骸骨構造といった意味です。家を建てるときにたとえると、柱や梁だけの骨組みができた段階と考えてください。結晶全体が氷で詰まっているのが「角柱」型、中空になっているのは「骸晶角柱」型です。全部氷で詰まっている初期結晶は、氷晶といわれる雪の結晶の赤ちゃんに相当しますので、「角柱」型は小さなものが多くなります。主軸の長さ（Lc）と副軸の長さ（結晶の幅＝La）の比（Lc ／ La）は、1.4 になるといわれています。「骸晶角柱」型は、「角柱」型よりかなり成長した段階の結晶なので、骸晶構造が明瞭なのが特徴です。「**C3c:巻込骸晶角柱**」型は、骸晶のくぼみの先端が巻き込んでいるのが特徴です。「**C3d：細長角柱**」型の（Lc ／ La ）は 10 以上、場合によっては 50 にもなることがある細長い「角柱」型です。従来の分類では、針状角柱としていましたが、成長条件が－ 25℃以下であること、この温度条件では「針」型が成長しないことなどから、別の分類にしました。この結晶と共存する結晶は初期結晶が圧倒的なのに、なぜこの結晶だけが初期結晶の何十倍も伸びるのかはよくわかっていません。「**C3e:角柱集合**」型は、「C1c：針集合」型や「C2c：鞘集合」型と同じような生成過程で、「針」型、「鞘」型が「角柱」型に変わったものです。「C3a：角柱」型の平均的な長さは数十μmから数百μmですが、「C3b：骸晶角柱」型、「C 3c:巻込骸晶角柱」型、「C3e:角柱集合」型は 0.5mm くらいです。「C3d：細長角柱」型は 1mm を超えるものもあります。成長温度範囲は－ 3 ～－ 10℃と、－ 22℃以下の二つの温度領域がありますが、「細長角柱」型は低い温度領域に限られます。

C3a:角柱

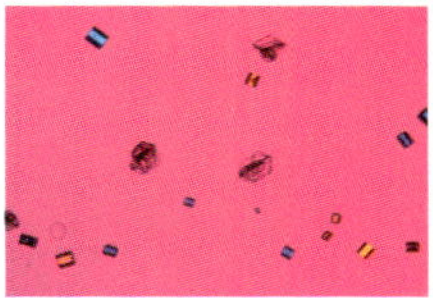

C3a:角柱

C3a:角柱

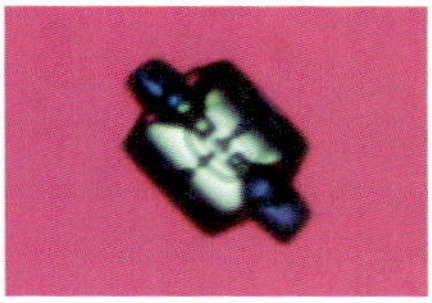

C3a:角柱

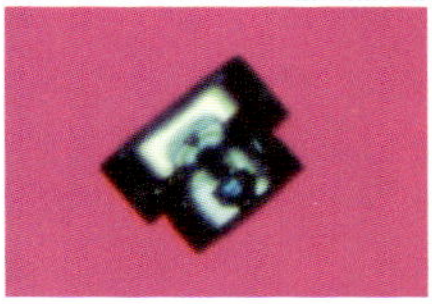

C3a:角柱

C3a:角柱

C3a:角柱

C3a:角柱

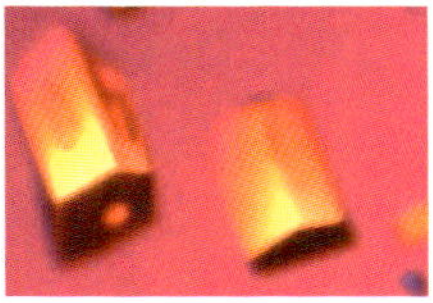

C3a:角柱

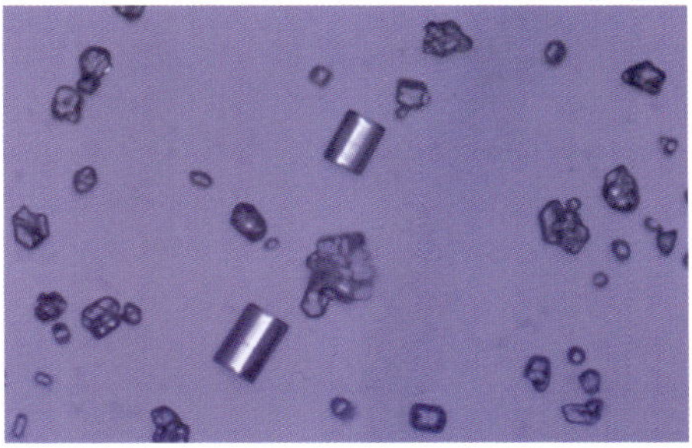

C3b:骸晶角柱

C3b:骸晶角柱

C3b:骸晶角柱

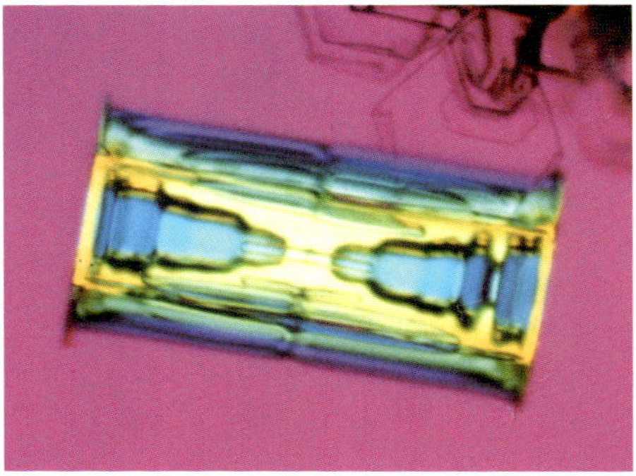

C3b:骸晶角柱

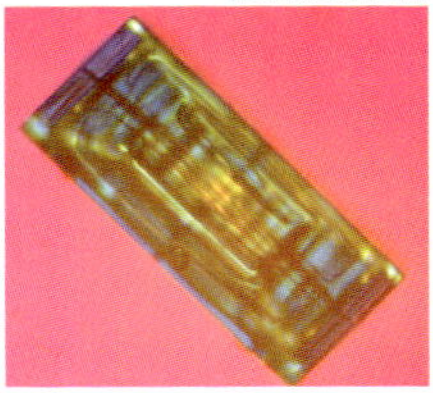

C3b:骸晶角柱

C3b:骸晶角柱

C3b:骸晶角柱

C3b:骸晶角柱

C3b:骸晶角柱

C3b:骸晶角柱

C3b:骸晶角柱

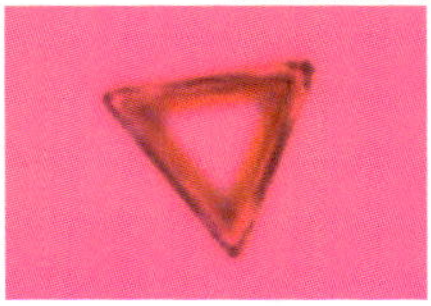

C3b:骸晶角柱

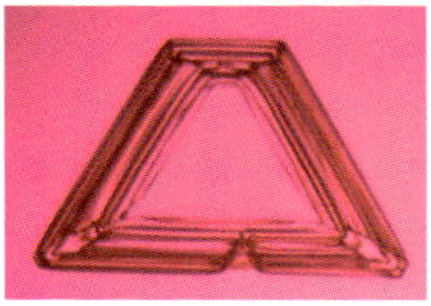

C3b:骸晶角柱

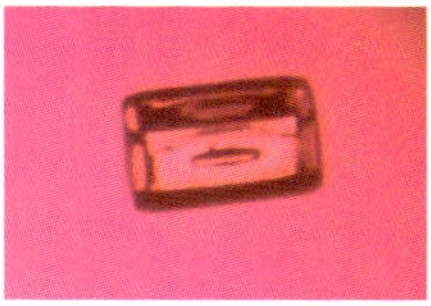

C3：角柱状結晶／C：柱状結晶群

C3b:骸晶角柱

C3b:骸晶角柱

C3b:骸晶角柱

C3b:骸晶角柱

C3b:骸晶角柱

C3b:骸晶角柱

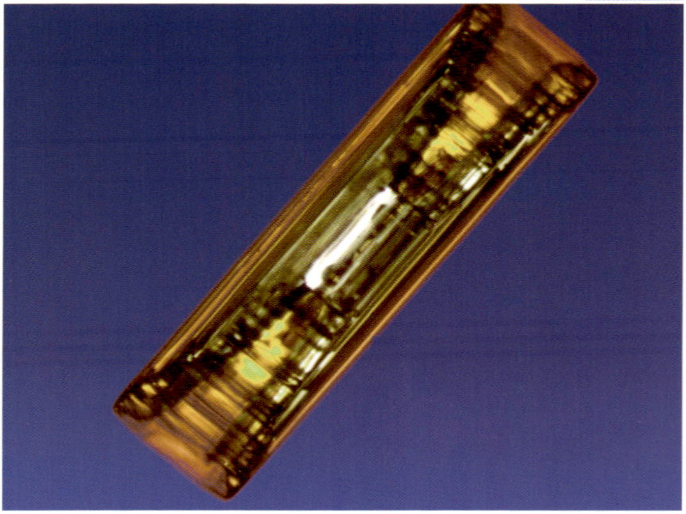

C3b:骸晶角柱

C3b:骸晶角柱

C3b:骸晶角柱

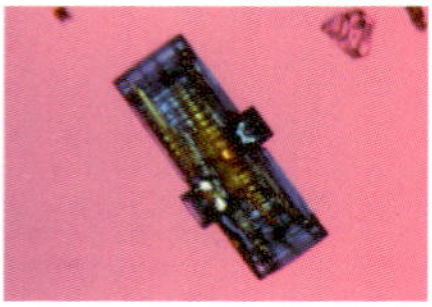

C3b:骸晶角柱

C3b:骸晶角柱

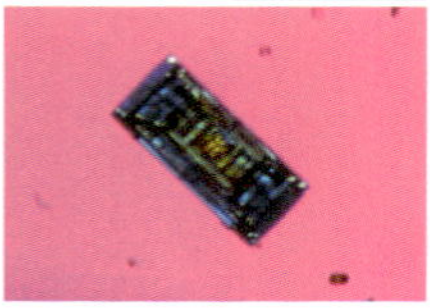

C3b:骸晶角柱

C3b:骸晶角柱

C3b:骸晶角柱

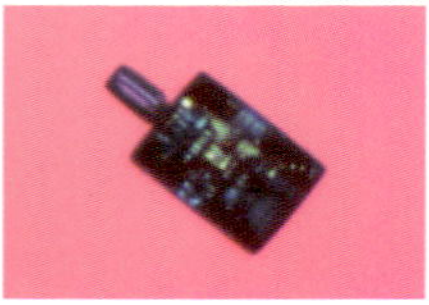

C3b：骸晶角柱

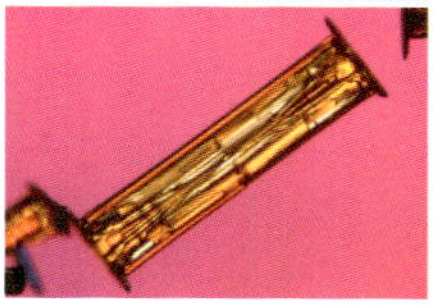

C3b：骸晶角柱

C3b：骸晶角柱

C3b：骸晶角柱

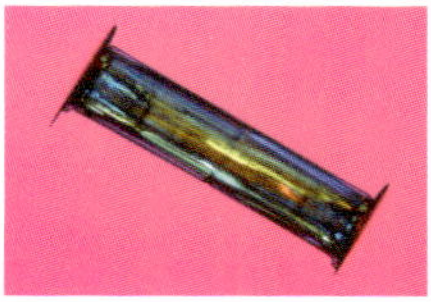

C3b：骸晶角柱

C3b：骸晶角柱

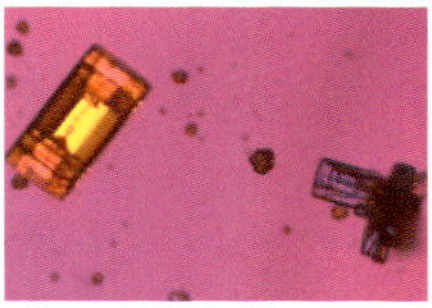

C3b：骸晶角柱

C3b：骸晶角柱

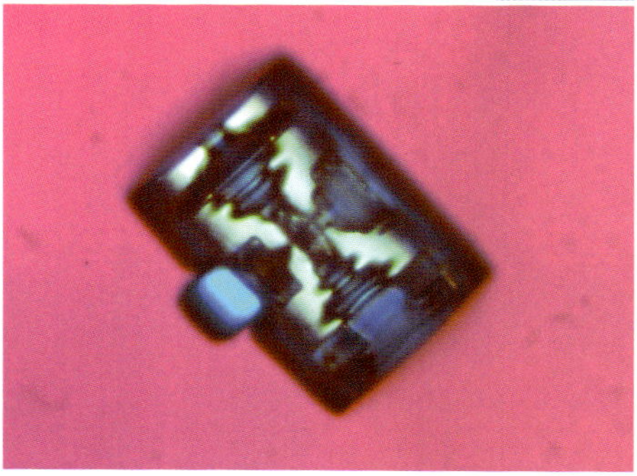

C3b：骸晶角柱

C3b：骸晶角柱

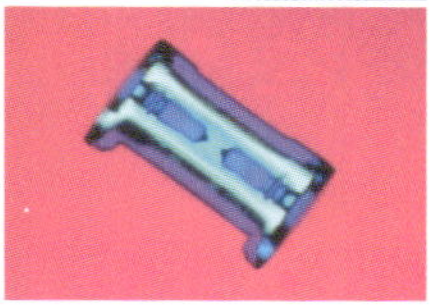

C3b：骸晶角柱

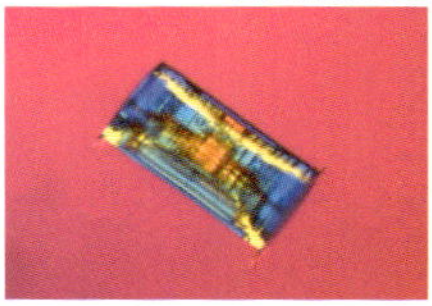

C3b：骸晶角柱

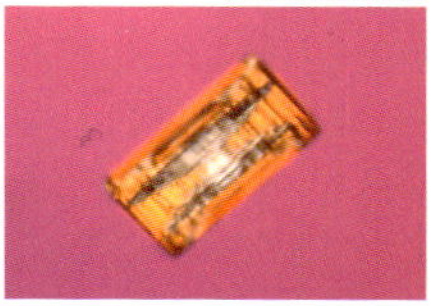

C3b：骸晶角柱

C3b：骸晶角柱

C3：角柱状結晶（かくちゅうじょう）／C：柱状結晶群

C3b：骸晶角柱

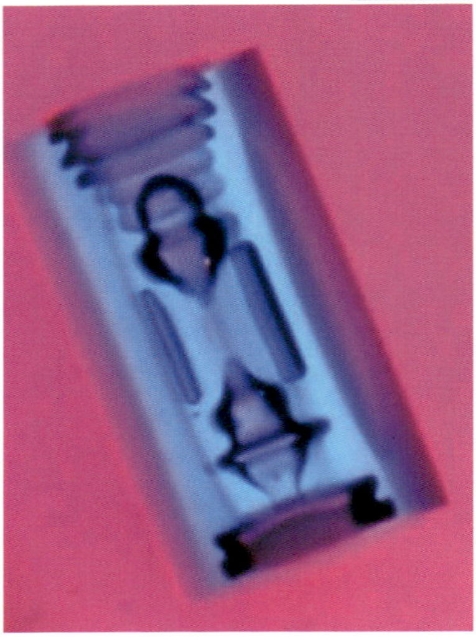

C3b：骸晶角柱

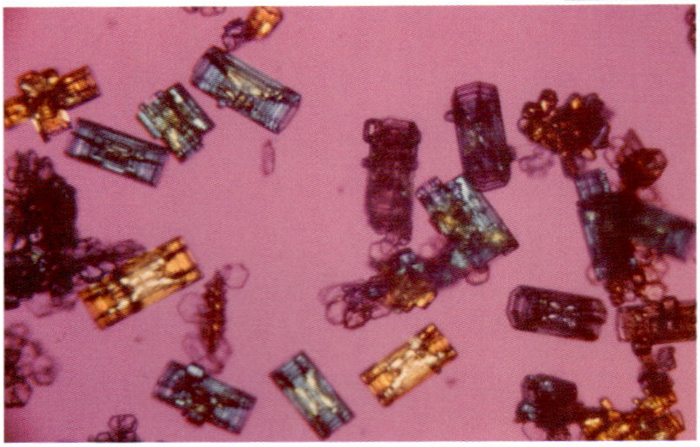

C3c：巻込骸晶角柱

C3c：巻込骸晶角柱

C3c：巻込骸晶角柱

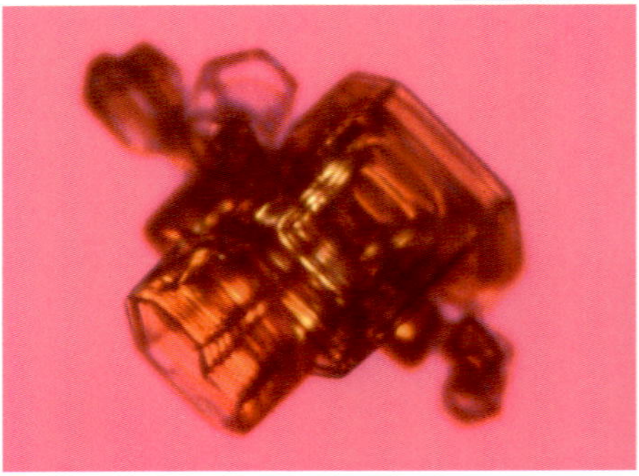

C3c：巻込骸晶角柱

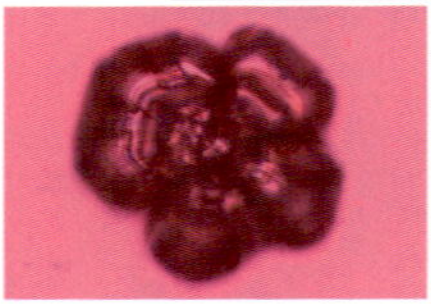

C3c：巻込骸晶角柱

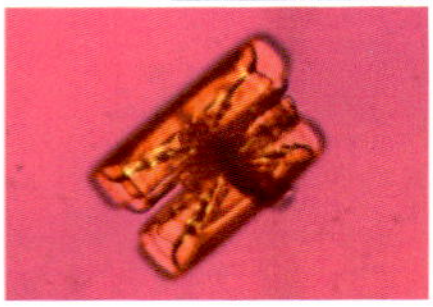

C3c：巻込骸晶角柱

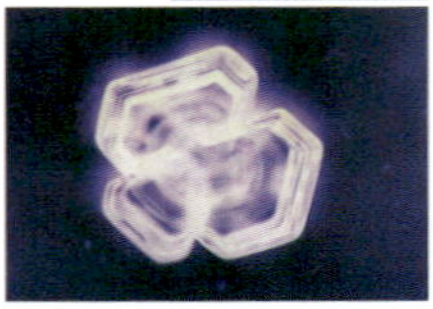

C3c：巻込骸晶角柱

C3c：巻込骸晶角柱

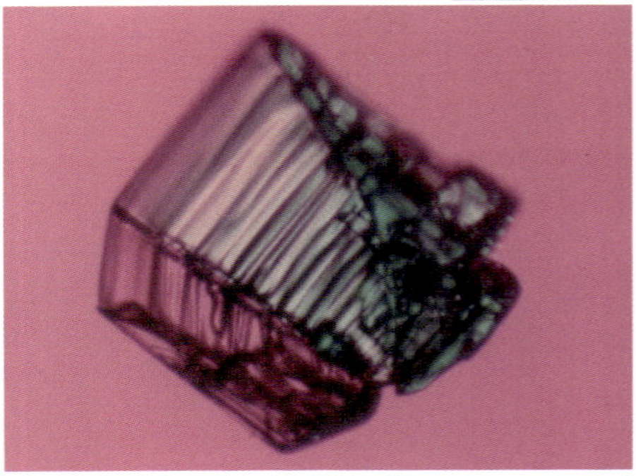

C3c：巻込骸晶角柱

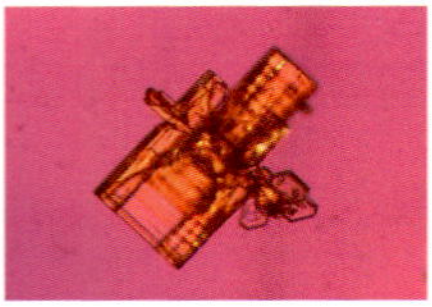

C3c：巻込骸晶角柱

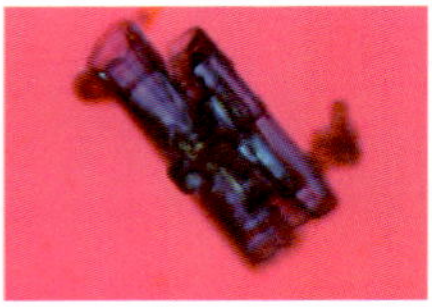

C3c：巻込骸晶角柱

C3c：巻込骸晶角柱

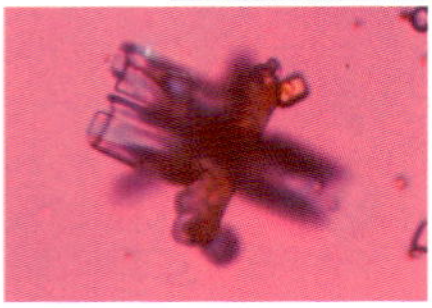

C3c：巻込骸晶角柱

C3c：巻込骸晶角柱

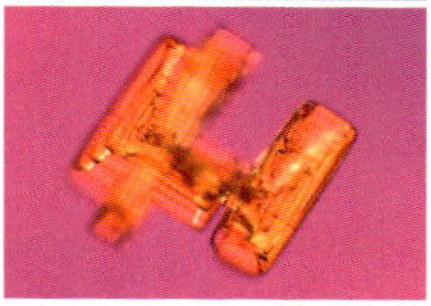

C3c：巻込骸晶角柱

C3c：巻込骸晶角柱

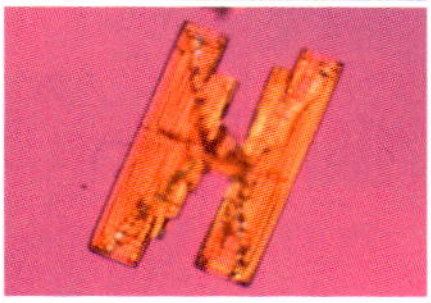

C3c：巻込骸晶角柱

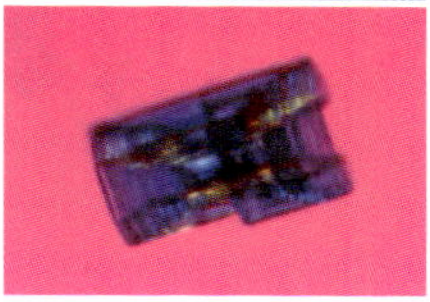

C3c：巻込骸晶角柱

C3d：細長角柱

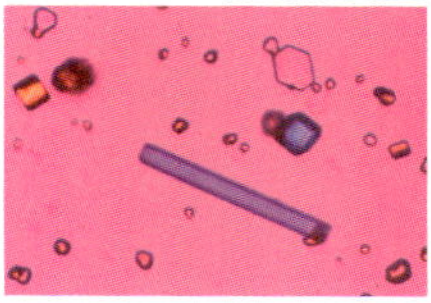

C3d：細長角柱

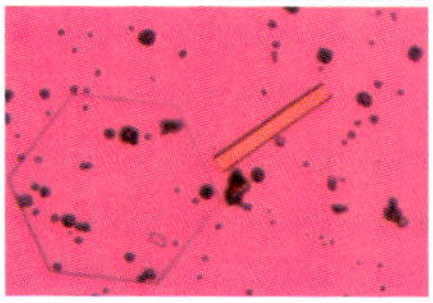

C3d：細長角柱

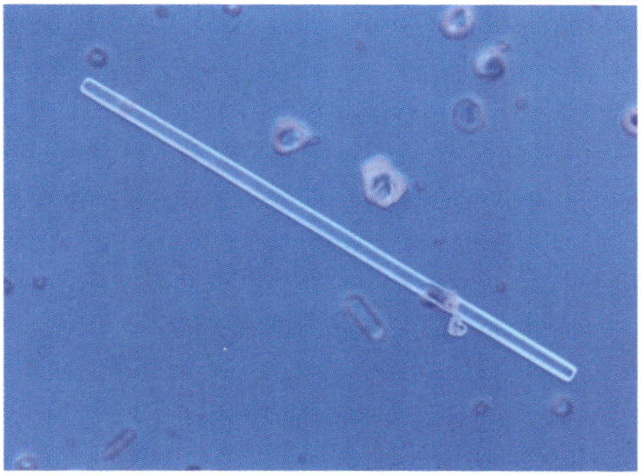

C3d：細長角柱

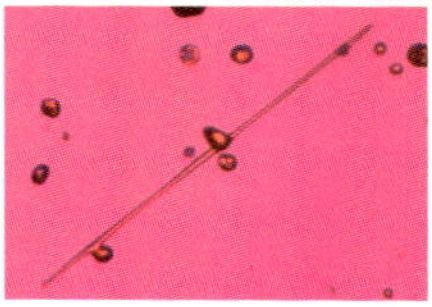

C3d：細長角柱

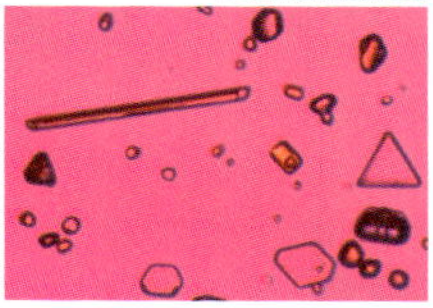

C3d：細長角柱

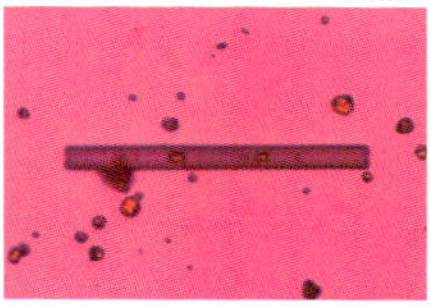

C3d：細長角柱

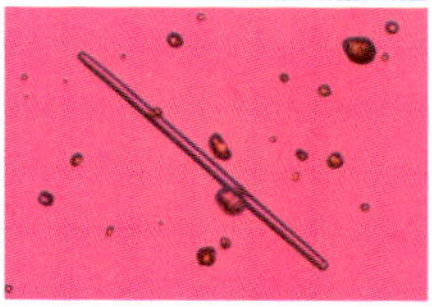

C3d：細長角柱

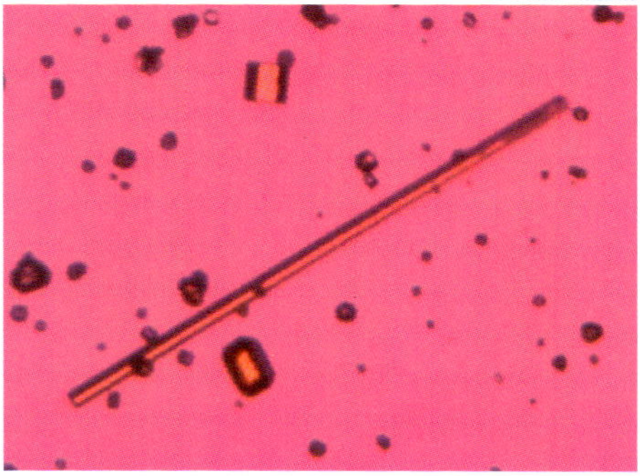

C3d：細長角柱

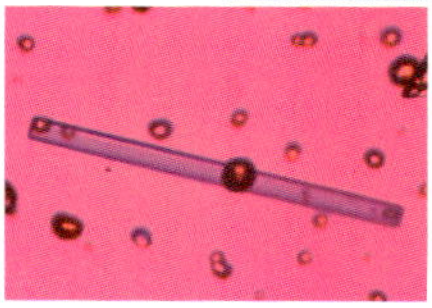

C3d：細長角柱

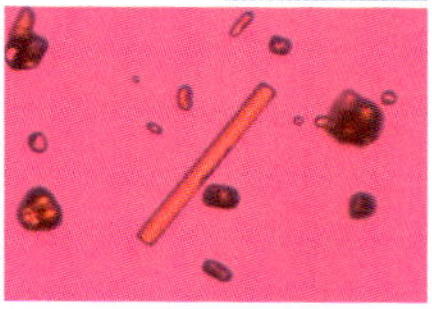

C3d：細長角柱

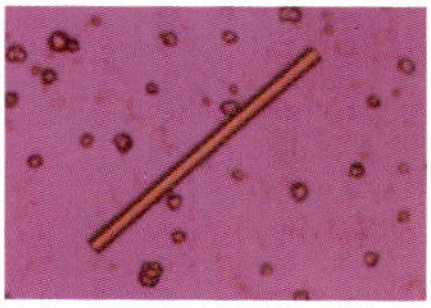

C3d：細長角柱

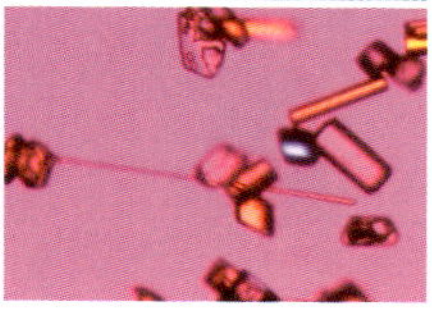

C3：角柱状結晶（かくちゅうじょう）／C：柱状結晶群

C3e：角柱集合

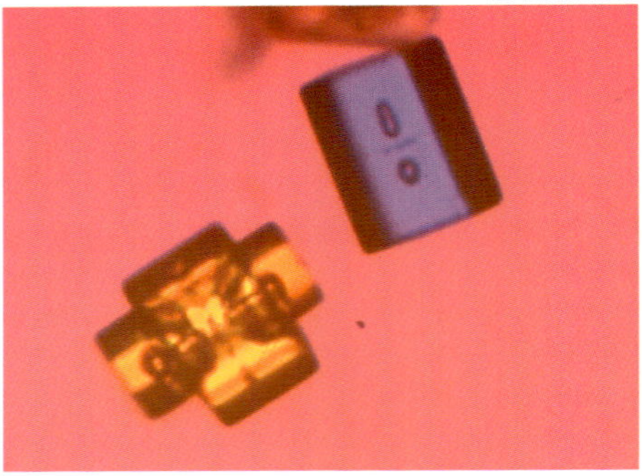

C3e：角柱集合

C3e：角柱集合

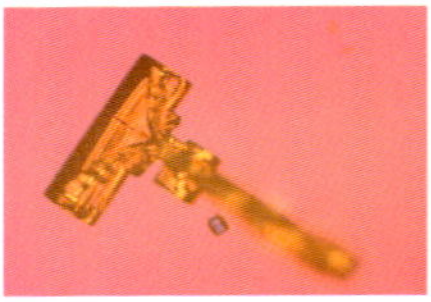

C3e：角柱集合

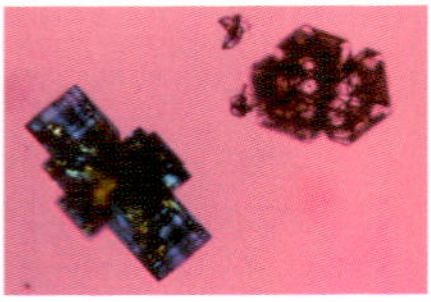

C3e：角柱集合

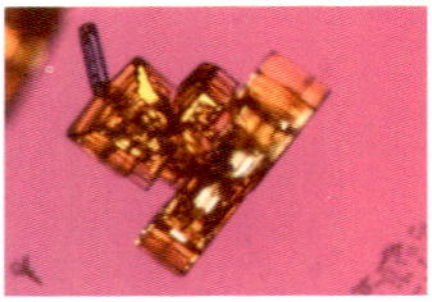

C3e：角柱集合

C3e：角柱集合

C3e：角柱集合

C3e：角柱集合

C3e：角柱集合

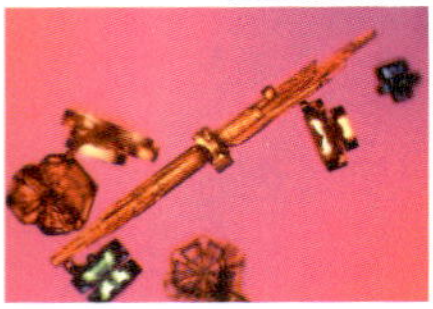

C3e：角柱集合

C3e：角柱集合

C3e：角柱集合

C3e：角柱集合

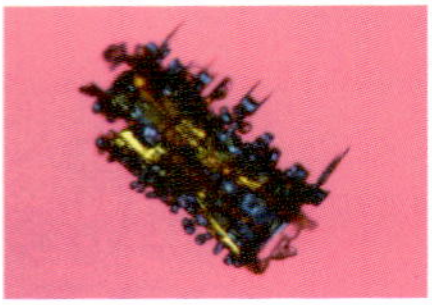

C3e：角柱集合

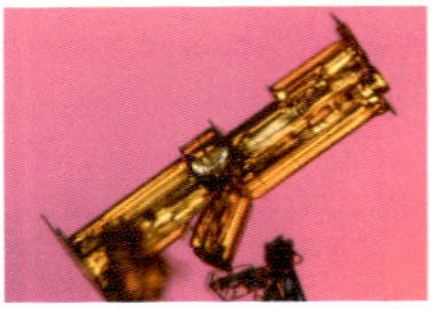

C3e：角柱集合

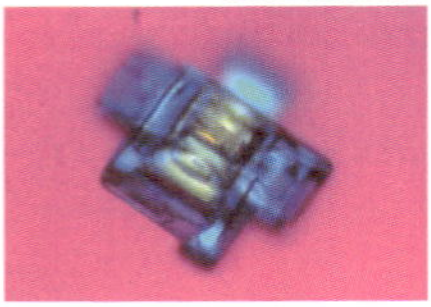

C3e：角柱集合

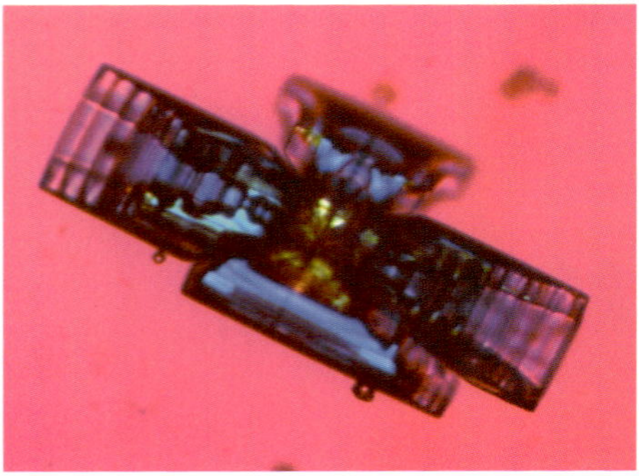

C3e：角柱集合

C3e：角柱集合

C4：砲弾状結晶 ／C：柱状結晶群

砲弾状結晶は4種の小分類からなっています。「**C4a：角錐**」型は、砲弾の形をした結晶の底面が六角形になっている結晶です。従来の分類ではピラミッドと呼んでいました。中谷博士の分類でも、やや不完全な形をしたものが2個しか見つかっていませんでしたが、私たちも十分納得した写真をまだ撮ることができていません。「**C4b：砲弾**」型は完全に氷で詰まった結晶ですが、完全に氷で詰まった「砲弾」型はなかなか見つかりません。中谷博士、孫野博士らは無垢砲弾という名で分類しましたが、実際には「**C4c:骸晶砲弾**」型のうちの中空の少ないものをこれに当てていました。「砲弾」型、「骸晶砲弾」型は、ともに「**C4d：砲弾集合**」型の結晶が、降ってくる途中で分裂したものです。分裂したうちの1個が「砲弾」型、または「骸晶砲弾」型になります。「砲弾集合」型のほとんどが骸晶構造ですので、結果として「砲弾」型は少なくなります。

C4a：角錐

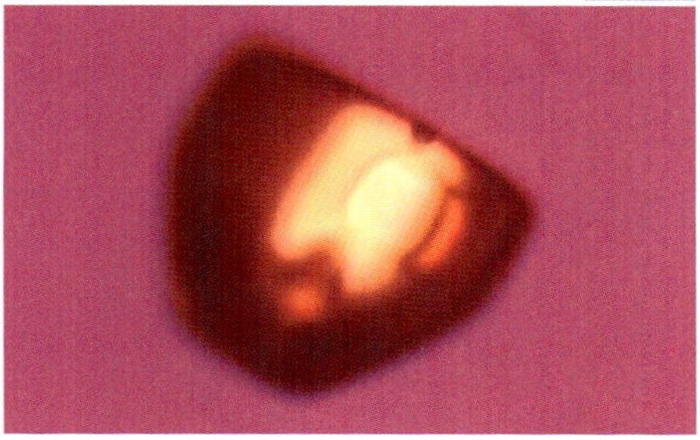

C4a：角錐

C4a：角錐

C4a：角錐

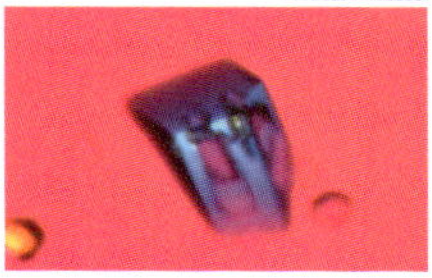

C4a：角錐

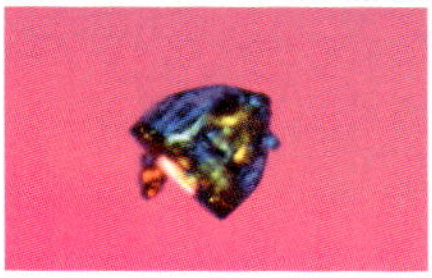

C4a：角錐

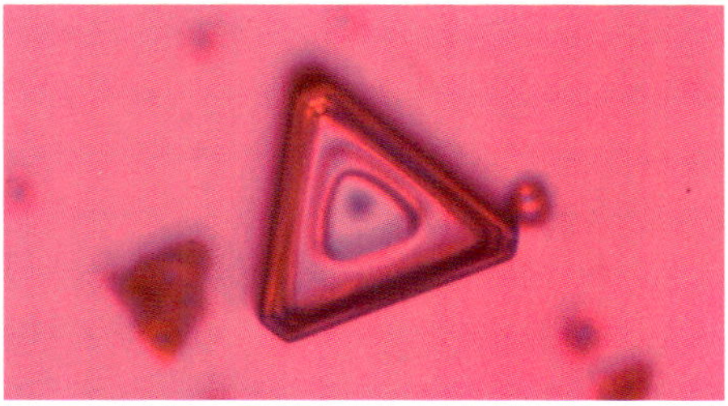

C4a：角錐

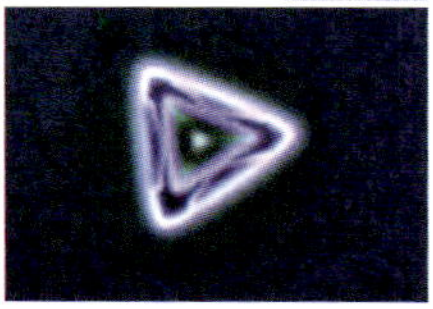

C4b：砲弾

C4b：砲弾

C4b：砲弾

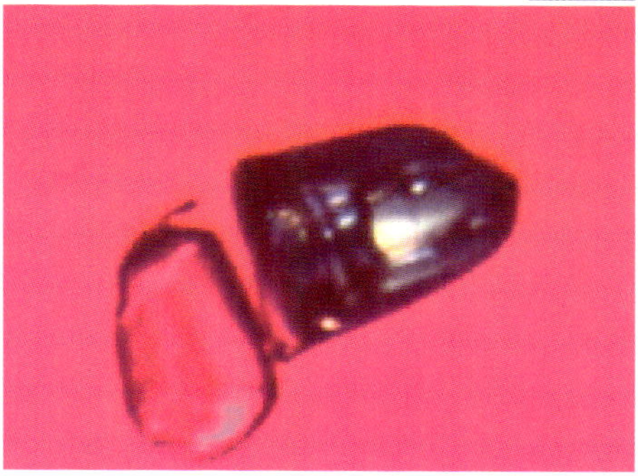

C4:砲弾状結晶／C:柱状結晶群

（ほう だん じょう）

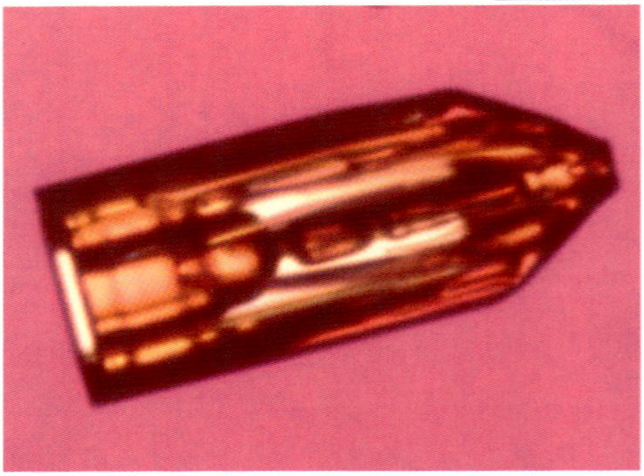
C4c:骸晶砲弾

C4c:骸晶砲弾

C4c:骸晶砲弾

C4c:骸晶砲弾

C4c:骸晶砲弾

C4c:骸晶砲弾

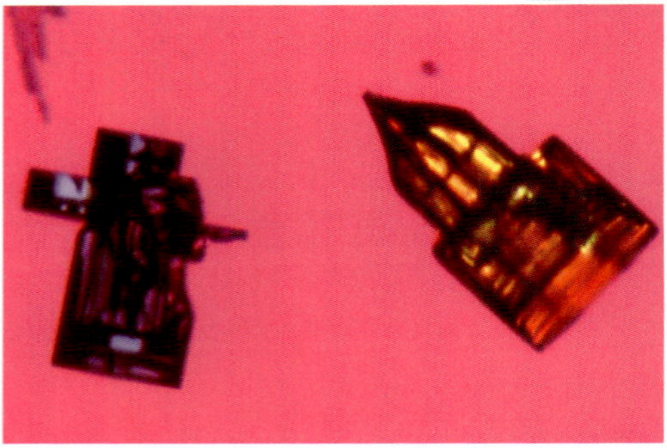
C4c:骸晶砲弾

C4c:骸晶砲弾

C4c:骸晶砲弾

C4d:砲弾集合

C4c:骸晶砲弾

C4c:骸晶砲弾

C4d:砲弾集合

C4d:砲弾集合

C4d:砲弾集合

C4d:砲弾集合

C4d：砲弾集合

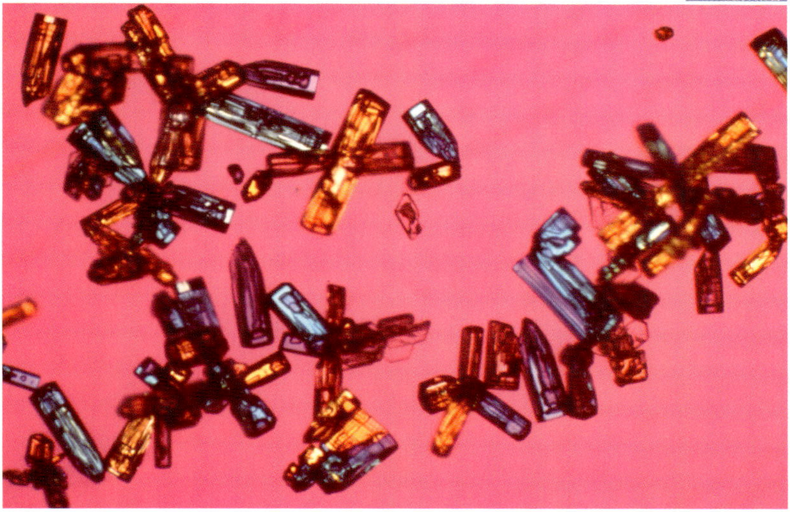

C4d：砲弾集合

C4d：砲弾集合

C4d：砲弾集合

C4d：砲弾集合

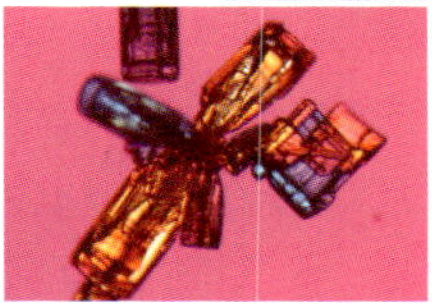

C4d：砲弾集合

C4d：砲弾集合

C4d：砲弾集合

C4d：砲弾集合

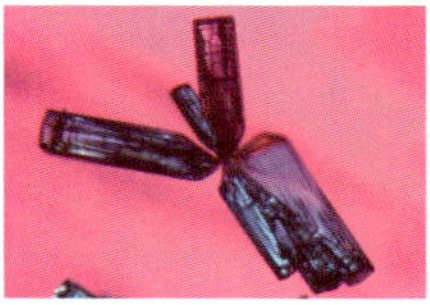

C4d：砲弾集合

C4d：砲弾集合

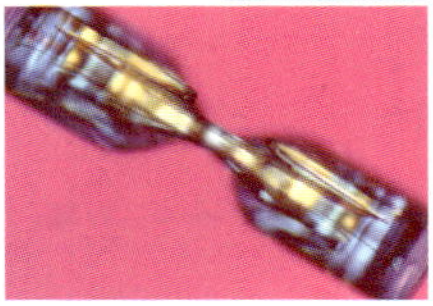

C4d：砲弾集合

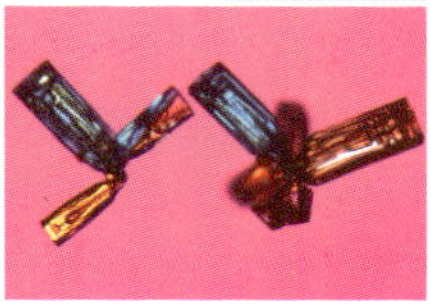

C4d：砲弾集合

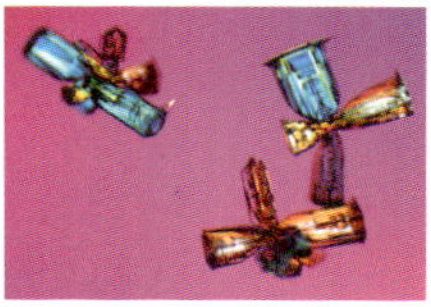

C4d：砲弾集合

C4：砲弾状結晶

C4d：砲弾集合

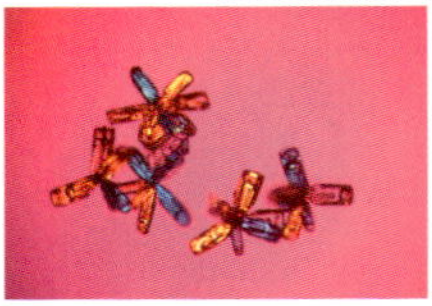
C4d：砲弾集合

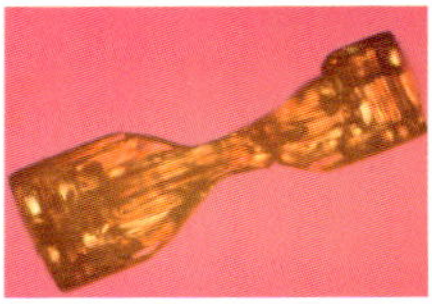
C4d：砲弾集合

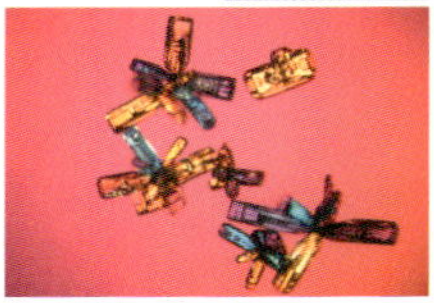
C4d：砲弾集合

C4d：砲弾集合

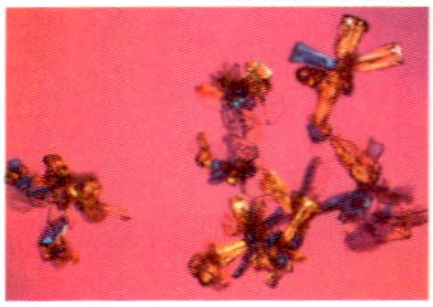
C4d：砲弾集合

C4d：砲弾集合

C4d：砲弾集合

C4d：砲弾集合

C4d：砲弾集合

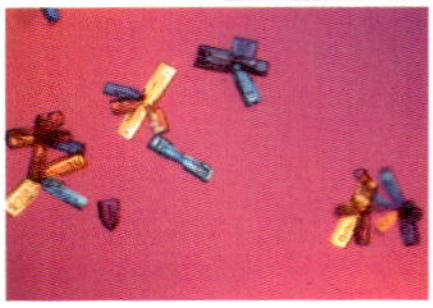
C4d：砲弾集合

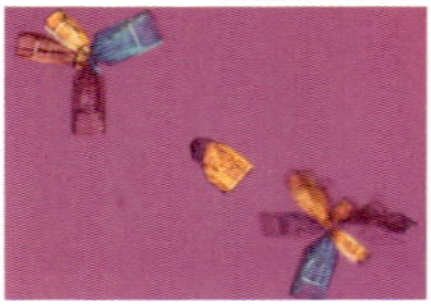
C4d：砲弾集合

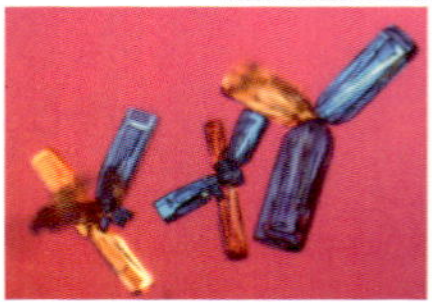
C4d：砲弾集合

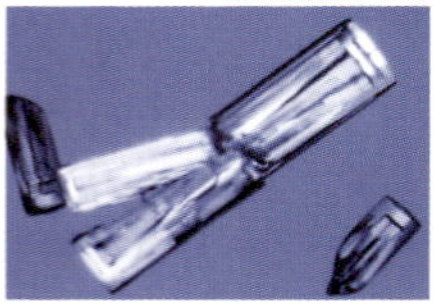
C4d：砲弾集合

C4d：砲弾集合

C4d：砲弾集合

C4d：砲弾集合

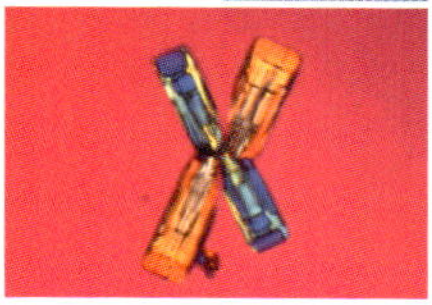

C4d：砲弾集合

雪の結晶のなぜ？ なるほど！③

砲弾と砲弾集合の違いは?

柱状結晶に分類された結晶は、針状、鞘状、角柱状、砲弾状に分けられ、砲弾状はさらに「角錐」「砲弾」「骸晶砲弾（図1）」「砲弾集合（図2）」に分けられます。「砲弾」や「骸晶砲弾」と「砲弾集合」は成長過程が異なるのでしょうか？ これまで「砲弾」は単砲弾といわれ、中心核となる物質から単独で砲弾の先端にあたる角錐が成長し、それから角柱が成長して 1 個の砲弾つまり単体の砲弾や「骸晶砲弾」になると考えられてきました。

しかし、その後の観測で、単砲弾と砲弾集合のそれぞれの長さの分布がほとんど変わらないことなどから、単砲弾は砲弾集合が降ってくる途中で分離したものと理解されるようになりました。過冷却雲粒が複数の結晶（多結晶）に凍結して、それぞれが核となり、その核から「砲弾」が複数成長して「砲弾集合」になります。「砲弾集合の集合している砲弾の数は何本くらいか」という質問を受けることがありますが、私たちの観測では最高 9 本まででした。それ以上になると各砲弾が十分成長できずに団子状になってしまい、数えられないからです。（菊地）

図1　骸晶砲弾

図2　砲弾集合

P 板状結晶群

Pは、中谷博士によるPlane crystal（平板状の結晶）のPを意味しています。板のように成長した結晶です。最もなじみの深い、六花や樹枝のような形の結晶が、板状に含まれます。

あの複雑な形ができあがる過程は、次の通りです。

最初に、基本の六角柱から板状に成長し始めた結晶が、厚い角板状になります。やがて六つの柱面（側面）と二つの底面（または基底面）のそれぞれのくぼみが深まって骸晶構造の角板型となり、底面にさまざまな模様が現れます。この角板型から、それぞれの角の部分が成長したり、いくつも枝分かれしたりしていくのです。結晶が成長する温度環境がほぼ同じで、湿度環境だけが変わると、主枝から成長する二次枝（小枝）の数も変わります。

P1a：角板

1／角板状結晶

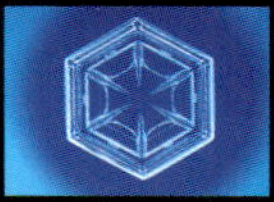
a：角板

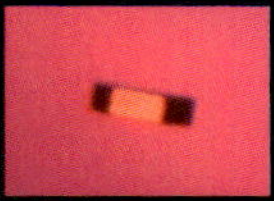
b：厚角板

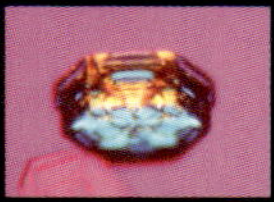
c：骸晶角板

2／扇状結晶

a：扇六花

b：広幅六花

3／樹枝状結晶

a：星六花

b：樹枝六花

c：羊歯六花

4／複合板状結晶

a：角板付六花

b：扇付六花

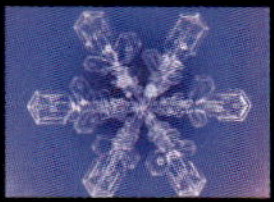
c：角板付樹枝

d：扇付樹枝

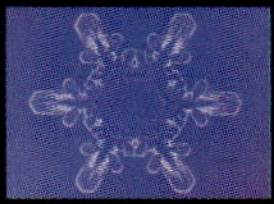
e：枝付角板

f：扇付角板

g：樹枝付角板

5／分離・多重六花状結晶

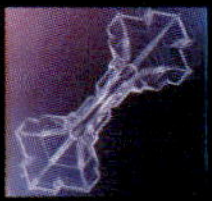
a：二花

b：三花

c：四花

d：十二花

e：十八花

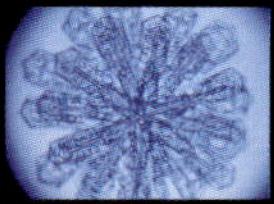
f：二十四花

6／立体状結晶

a：立体扇付角板

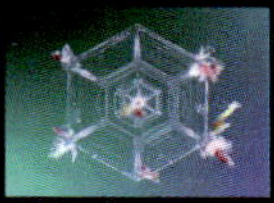
b：立体樹枝付角板

c：立体扇付樹枝

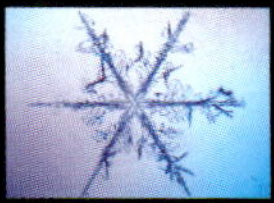
d：立体樹枝付樹枝

7／放射状結晶

a：放射角板

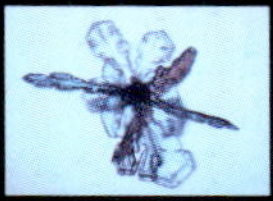
b：放射樹枝

8／非対称板状結晶

a：非対称板状

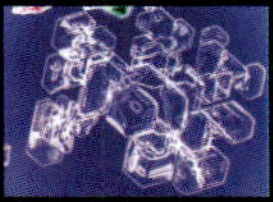
b：複雑多重角板

P1：角板状結晶（かくばんじょう）／P：板状結晶群

P1：角板状結晶は、小分類で3種に分けられます。「**P1a：角板**」型は**基本形の六角柱**から上下の六角板（底面または基底面）が水平方向に大きく成長したもので、板状結晶の最も代表的なものです。結晶の平均的な大きさは0.1mm、成長温度範囲は－10～－22℃です。「**P1b：厚角板**」型は、角板型の厚みが増したものです。小林ダイヤグラム（175ページ）では Lc /La ＜ 0.8 と定義しています。平均的な大きさは0.1mmくらい、成長温度範囲は「角板」型と同じく－10～－22℃です。「**P1c：骸晶角板**」型は外形の六角形と相似の形が何重にも見えるので、中心部に向かってくぼみになっていることがわかります。

P1a：角板

P1a：角板

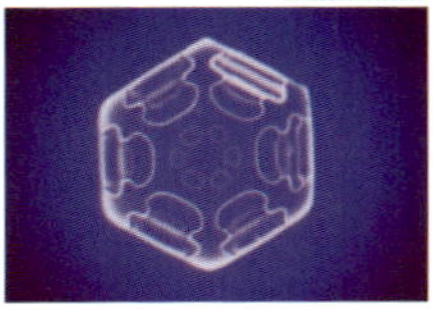

P1a：角板

P1a：角板

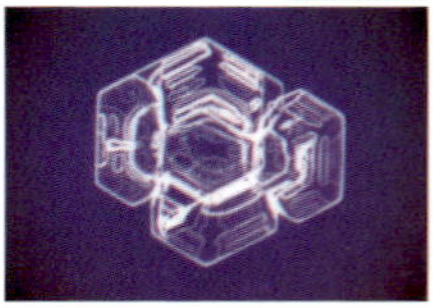

P1a：角板

P1a：角板

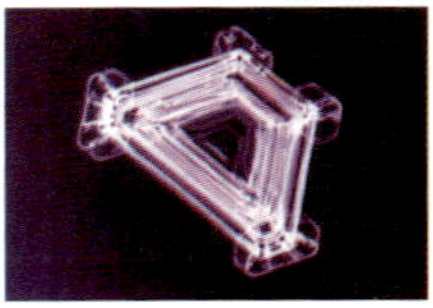

P1a：角板

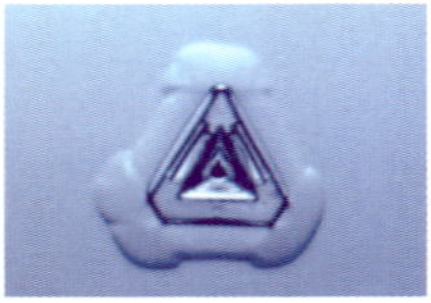

P1a：角板

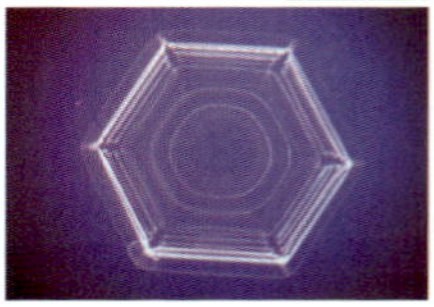

P1a：角板

P1a：角板

P1a：角板

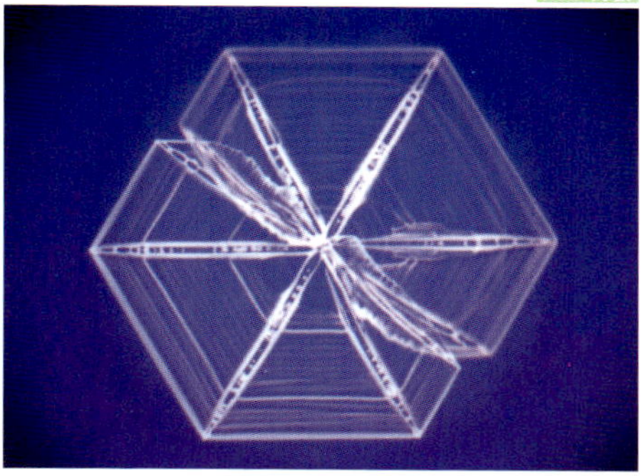

P1a：角板

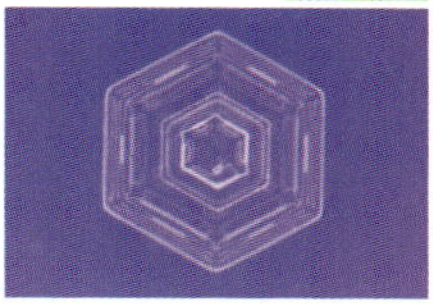

P1a：角板

P1a：角板

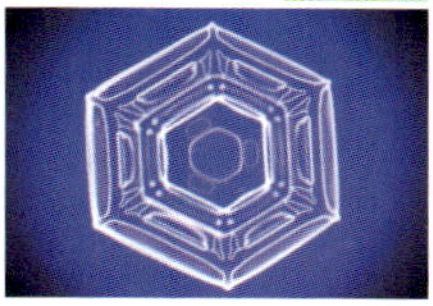

P1a：角板

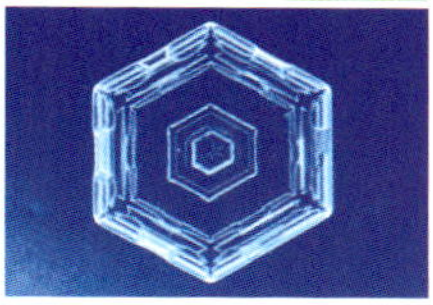

P1a：角板

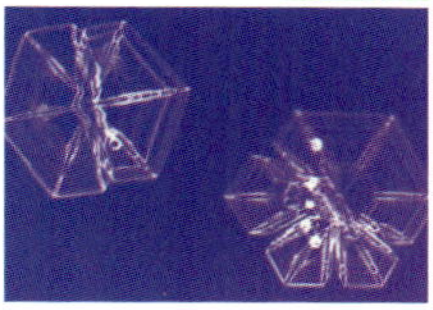

P1a：角板

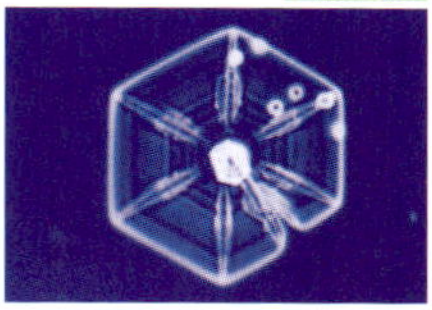

P1a：角板

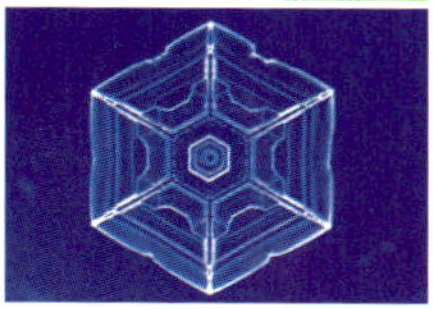

P1a：角板

P1a：角板

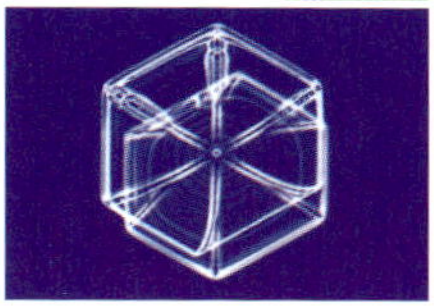

P1a：角板

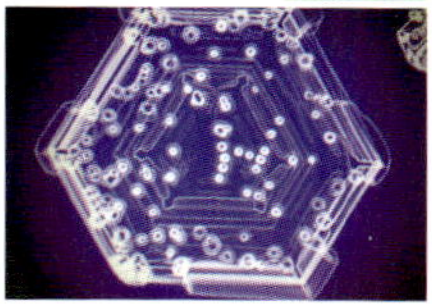

P1a：角板

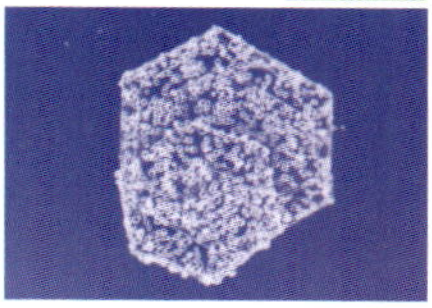

P1a：角板

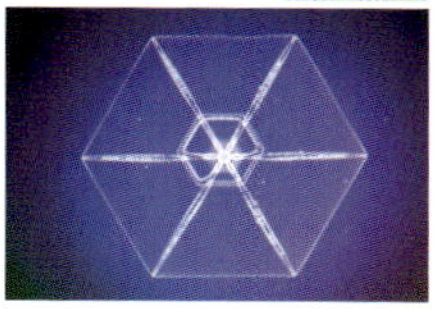

P1a：角板

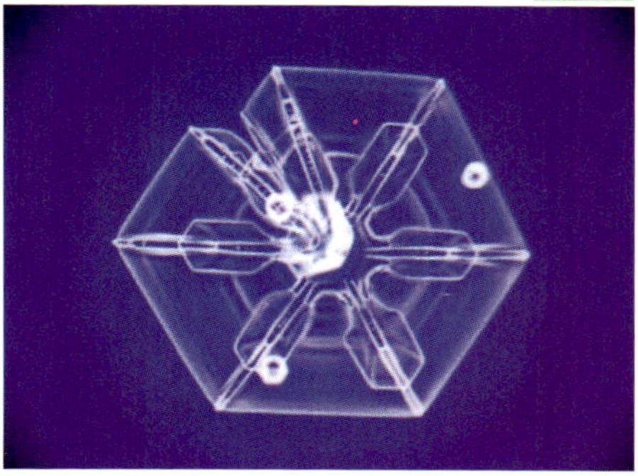

P1a：角板

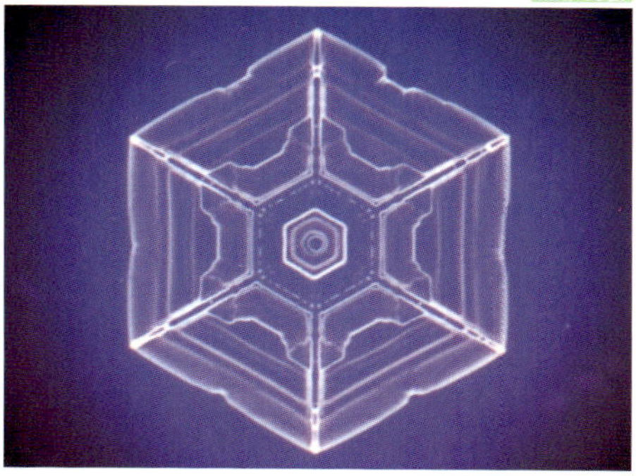

P1：角板状結晶（かくばんじょう）／P：板状結晶群

P1a：角板

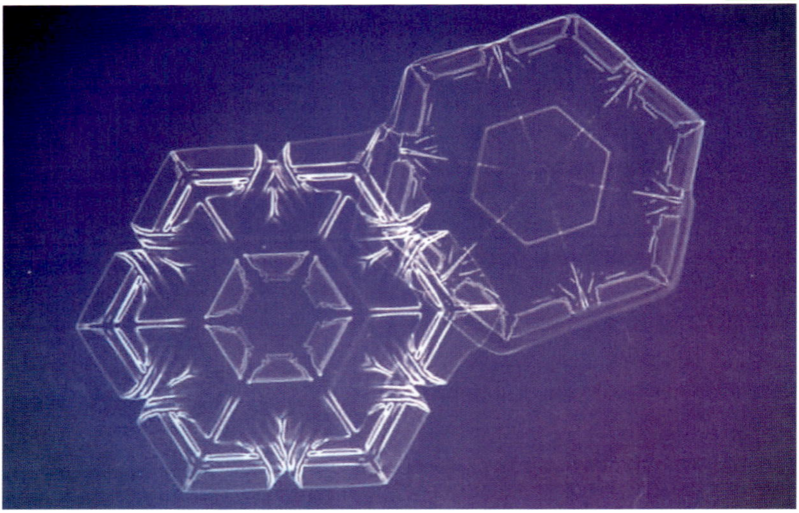

P1a：角板

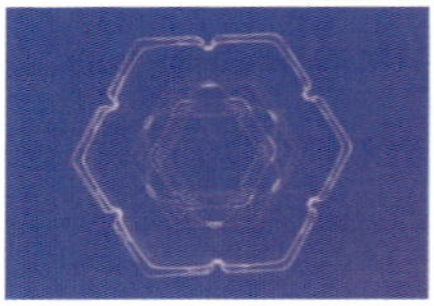

P1a：角板

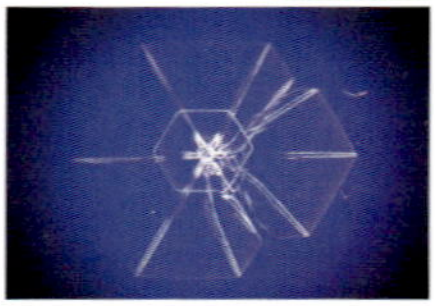

P1a：角板

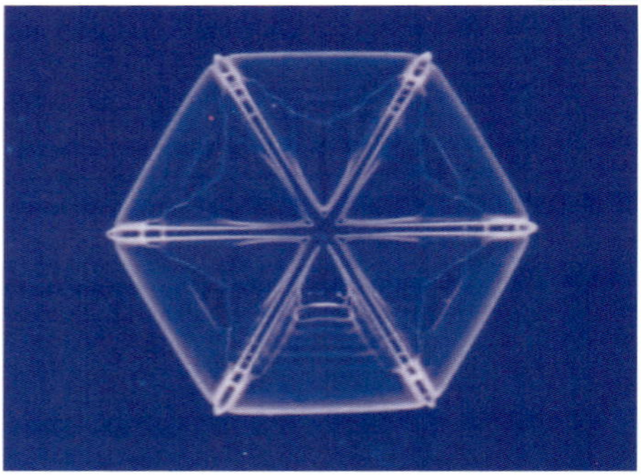

P1a：角板

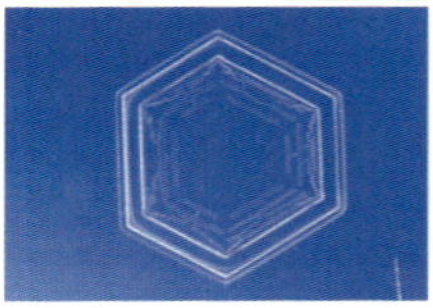

P1a：角板

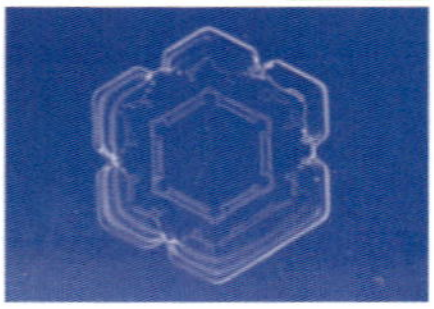

P1a：角板

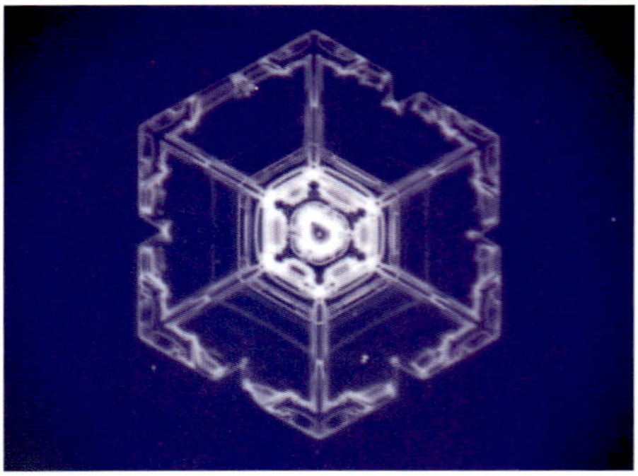

P1a：角板

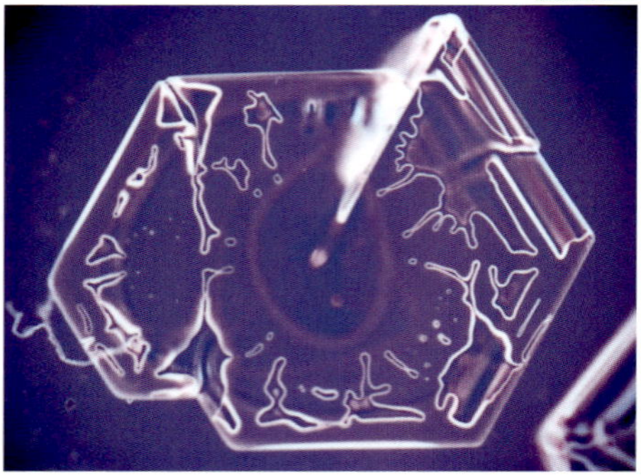

P1a：角板

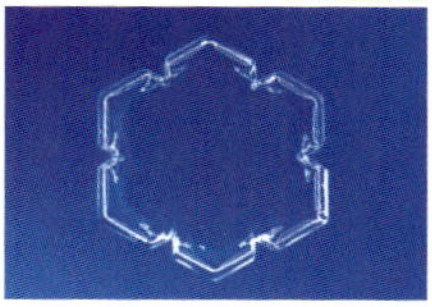

P1a：角板

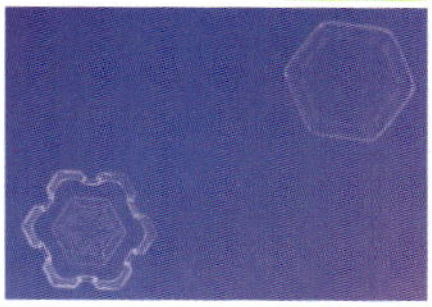

P1a：角板

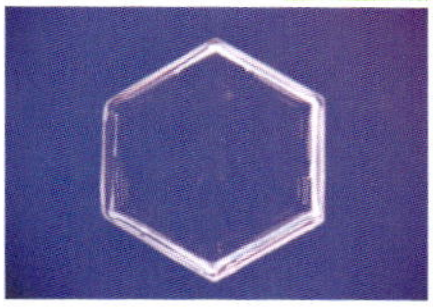

P1a：角板

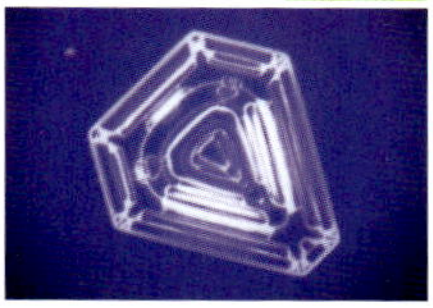

P1a：角板

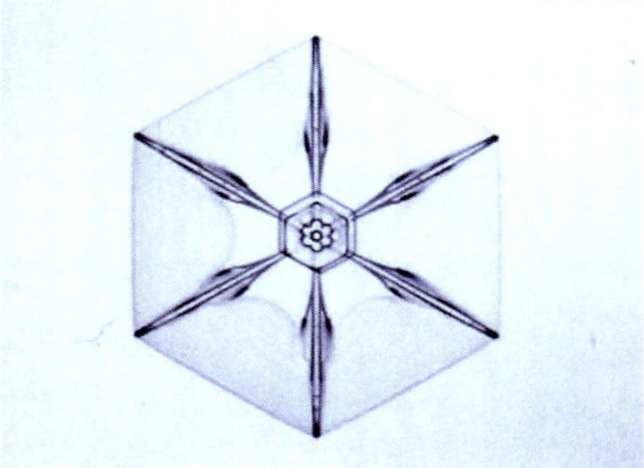

P1a：角板

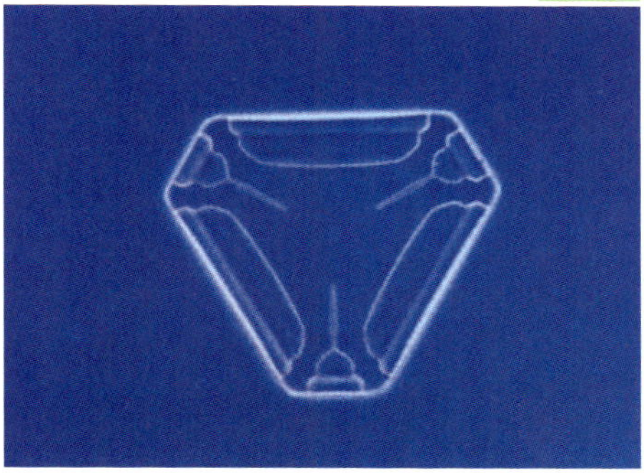

P1a：角板

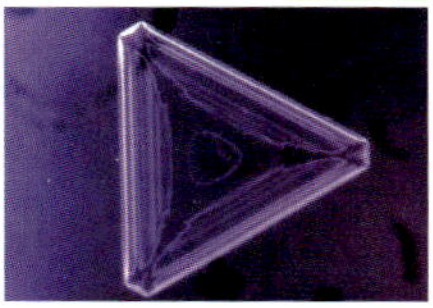

P1a：角板

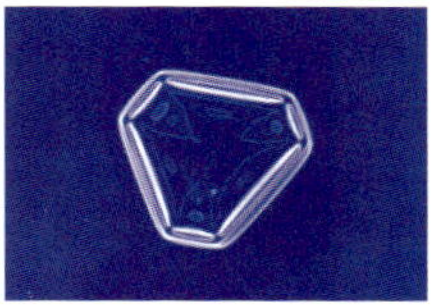

P1a：角板

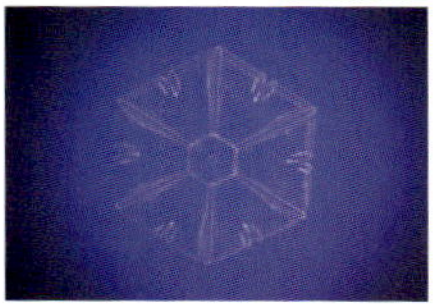

P1a：角板

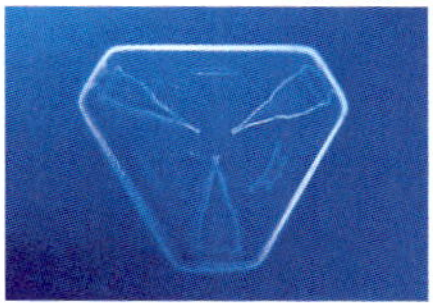

P1a：角板

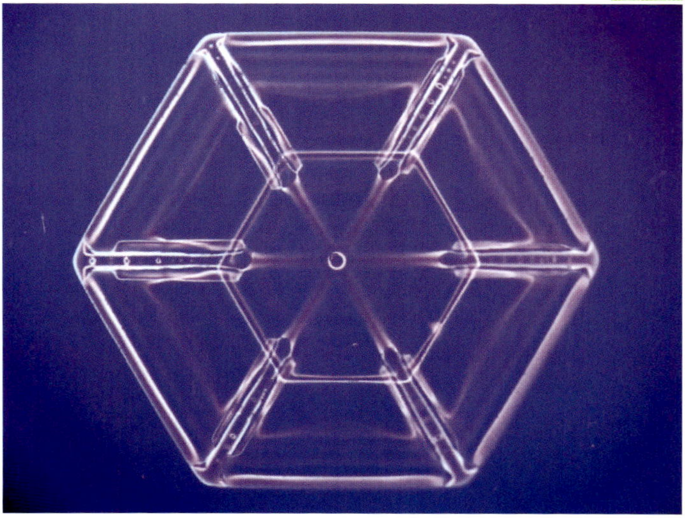

P1a：角板

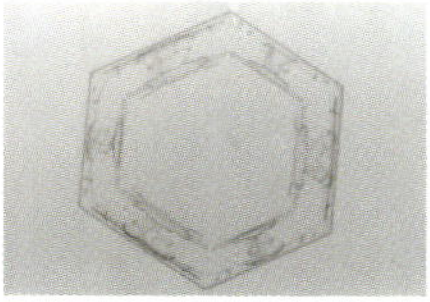

P1a：角板

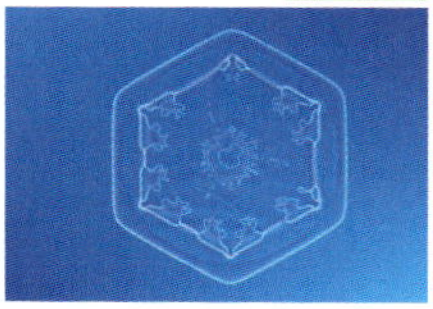

P1：角板状結晶（かくばんじょうけっしょう）

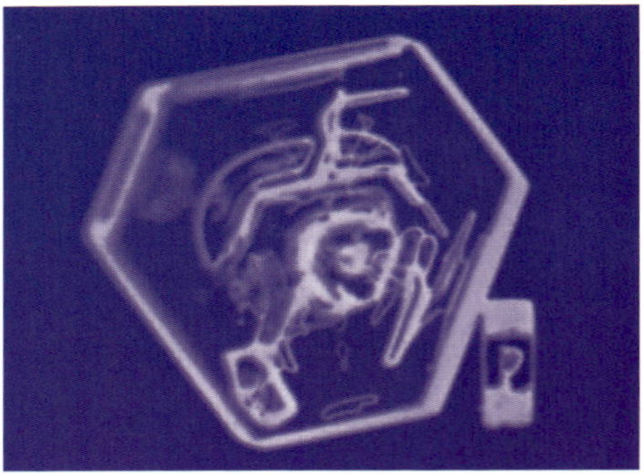
P1b：厚角板

P1b：厚角板

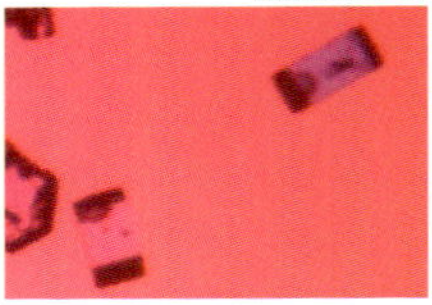
P1b：厚角板

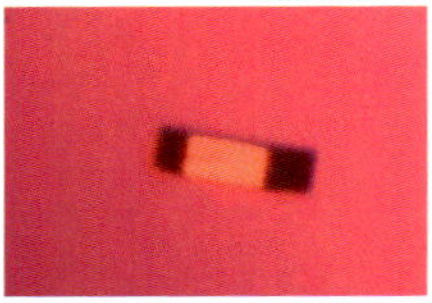
P1b：厚角板

P1b：厚角板

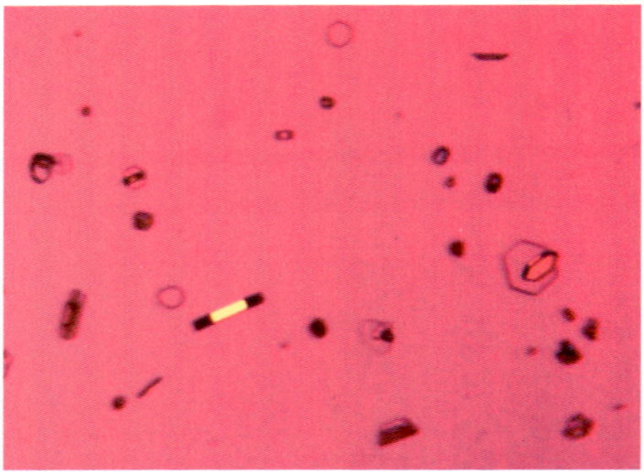
P1b：厚角板

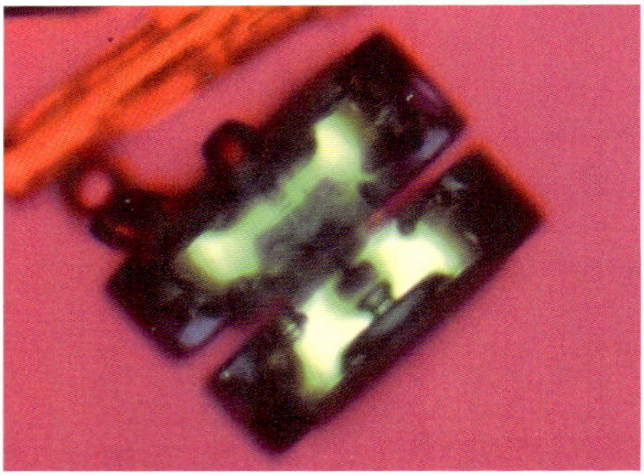
P1b：厚角板

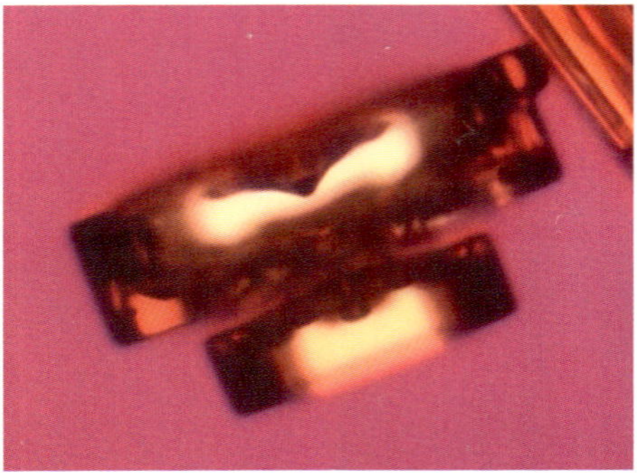
P1b：厚角板

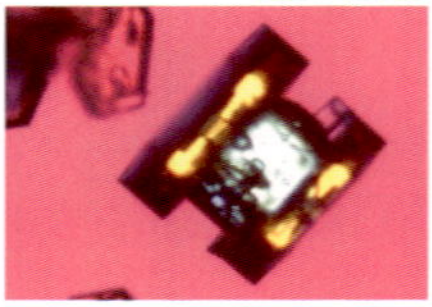
P1b：厚角板

P1b：厚角板

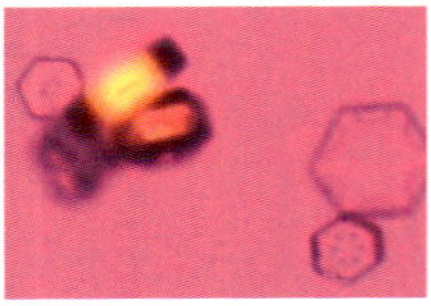
P1b：厚角板

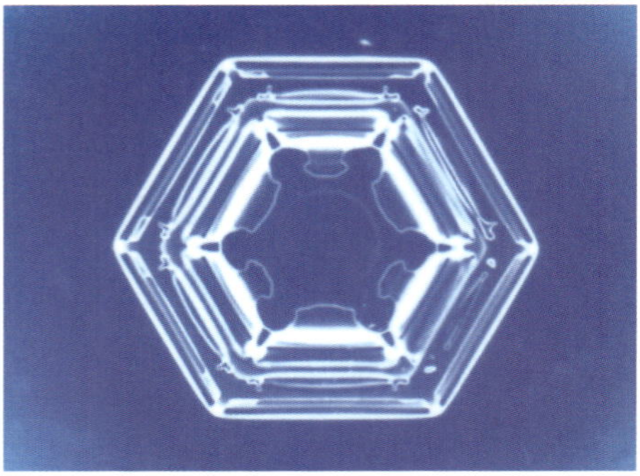
P1c：骸晶角板

P1c：骸晶角板

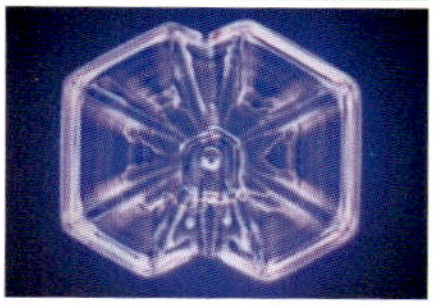

P1c：骸晶角板

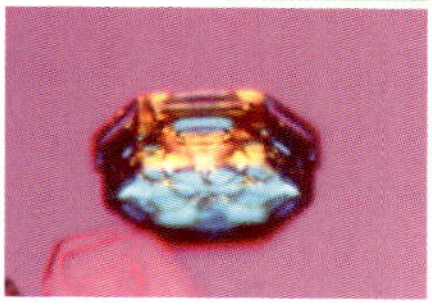

P1c：骸晶角板

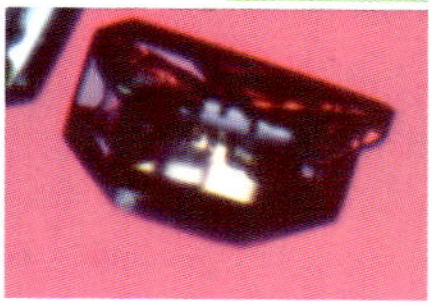

P1c：骸晶角板

P1c：骸晶角板

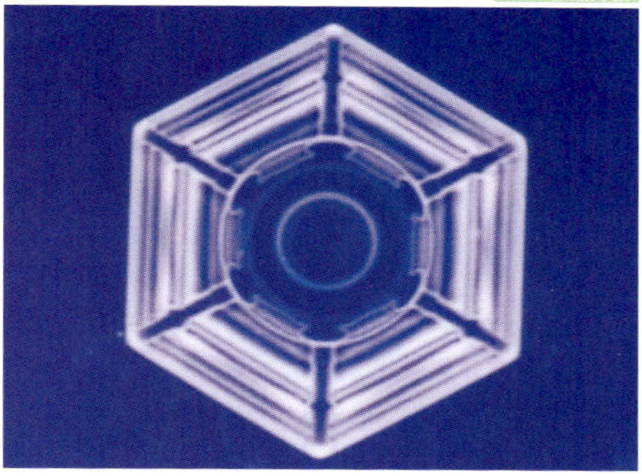

P1c：骸晶角板

P1c：骸晶角板

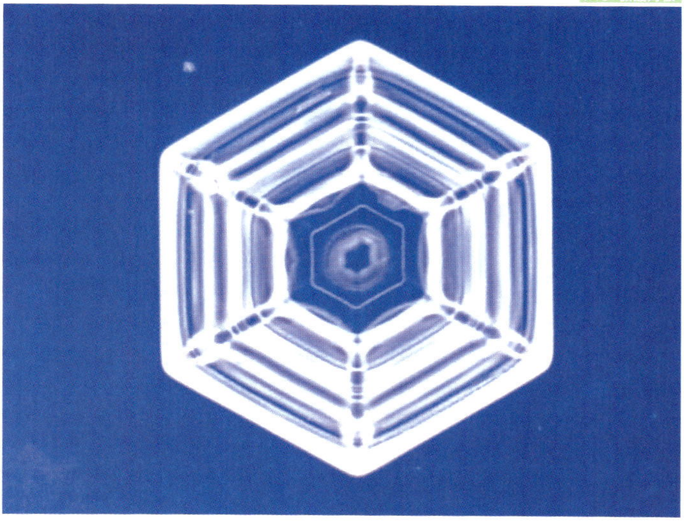

P1c：骸晶角板

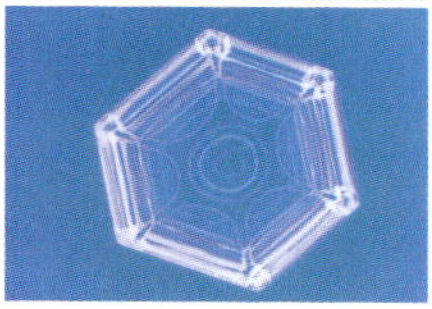

P1c：骸晶角板

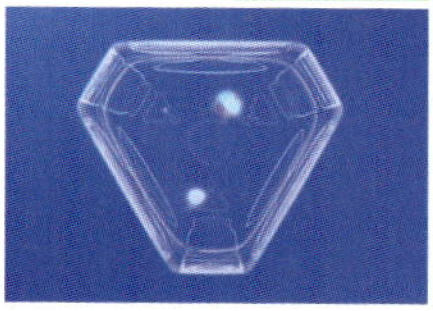

P1c：骸晶角板

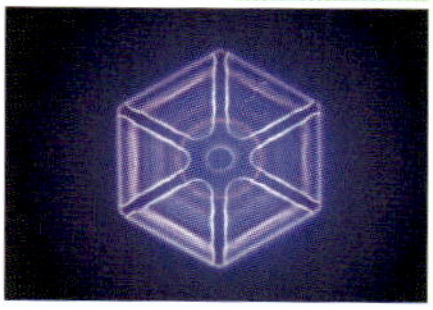

P1c：骸晶角板

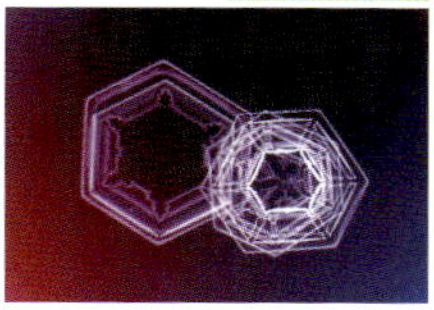

P1c：骸晶角板

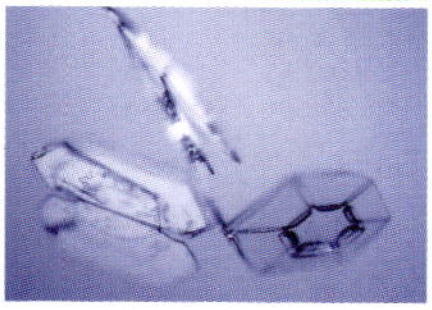

P2：扇状結晶（おうぎじょう）／P：板状結晶群

扇状結晶は、「P 1a：角板」型のそれぞれの角が成長し、隣同士の角との間に隙間が生じた結晶です。先端にいくほど幅が広がり、扇（おうぎ）に見えることから扇状としたものです。「**P2a：扇六花**（おうぎろっか）」型は、隣同士の角との間が広いものと狭いものがあります。大きさは、2 mm くらいです。温度範囲は「P 1a：角板」型と同じく－ 10 ～－ 22℃です。「**P2b：広幅六花**」型は一個の扇の幅が狭くなったもので、その大きさは 3mm 前後、温度範囲は－ 10 ～－ 22℃です。

P2a：扇六花

P2a：扇六花

P2a：扇六花

P2a：扇六花

P2a：扇六花

P2a：扇六花

P2a：扇六花

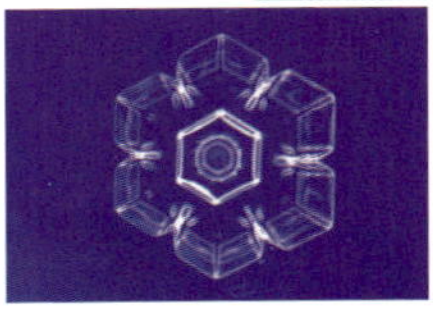

P2a：扇六花

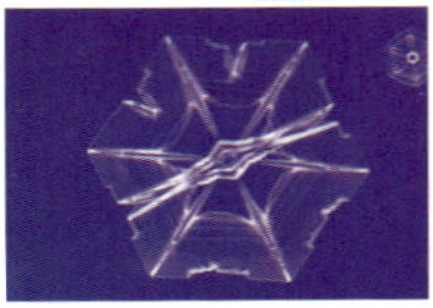

P2a：扇六花

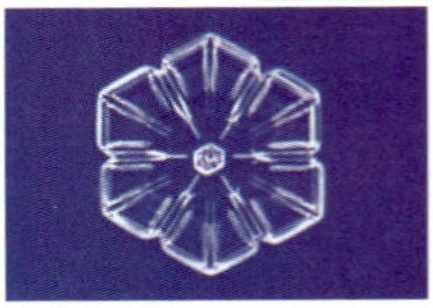

P2a：扇六花

P2a：扇六花

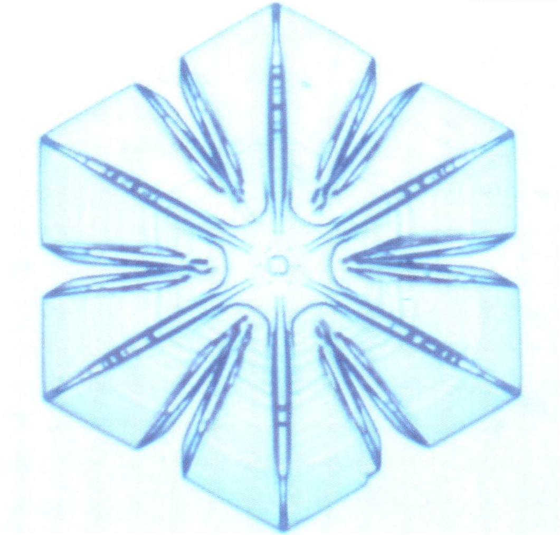

P2a：扇六花

P2a：扇六花

P2a：扇六花

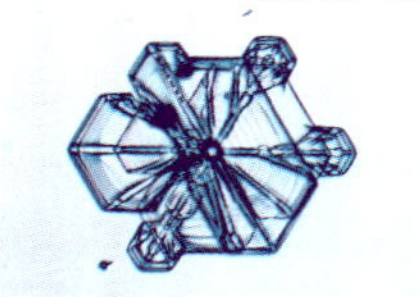

P2a：扇六花

P2a：扇六花

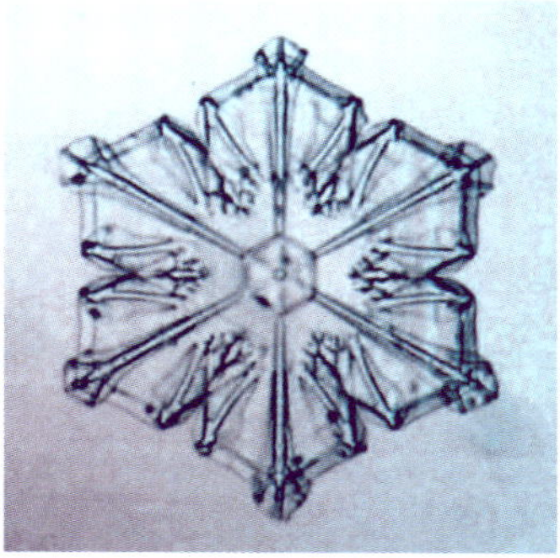

P2a：扇六花

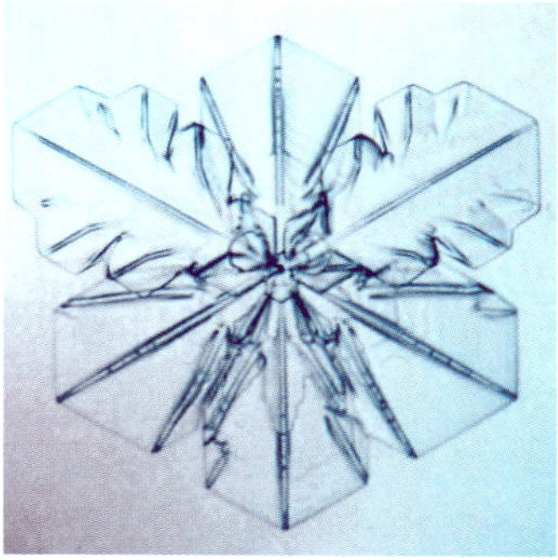

P2a：扇六花

P2a：扇六花

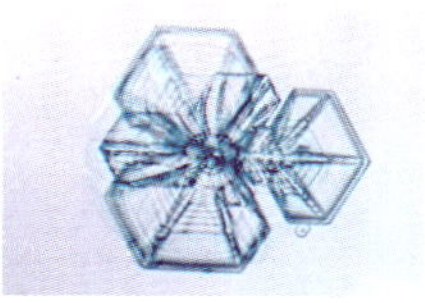

P2a：扇六花

P2a：扇六花

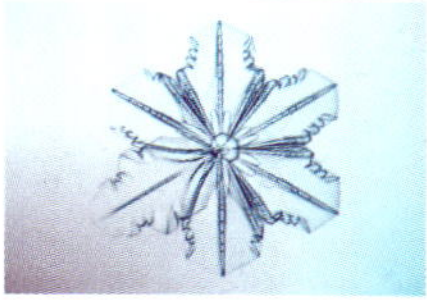

P2a：扇六花

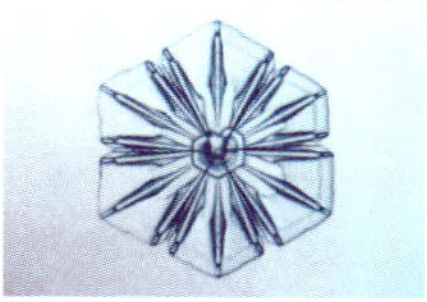

P2：扇状結晶（おうぎじょう） ／P：板状結晶群

P2a：扇六花

P2a：扇六花

P2a：扇六花

P2a：扇六花

P2a：扇六花

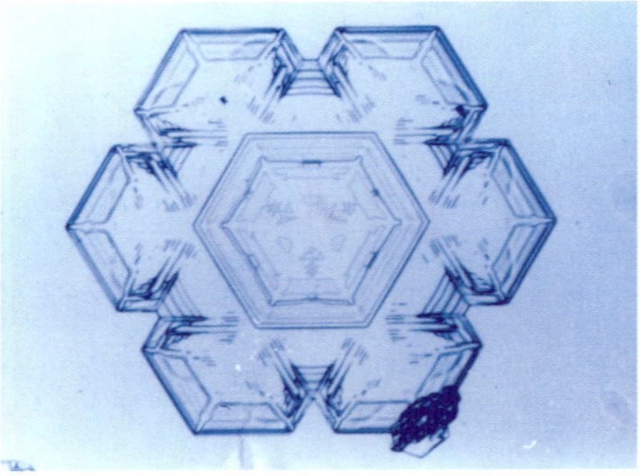

P2a：扇六花

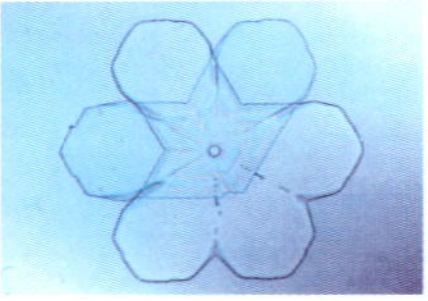

P2a：扇六花

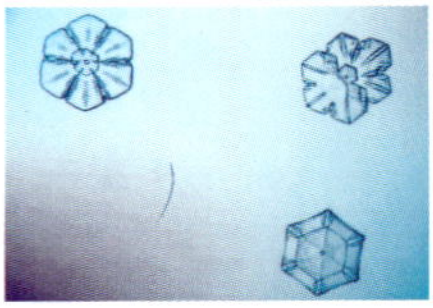

P2a：扇六花

P2a：扇六花

P2b：広幅六花

P2b：広幅六花

P2b：広幅六花

P2b：広幅六花

P2b：広幅六花

P2b：広幅六花

P2b：広幅六花

P2b：広幅六花

P2b：広幅六花

P2b：広幅六花

P2b：広幅六花

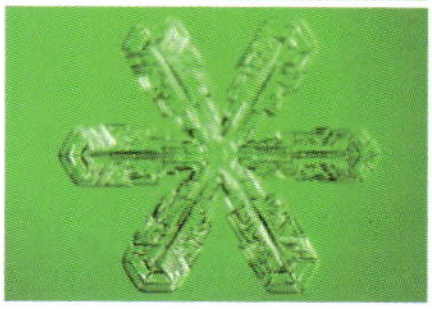

P2b：広幅六花

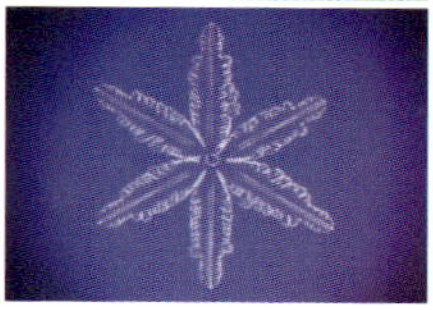

P2b：広幅六花

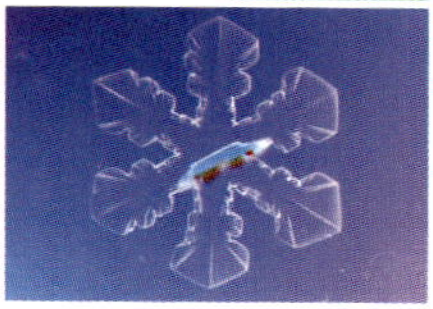

P2b：広幅六花

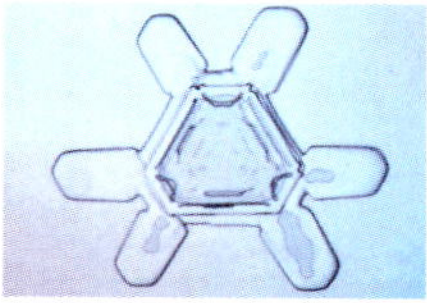

P2b：広幅六花

P2b：広幅六花

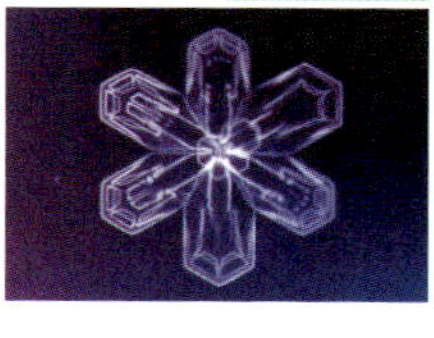

P2b：広幅六花

P2b：広幅六花

P2：扇状結晶（おうぎじょう）／P：板状結晶群

P2b：広幅六花

P2b：広幅六花

P2b：広幅六花

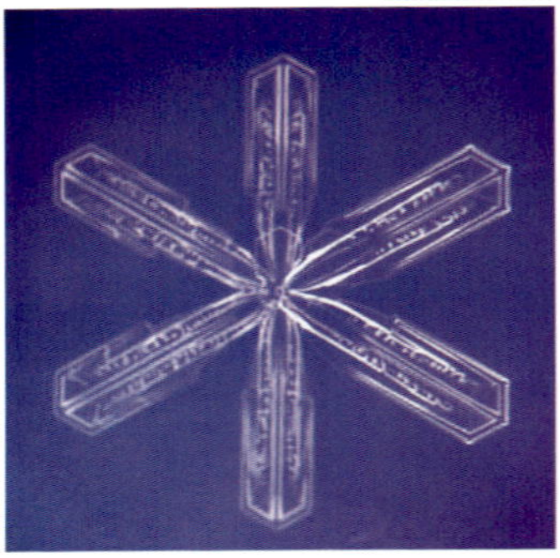

P2b：広幅六花

P2b：広幅六花

P2b：広幅六花

P2b：広幅六花

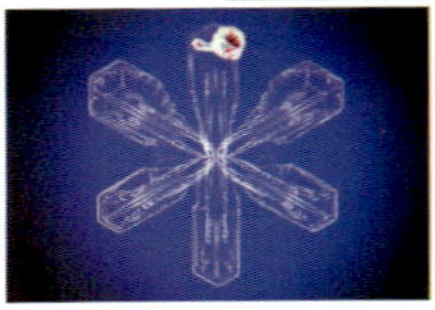

P2b：広幅六花

P2b：広幅六花

P2b：広幅六花

P3：樹枝状結晶／P：板状結晶群

雪の結晶といえば、誰もがこの樹枝状結晶を思い浮かべるほどよく知られた形です。3種に分けられますが、大きさはいずれも3mm前後、温度範囲は−12～−17℃です。「**P3a：星六花**」型は、「P2b：広幅六花」型の各枝の幅がさらに狭くなったものです。先端が、急激に成長していることを示すように鋭くとがっています。「**P3b：樹枝六花**」型は、最も代表的な雪の結晶の外形を示しているものでしょう。中心部からストレートに6本の枝が成長しているものや、中心部に小さな六角板があり、その角から成長している場合もあります。「**P3c：羊歯六花**」型は、「樹枝六花」の二次枝の数が多いものです。シダ植物の葉を連想してつけた名称です。大きなものは1cm以上になることがあり、肉眼でその美しさを見ることができます。

P3a：星六花

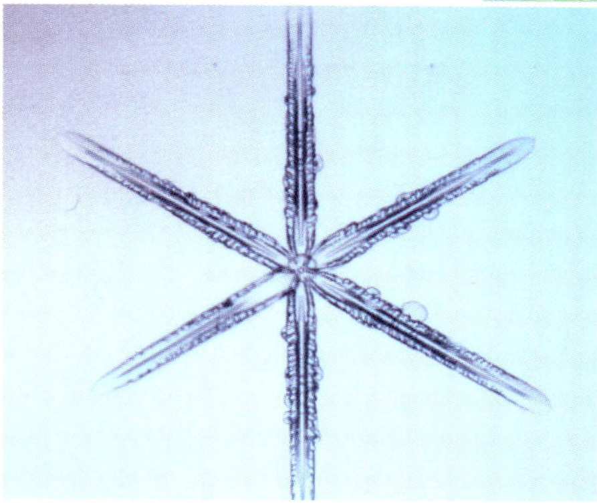

P3a：星六花

P3a：星六花

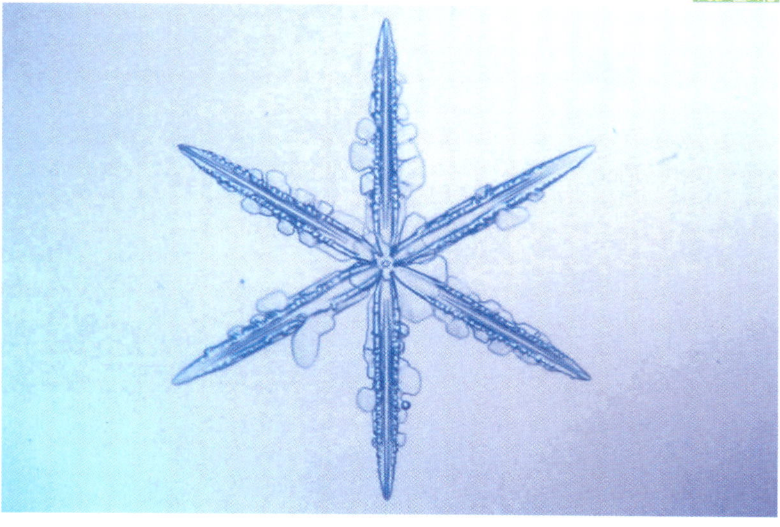

P3：樹枝状結晶（じゅしじょう）／P：板状結晶群

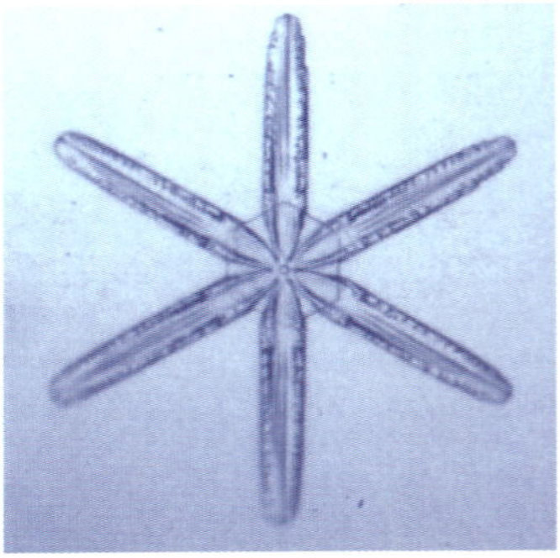
P3a：星六花

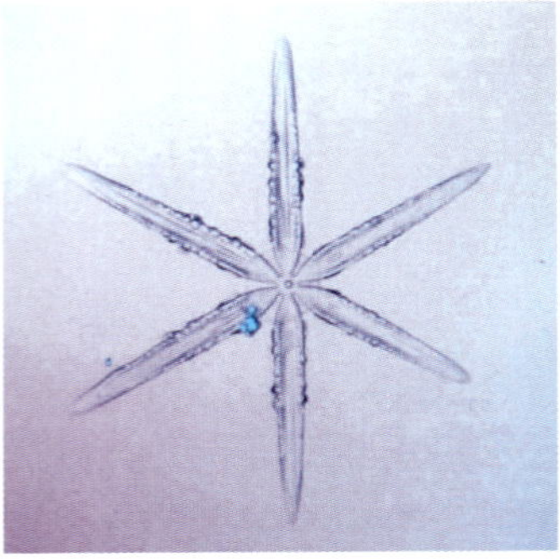
P3a：星六花

P3a：星六花

P3a：星六花

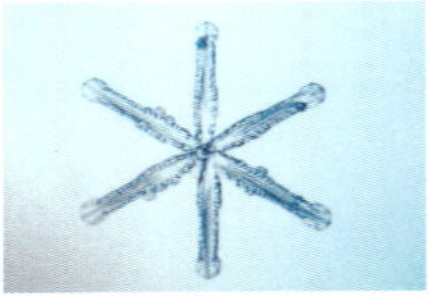
P3a：星六花

P3a：星六花

P3a：星六花

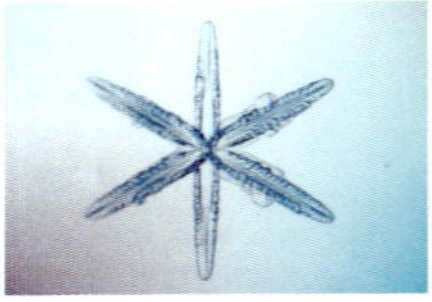
P3a：星六花

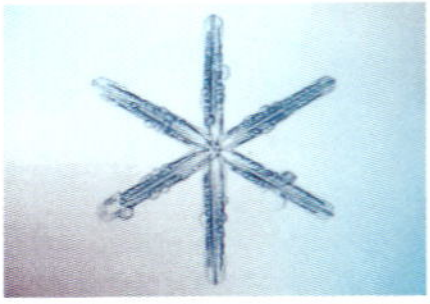
P3a：星六花

P3a：星六花

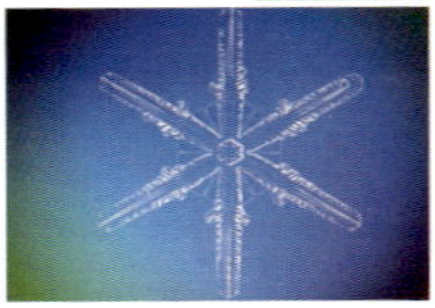
P3a：星六花

P3a：星六花

P3a：星六花

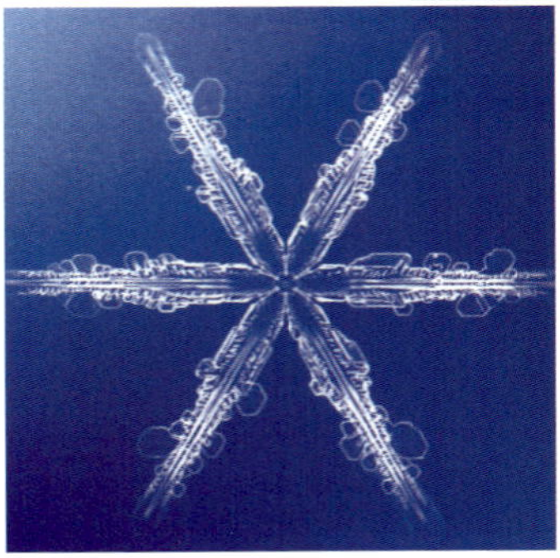
P3a：星六花

P3b：樹枝六花

P3b：樹枝六花

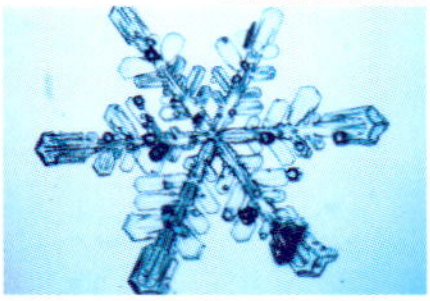

P3b：樹枝六花

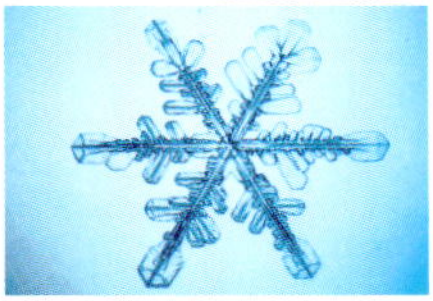

P3b：樹枝六花

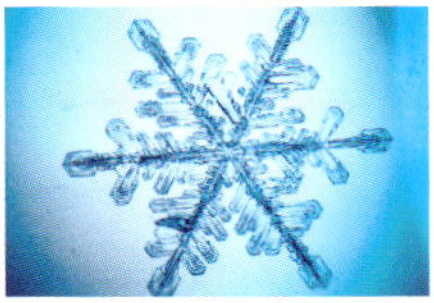

P3b：樹枝六花

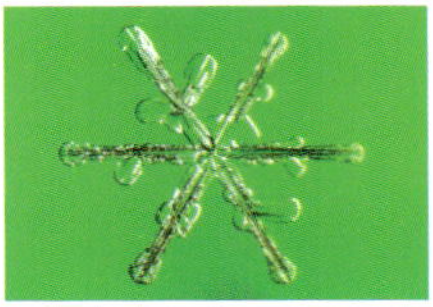

P3b：樹枝六花

P3b：樹枝六花

P3b：樹枝六花

P3b：樹枝六花

P3b：樹枝六花

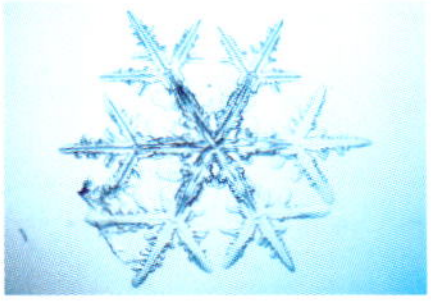

P3b：樹枝六花

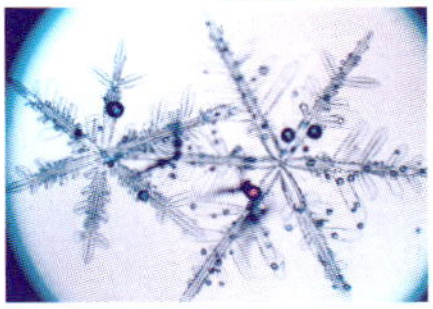

P3b：樹枝六花

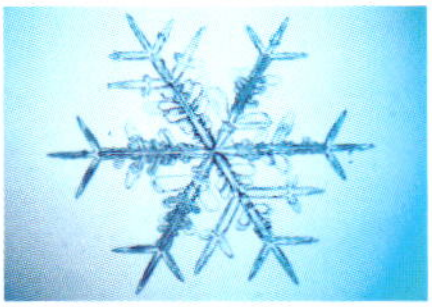

P3b：樹枝六花

P3b：樹枝六花

P3b：樹枝六花

P3b：樹枝六花

P3b：樹枝六花

P3b：樹枝六花

P3b：樹枝六花

P3b：樹枝六花

P3b：樹枝六花

P3：樹枝状結晶／P：板状結晶群

P3b：樹枝六花

P3b：樹枝六花

P3b：樹枝六花

P3b：樹枝六花

P3b：樹枝六花

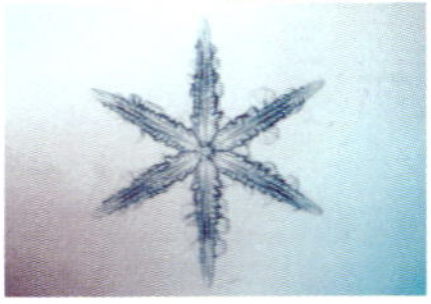

P3b：樹枝六花

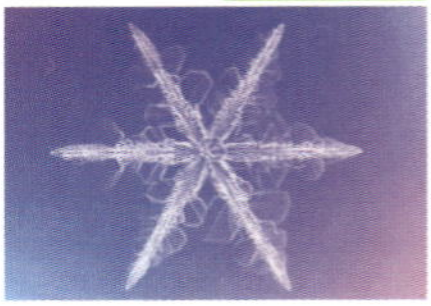

P3b：樹枝六花

P3b：樹枝六花

P3b：樹枝六花

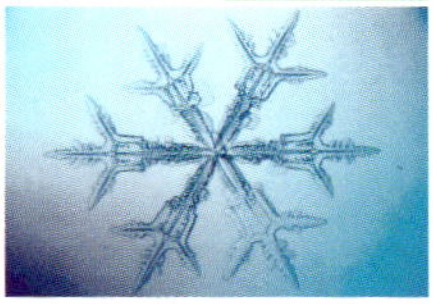

P3b：樹枝六花

P3b：樹枝六花

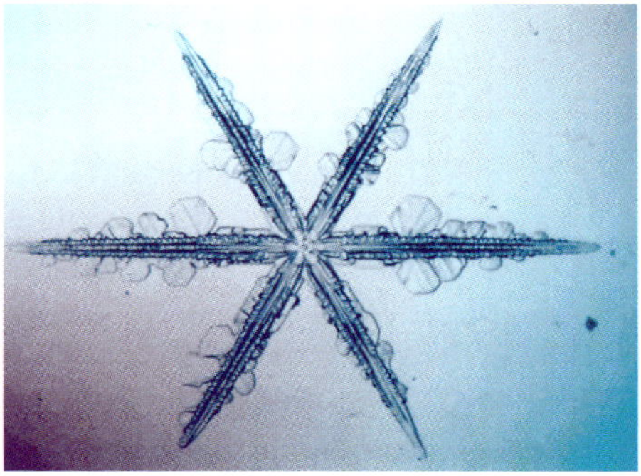

P3b：樹枝六花

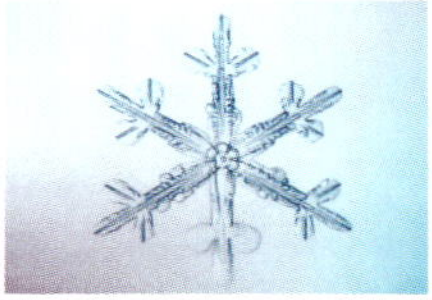

P3b：樹枝六花

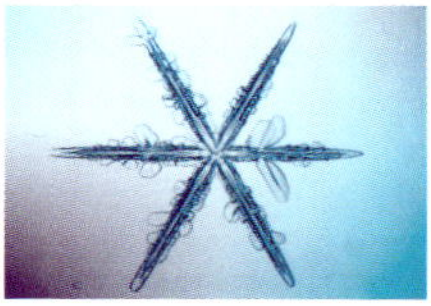

P3b：樹枝六花

P3b：樹枝六花

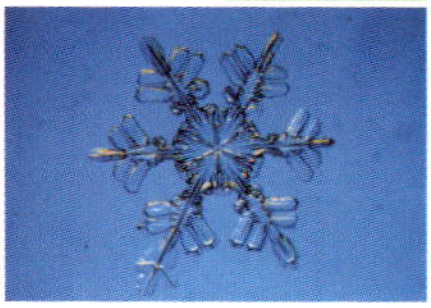

P3b：樹枝六花

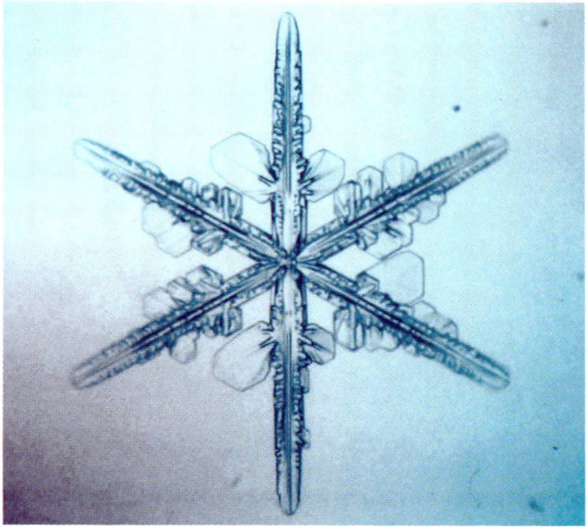

P3b：樹枝六花

P3b：樹枝六花

P3：樹枝状結晶（じゅしじょう）／P：板状結晶群

P3b：樹枝六花

P3b：樹枝六花

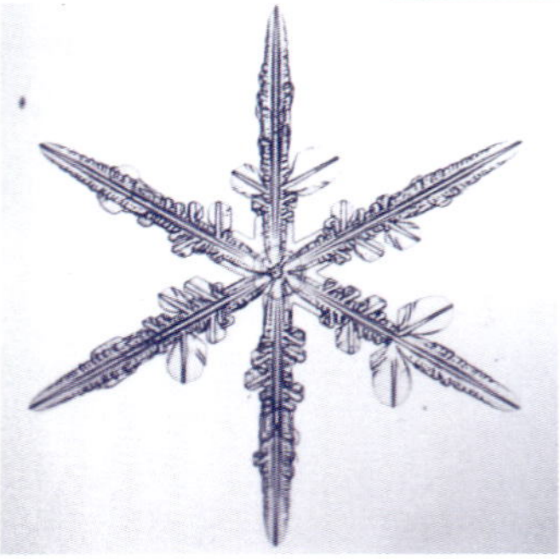

P3b：樹枝六花

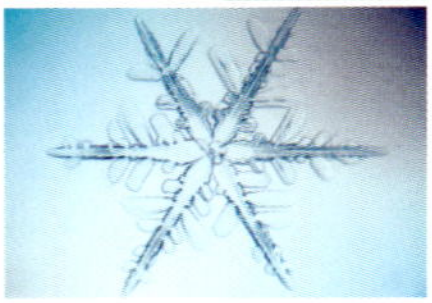

P3b：樹枝六花

P3b：樹枝六花

P3b：樹枝六花

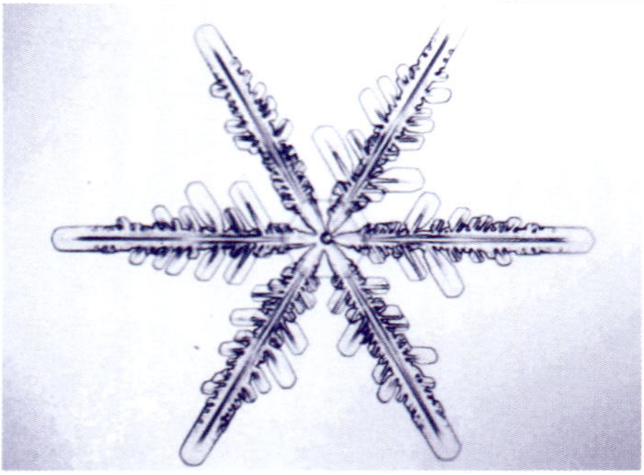

P3b：樹枝六花

P3b：樹枝六花

P3b：樹枝六花

P3b：樹枝六花

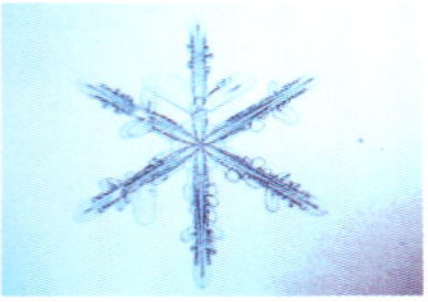

P3b：樹枝六花

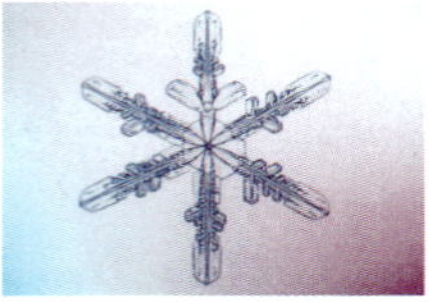

P3b：樹枝六花

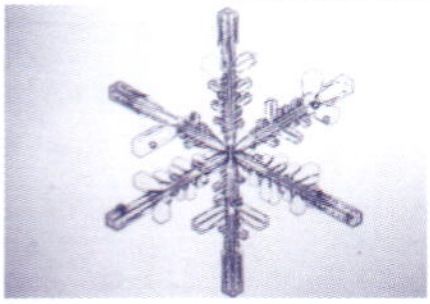

P3b：樹枝六花

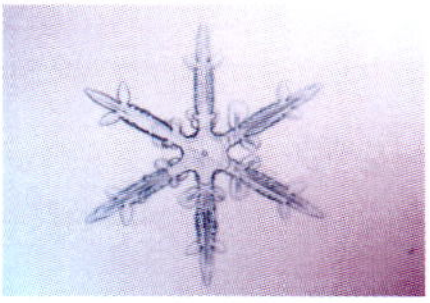

P3b：樹枝六花

P3b：樹枝六花

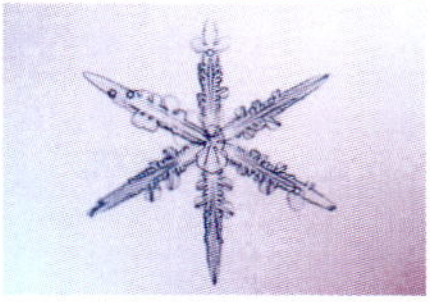

P3b：樹枝六花

P3b：樹枝六花

P3b：樹枝六花

P3b：樹枝六花

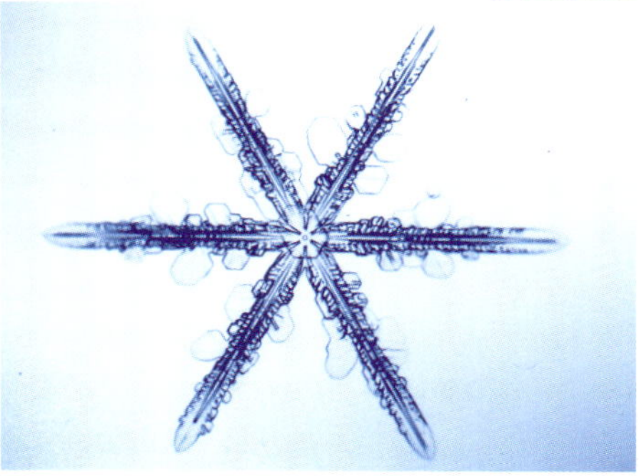

P3：樹枝状（じゅしじょう）結晶／P：板状結晶群

P3c：羊歯六花

P3c：羊歯六花

P3c：羊歯六花

P3c：羊歯六花

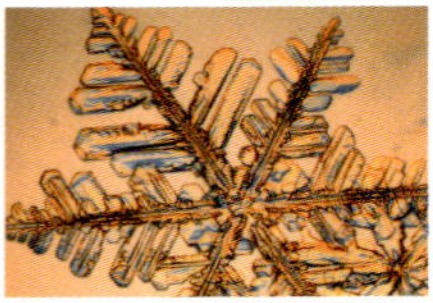

P3c：羊歯六花

P3c：羊歯六花

P3c：羊歯六花

P3c：羊歯六花

P3c：羊歯六花

P3c：羊歯六花

P3c：羊歯六花

P3c：羊歯六花

雪の結晶のなぜ？ なるほど！ ④

二花、三花、四花の結晶はあるの?

雪の結晶は、**基本形の六角柱**から出発して、柱状結晶の成長では、角柱から鞘を経て針へ、板状結晶の成長では、厚角板から角板を経て樹枝六花へと変わります（9ページ参照)。一般に樹枝六花に代表される結晶は、隣り合う枝の角度が60度の対称性がよくとれた形からなっています。注意深く見ると、数多く降ってくる結晶の中には二花、三花、四花結晶も見かけることがあります。これらの結晶の主な成因は、成長の早い段階で六花から分離してそれぞれに成長したものか、六花に成長した後に風などの影響を受けて分離したと考えられます。**図1**は顕微鏡用のスライドグラスの上に偶然、二花と四花が舞い降りてきたもので、一見したところ二つの結晶はよく似ているので、六花が二花と四花にグラスの上で分離したようにも見えます。しかし、二花の方が枝の先端が大きく成長していること、また扇の部分も幅広なことから、早い段階で別々の結晶となって、降ってきたことがわかります。**図2**は三花です。これらと同じような理屈で、五花の結晶もあっておかしくはないのですが、なかなか見つかりません。(菊地)

図1　二花と四花

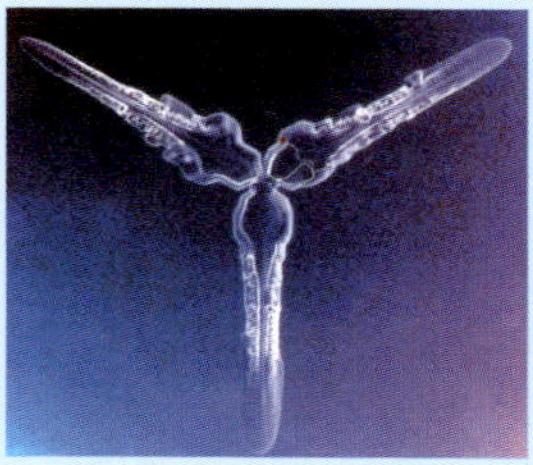

図2　三花

P4:複合板状結晶（ふくごうばんじょう）／P:板状結晶群

結晶の成長する過程で、少なくとも2種類以上の結晶の過程を経て地上に到達した結晶をまとめて表現したものです。従来は、変遷六花といわれていました。「**P4a:角板付六花**」型、「**P4b:扇付六花**」型は成長のスタートが「広幅六花」型や「星六花」型であったものが、降ってくる途中で「角板」型や「扇六花」型の温度、湿度領域に入って、各枝の先端に「角板」型や「扇六花」型が成長したものです。同じように、「**P4c:角板付樹枝**」型、「**P4d:扇付樹枝**」型は、最初に樹枝で成長を始め、後に「角板」型や「扇六花」型の成長領域に入って成長したもの、「**P4e:枝付角板**」型、「**P4f:扇付角板**」型、「**P4g:樹枝付角板**」型は、いずれも「角板」型でスタートし、後に「星六花」の枝、「扇六花」型、「樹枝六花」型がそれぞれ成長したものです。これらの結晶の多くは1～3mmで、温度範囲は－10～－22℃です。

P4a:角板付六花

P4a:角板付六花

P4a:角板付六花

P4a:角板付六花

P4b:扇付六花

P4b:扇付六花

P4b:扇付六花

P4b:扇付六花

P4b：扇付六花

P4b：扇付六花

P4b：扇付六花

P4b：扇付六花

P4b：扇付六花

P4b：扇付六花

P4b：扇付六花

P4b：扇付六花

P4b：扇付六花

P4c：角板付樹枝

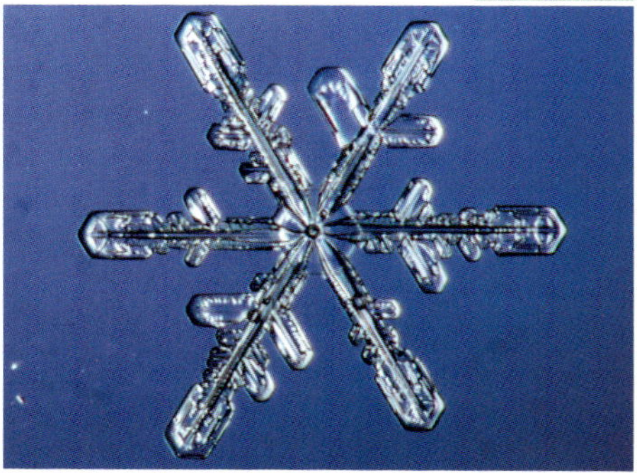
P4c：角板付樹枝

P4c：角板付樹枝

P4c：角板付樹枝

P4c：角板付樹枝

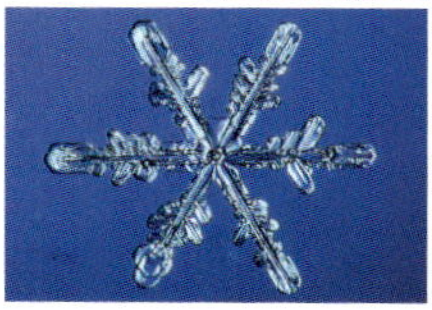
P4c：角板付樹枝

P4:複合板状結晶（ふくごうばんじょう）／P:板状結晶群

P4d:扇付樹枝

P4d:扇付樹枝

P4d:扇付樹枝

P4d:扇付樹枝

P4d:扇付樹枝

P4d:扇付樹枝

P4e:枝付角板

P4e:枝付角板

P4e:枝付角板

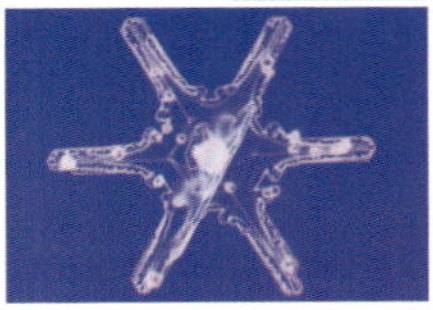

P4e:枝付角板

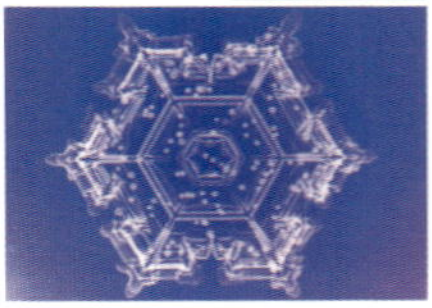

P4e:枝付角板

P4e:枝付角板

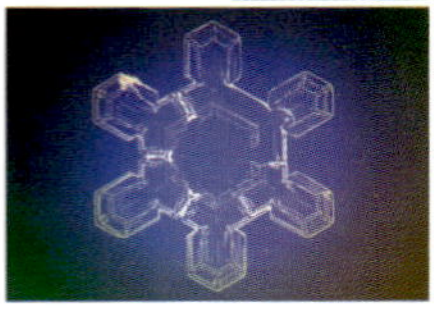

P4e：枝付角板

P4e：枝付角板

P4f：扇付角板

P4f：扇付角板

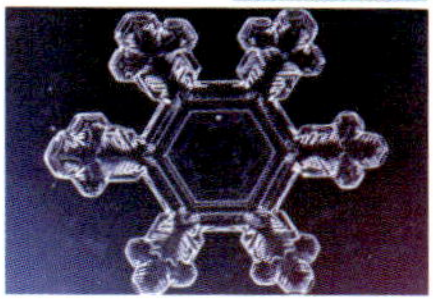

P4e：枝付角板

P4e：枝付角板

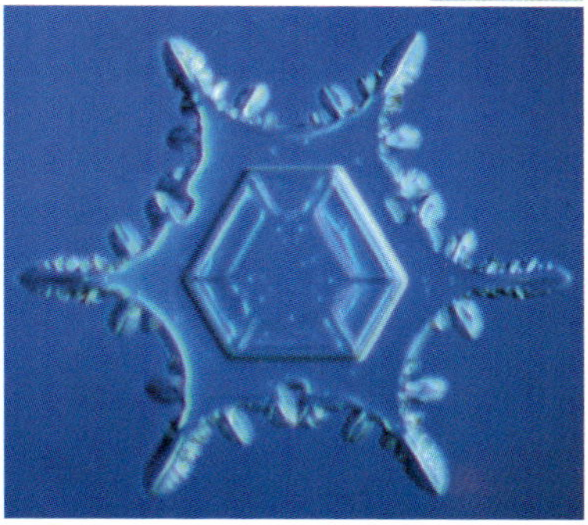

P4f：扇付角板

P4f：扇付角板

P4f：扇付角板

P4f：扇付角板

P4f：扇付角板

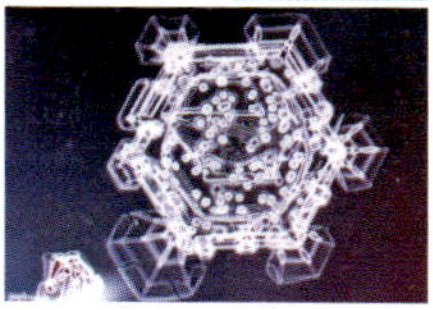

P4f：扇付角板

P4：複合板状結晶 ／P：板状結晶群

P4f：扇付角板

P4f：扇付角板

P4f：扇付角板

P4f：扇付角板

P4f：扇付角板

P4f：扇付角板

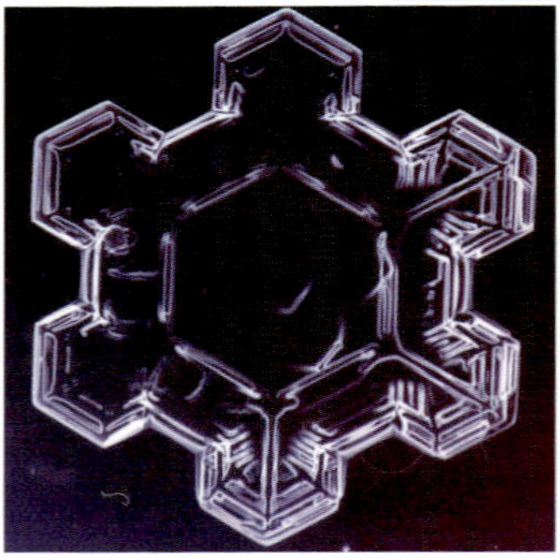

P4f：扇付角板

P4f：扇付角板

P4f：扇付角板

P4g：樹枝付角板

P4g：樹枝付角板

P4g：樹枝付角板

P4g：樹枝付角板

P4g：樹枝付角板

P4g：樹枝付角板

P4g:樹枝付角板

P4g:樹枝付角板

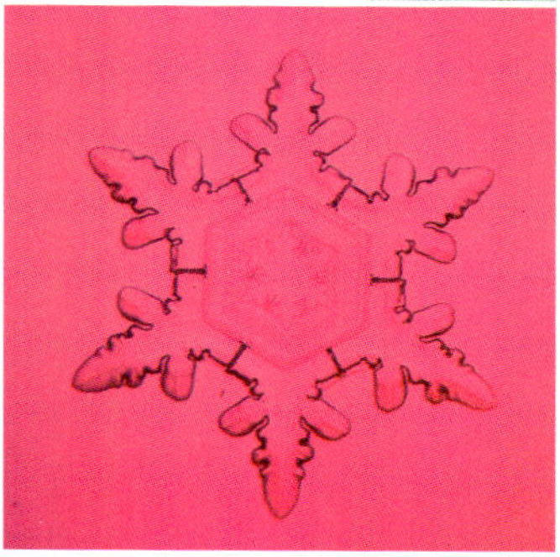

P4g:樹枝付角板

P4g:樹枝付角板

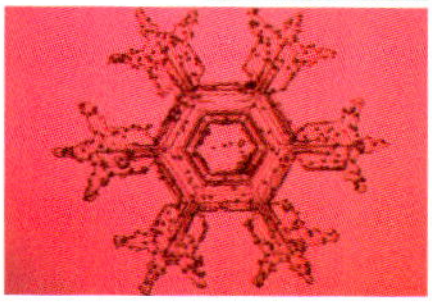

P4g:樹枝付角板

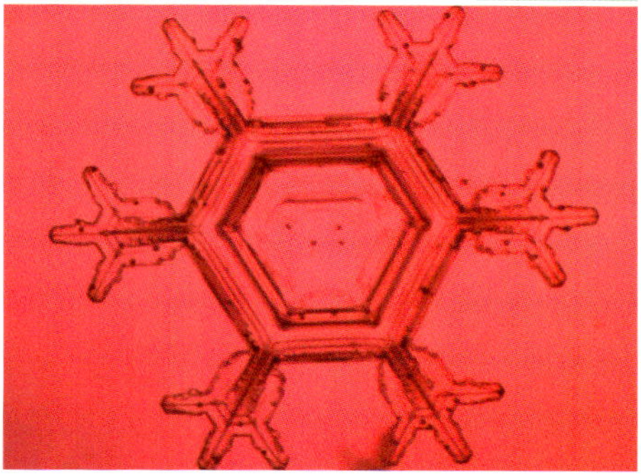

P4g:樹枝付角板

P4g:樹枝付角板

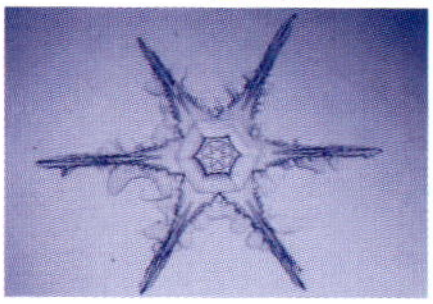

P4g:樹枝付角板

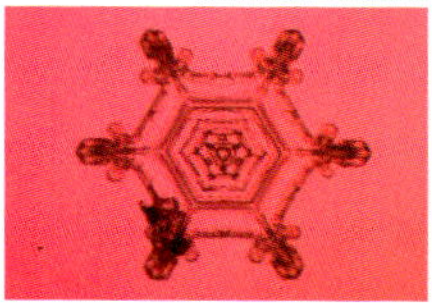

P4g:樹枝付角板

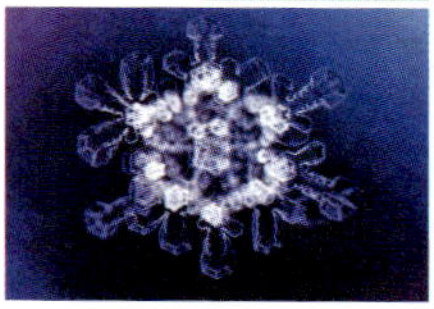

P4g:樹枝付角板

P4g:樹枝付角板

P4g:樹枝付角板

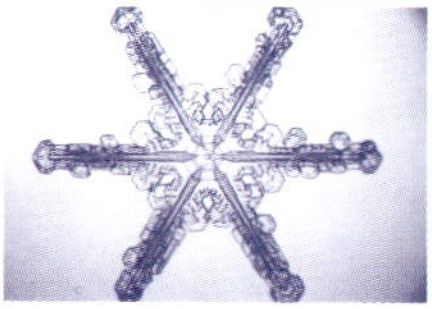

P4g:樹枝付角板

P4g:樹枝付角板

P4g:樹枝付角板

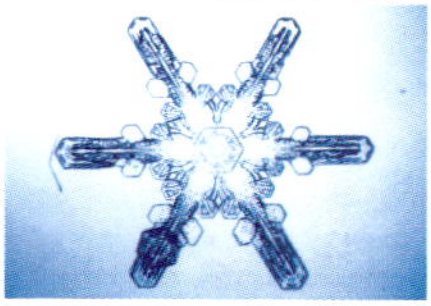

P5：分離・多重六花状結晶／P：板状結晶群

従来の分類では「不規則六花」の名称で、二花、三花、四花、十二花を対象としていました。「樹枝六花」「広幅六花」「扇六花」「羊歯六花」などの結晶は六花ですが、その一部の枝が折れて六花以外の形で地上に到達したものをひとまとめにした分類です。結晶の大きさは1～3mmですが、羊歯は5 mmを超えるケースもあります。成長温度範囲はもとの結晶と同じです。「**P5a：二花**」型、「**P5b：三花**」型、「**P5c：四花**」型の主な成因は、成長の早い段階で六花から分離して成長したか、十分成長した後に分離したかですが、まれには鼓型のように中心部の短い角柱型や凍結した雲粒の上下に、二花と一花が成長して三花になったり、二花と二花で四花になったり、または三花に一花で四花が成長することもあります。ただ、五花というのはほとんどみられません。一方、多重の方は、従来の分類では十二花のみでしたが、観測の頻度が増すにつれて、十八花や二十四花も見つかりました。そこで、「**P5d:十二花**」型のほかに、「**P5e:十八花**」型、「**P5f：二十四花**」型を加えました。多重六花状の成因の多くは、降ってくる途中で同じ結晶同士がわずかに角度をずらして付着・併合したものと考えられます。大きさ、成長温度範囲は「樹枝六花」型、「羊歯六花」型と同じです。

P5a：二花

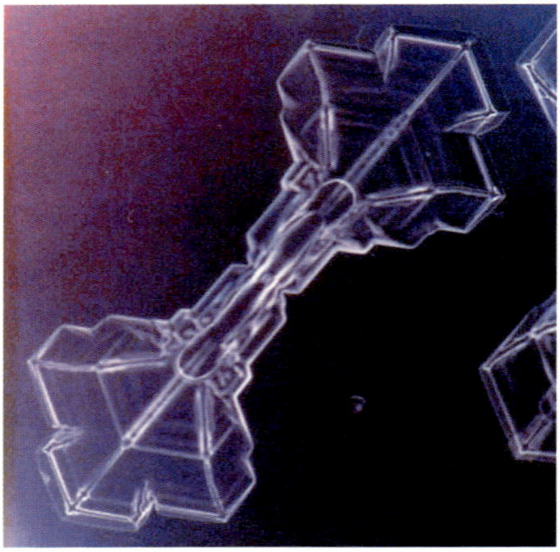

P5a：二花

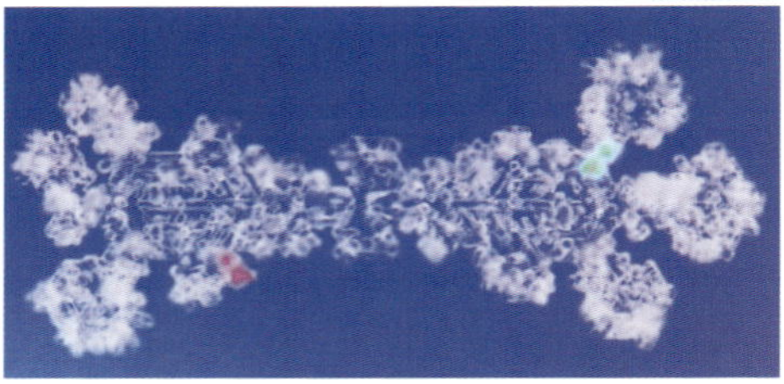

P5a：二花

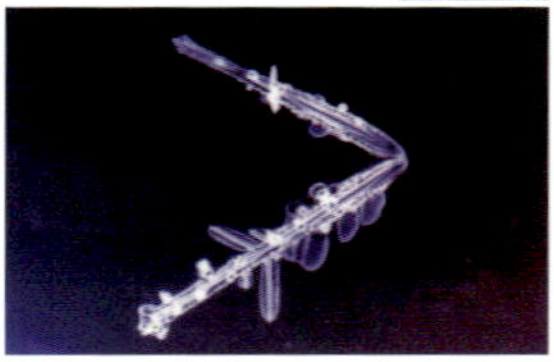

P5b：三花

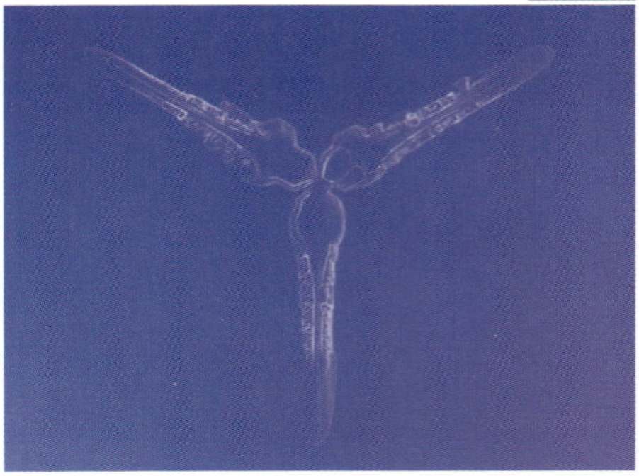

P5b：三花

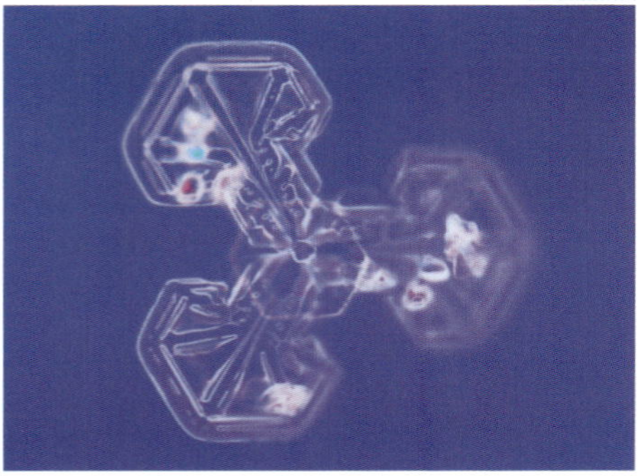

P5b：三花

P5b：三花

P5b：三花

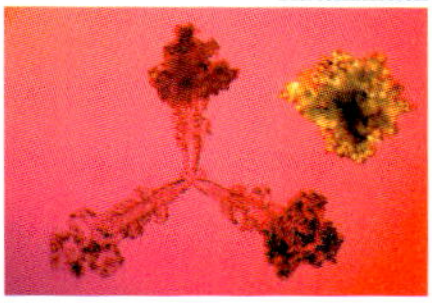

P5c：四花

P5c：四花

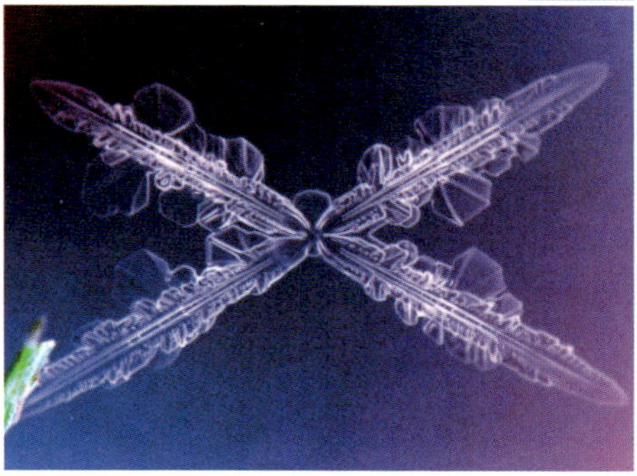

P5c：四花

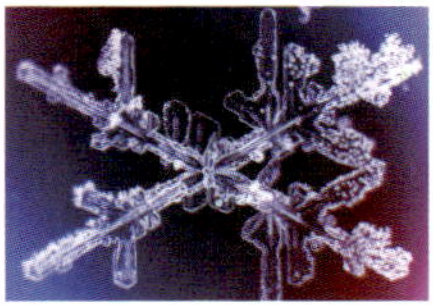

P5c：四花

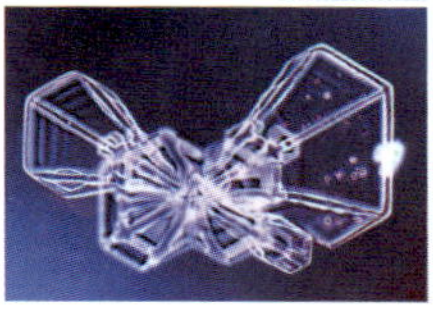

P5c：四花

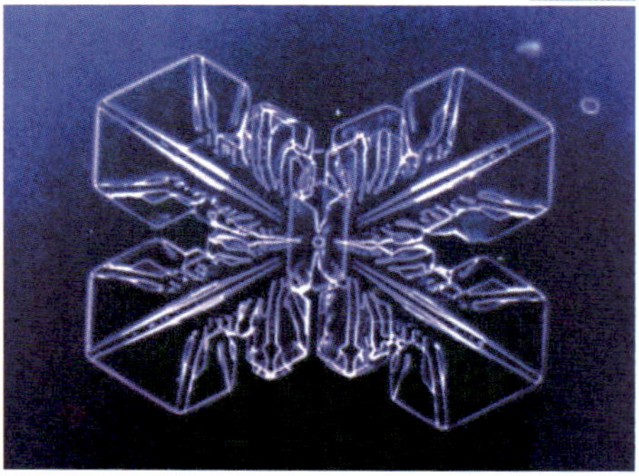

P5c：四花

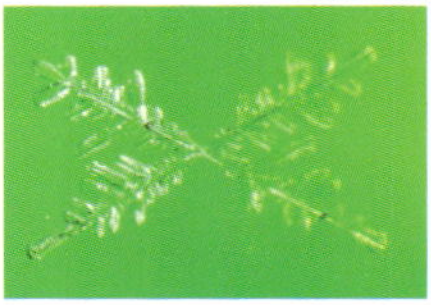

P5c：四花

P5：分離・多重六花状結晶（ぶんり・たじゅうろっかじょうけっしょう）

P5c：四花

P5c：四花

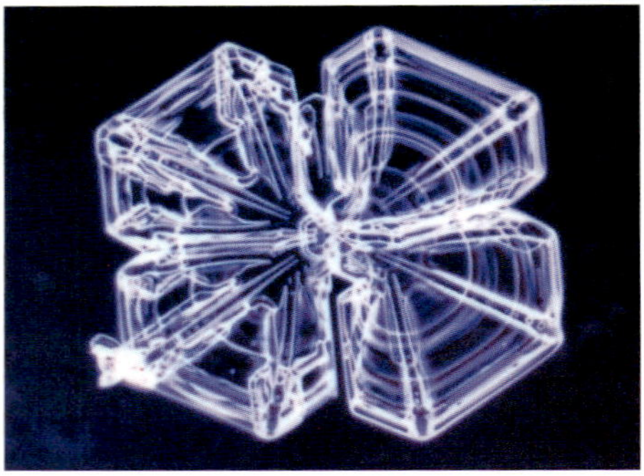

P5c：四花

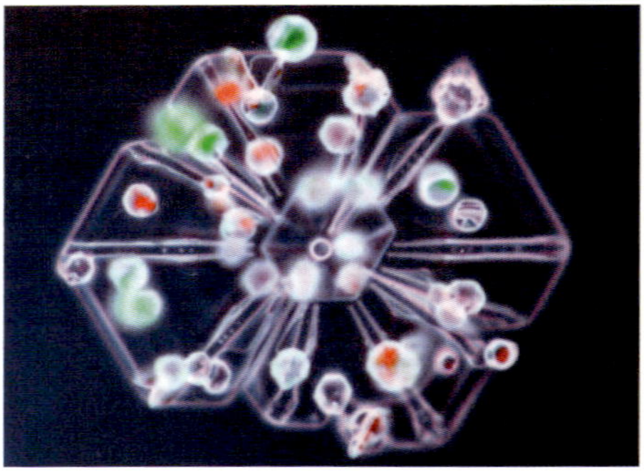

P5c：四花

P5c：四花

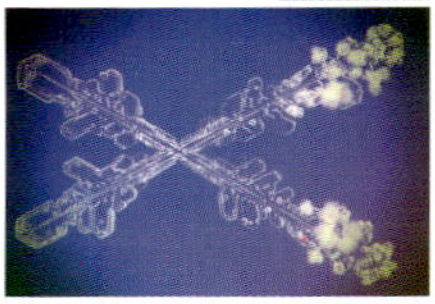

P5c：四花

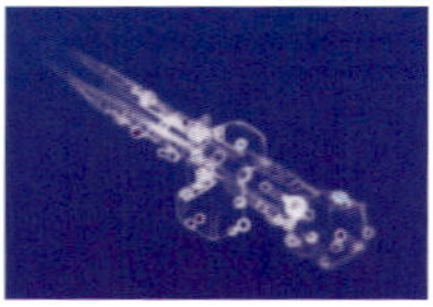

P5d：十二花

P5d：十二花

P5d：十二花

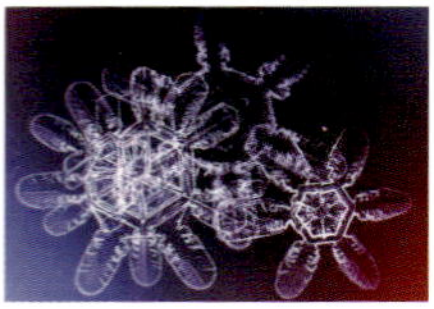

P5d：十二花

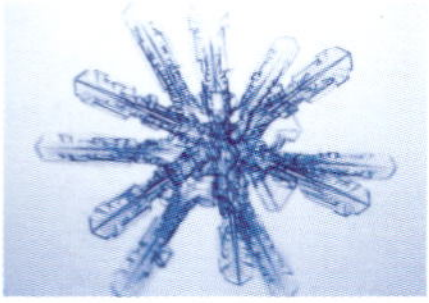

P5d：十二花

P5d：十二花

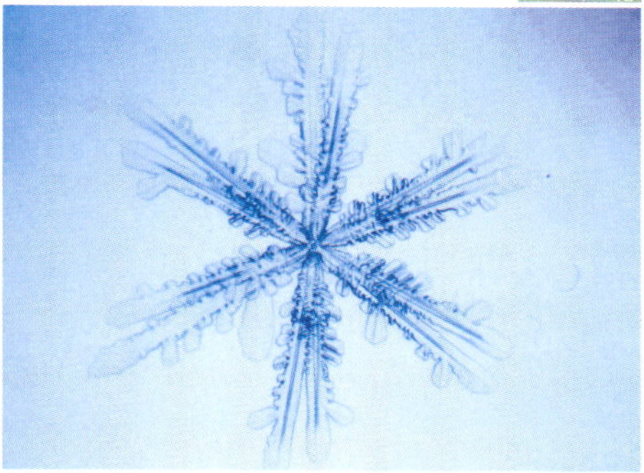

P5d：十二花

P5d：十二花

P5d：十二花

P5d：十二花

P5d：十二花

P5d：十二花

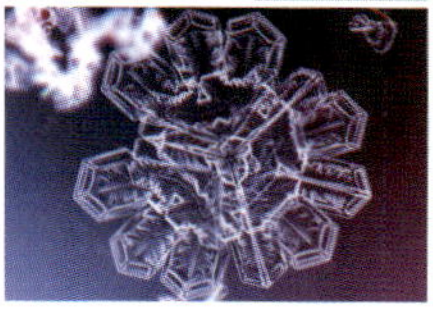

P5d：十二花

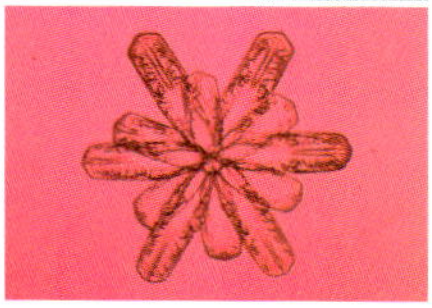

P5d：十二花

P5d：十二花

P5d：十二花

P5d：十二花

P5d：十二花

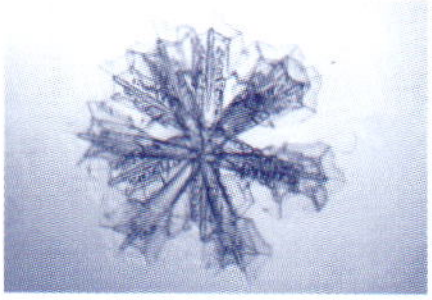

P5d：十二花

P5d：十二花

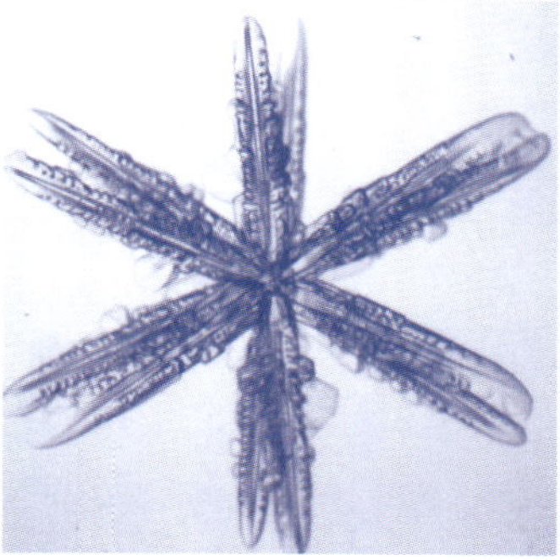

P5d：十二花

P5d：十二花

P5：分離・多重六花状結晶

P：板状結晶群

P5d：十二花

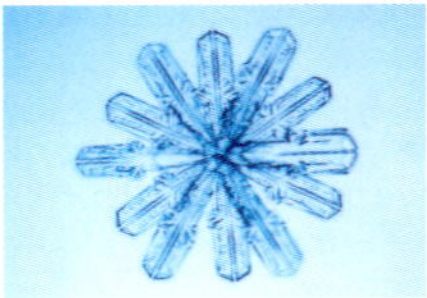
P5d：十二花

P5d：十二花

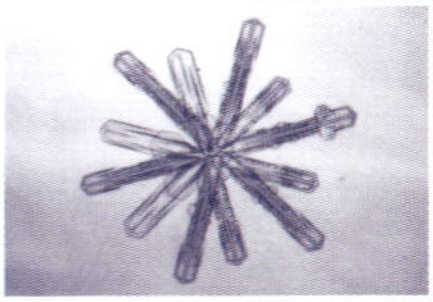
P5d：十二花

P5d：十二花

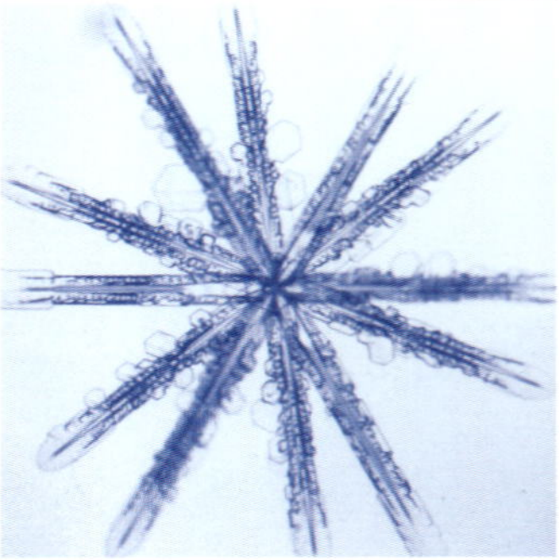
P5d：十二花

P5d：十二花

P5d：十二花

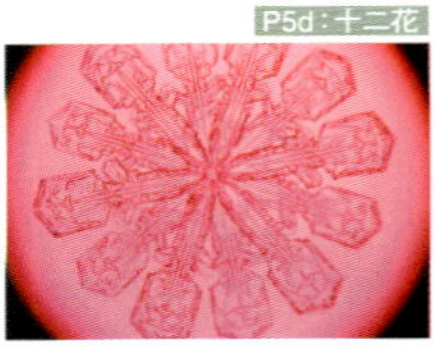
P5d：十二花

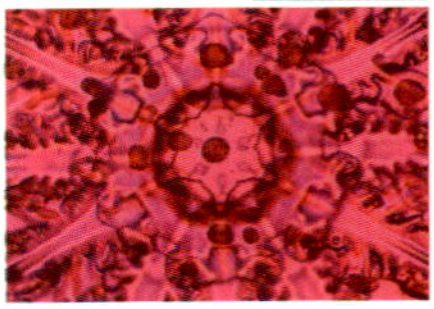
P5d：十二花

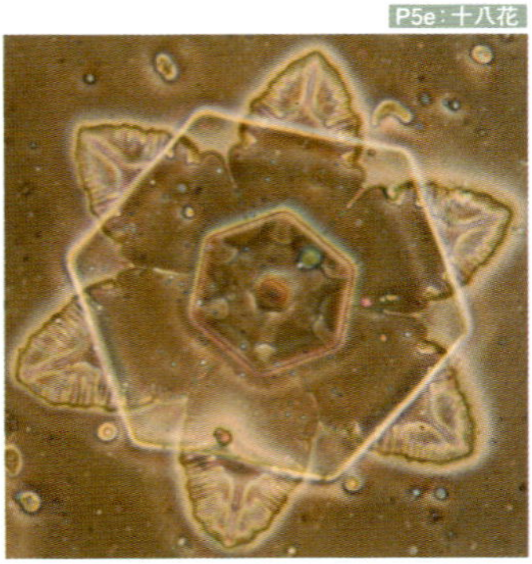
P5e：十八花

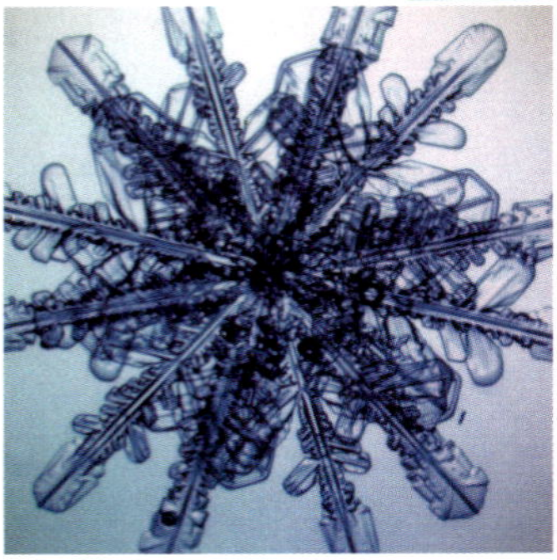
P5e：十八花

P5e：十八花

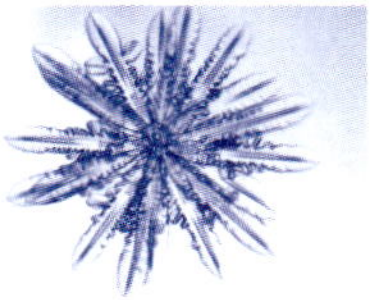

P5e：十八花

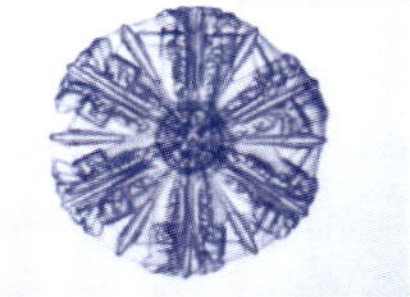

P5e：十八花

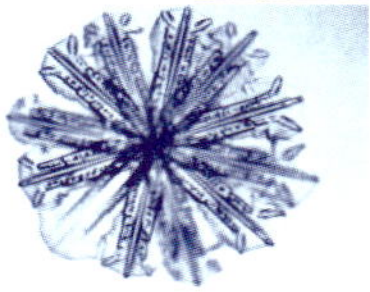

P5e：十八花

P5f：二十四花

P5f：二十四花

十二花、十八花など多重六花はどうしてできる?

樹枝状結晶（星六花、樹枝六花、羊歯六花）が降っている時、その中に急に十二花がまとまって降ってくることがあります。さらに、その中にはまれに十八花、さらに、もっと珍しい二十四花を見つけることができます。これらの雪の枝の数は6の倍数になっていますから、六花が基本になっていることは容易に想像がつきますが、どのような形で六花が組み合わさっているかが問題です。結晶が降ってくる途中で複数の結晶が付着・併合したものを雪片（せっぺん）といいますが、中谷宇吉郎博士は結晶のうちの二つが偶然中心をほぼ一致するように重ね合わさったものと考えました。「付着・併合説」や「雪片説」といわれるメカニズムです。一方、小林禎作博士は「回転双晶説」というメカニズムをとなえました。角柱の結晶を上下二つの結晶と考え、一方を結晶主軸の周りに少し回転させて、それに樹枝六花が上下に成長すると十二花になるというものです。実際にはどちらのメカニズムもありうるでしょうが、私たちは「付着·併合説」の方が多いと思っています。というのも、「回転双晶説」では、十八花や二十四花を説明するのにちょっと無理があるからです。

図1 は代表的な十二花ですが、中心付近が複雑に見えるので、フォーカスを変えて拡大してみると、**図2** のように結晶が何重にも重なっていることがわかります。トレーシング・ペーパーを重ねて、それぞれの結晶の外形をなぞってみると、一番外側の広幅の十二花に、内側にちょっとずれて大きな二つの角板、さらに内側に小さな二つの角板と、二つの星に分けることができます。6個の角×8個の結晶＝48花とはいきませんが、少なくとも8個の板状結晶が重ね合わさっていることがわかります。（菊地）

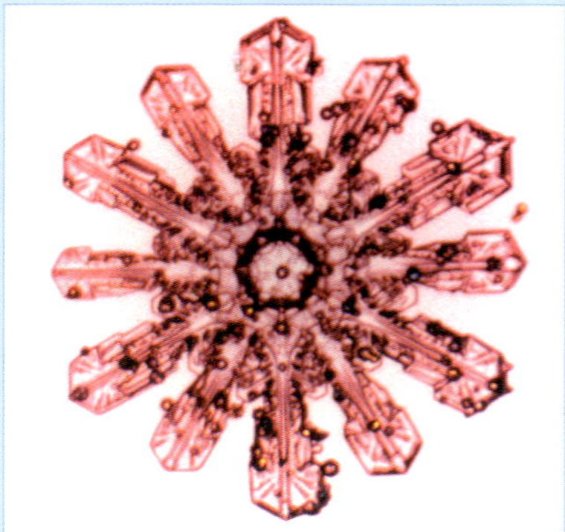
図1　十二花

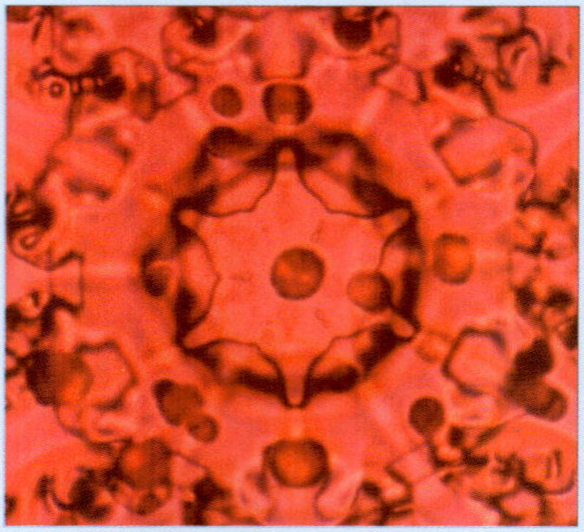
図2　中心部の拡大図

P6：立体状結晶／P：板状結晶群

降ってくる途中の板状結晶に、過冷却雲粒が付着して凍結し、それが核となって立体的に「扇六花」型や「樹枝六花」型が成長した結晶です。**「P6a：立体扇付角板」**型、**「P6b：立体樹枝付角板」**型は、「角板」型の結晶に過冷却雲粒が付着凍結して、それから「扇六花」型や「樹枝六花」型が立体的に成長したもので、**「P6c：立体扇付樹枝」**型、**「P6d：立体樹枝付樹枝」**型は、同じように「樹枝六花」型の結晶に過冷却雲粒が付着凍結し、それから「扇六花」型や「樹枝六花」型が立体的に成長したものです。

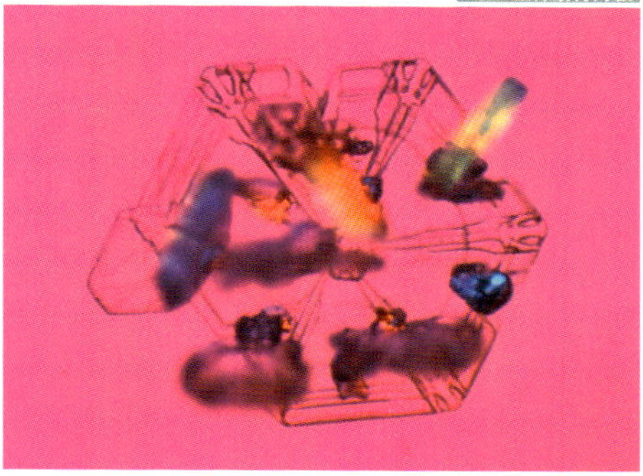
P6a：立体扇付角板

P6a：立体扇付角板

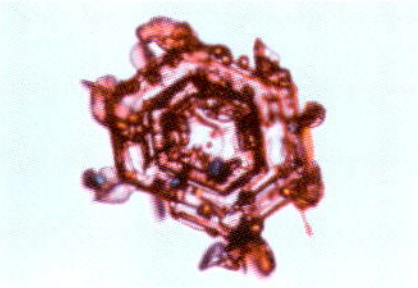
P6a：立体扇付角板

P6a：立体扇付角板

P6a：立体扇付角板

P6a：立体扇付角板

P6a：立体扇付角板

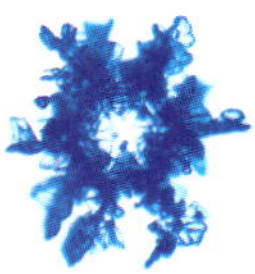
P6a：立体扇付角板

P6a：立体扇付角板

P6：立体状結晶 ／P：板状結晶群

P6a：立体扇付角板

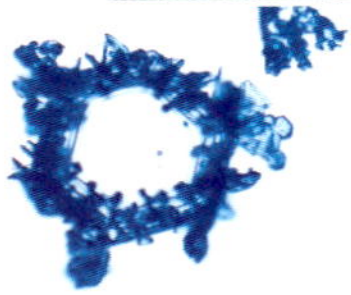

P6a：立体扇付角板

P6a：立体扇付角板

P6a：立体扇付角板

P6a：立体扇付角板

P6a：立体扇付角板

P6a：立体扇付角板

P6a：立体扇付角板

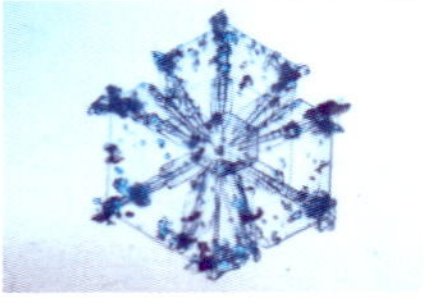

P6a：立体扇付角板

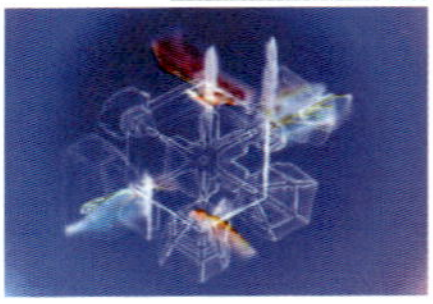

P6b：立体樹枝付角板

P6a：立体扇付角板

P6a：立体扇付角板

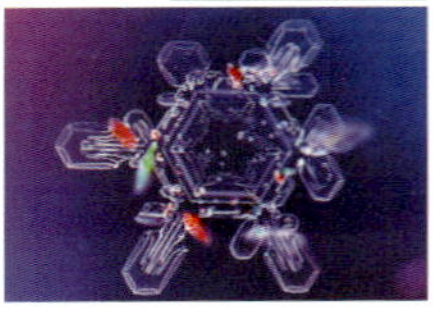

P6b：立体樹枝付角板

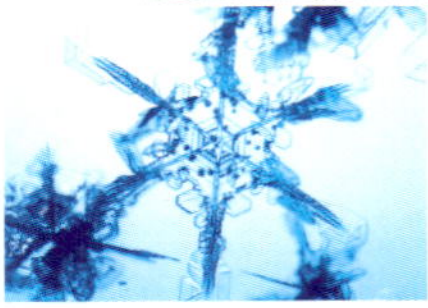

P6b：立体樹枝付角板

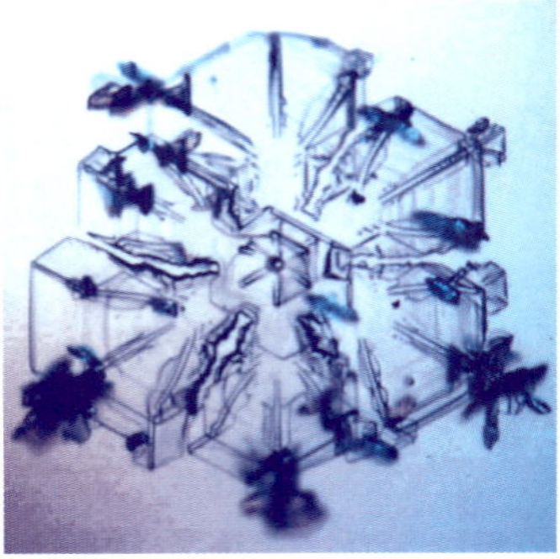

P6b：立体樹枝付角板

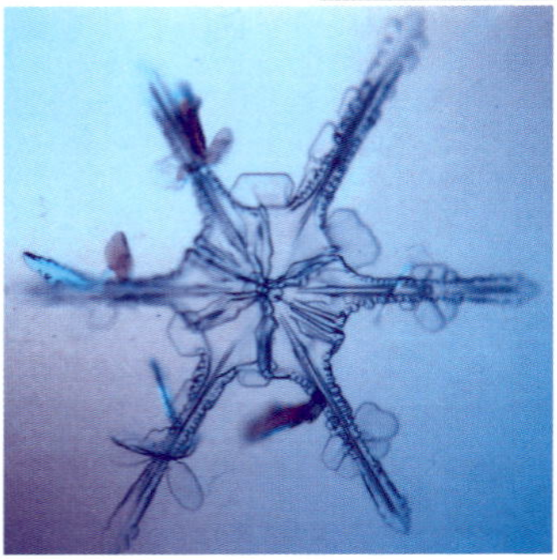

P6b：立体樹枝付角板

P6c：立体扇付樹枝

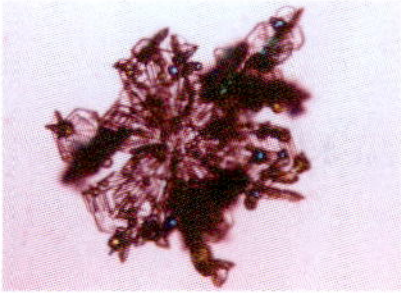

P6c：立体扇付樹枝

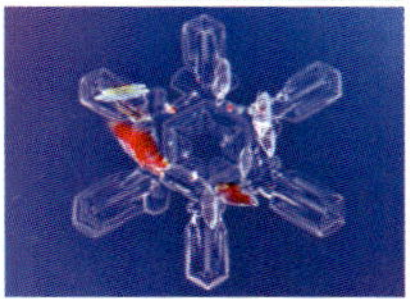

P6c：立体扇付樹枝

P6c：立体扇付樹枝

P6c：立体扇付樹枝

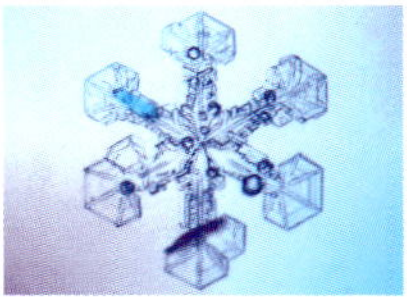

P6c：立体扇付樹枝

P6c：立体扇付樹枝

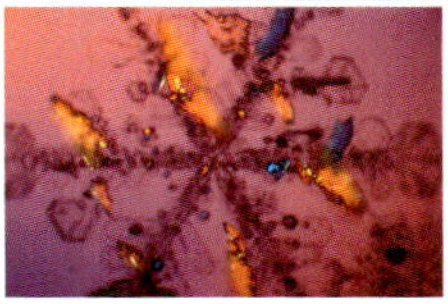

P6c：立体扇付樹枝

P6c：立体扇付樹枝

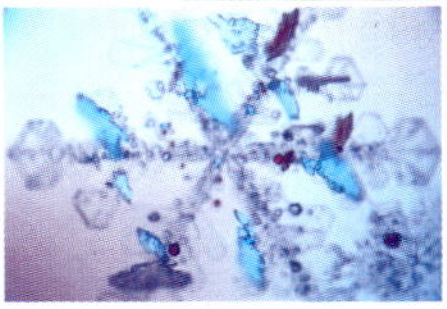

P6c：立体扇付樹枝

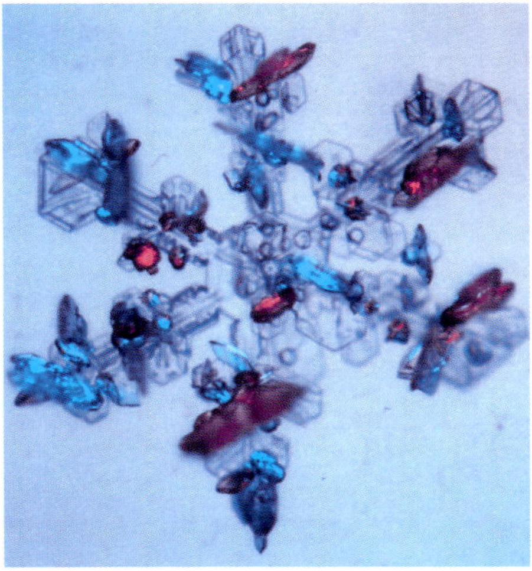

P6c：立体扇付樹枝

P6：立体状結晶（りったいじょうけっしょう） ／P：板状結晶群

P6d：立体樹枝付樹枝

P6d：立体樹枝付樹枝

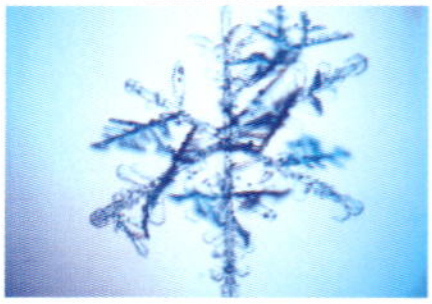

P6d：立体樹枝付樹枝

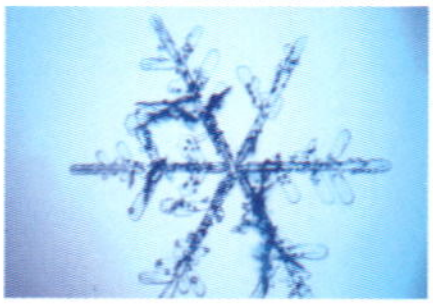

P6d：立体樹枝付樹枝

P6d：立体樹枝付樹枝

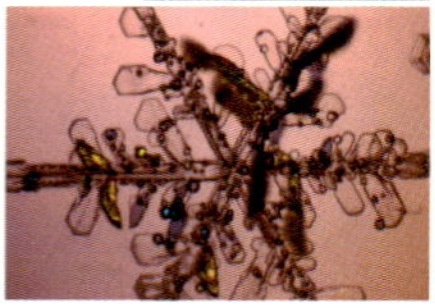

P6d：立体樹枝付樹枝

P6d：立体樹枝付樹枝

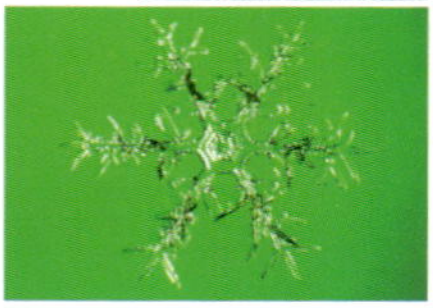

P6d：立体樹枝付樹枝

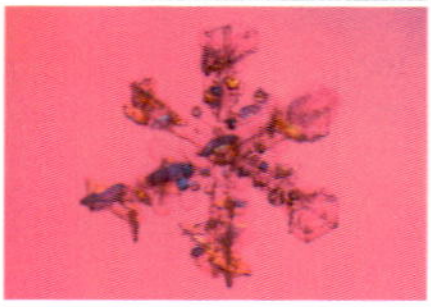

P6d：立体樹枝付樹枝

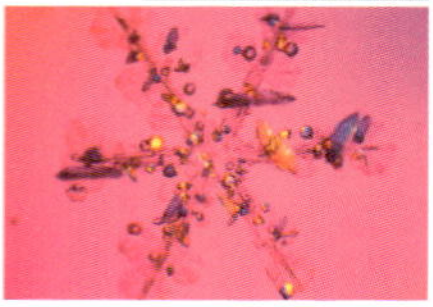

P6d：立体樹枝付樹枝

P6d：立体樹枝付樹枝

P6d：立体樹枝付樹枝

P6d：立体樹枝付樹枝

P6d：立体樹枝付樹枝

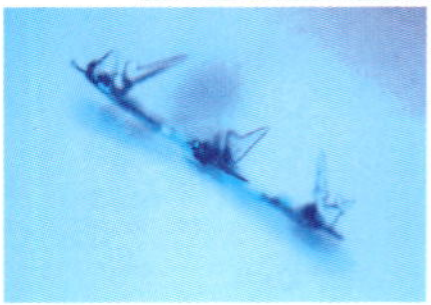

P6d：立体樹枝付樹枝

P6d：立体樹枝付樹枝

P6d：立体樹枝付樹枝

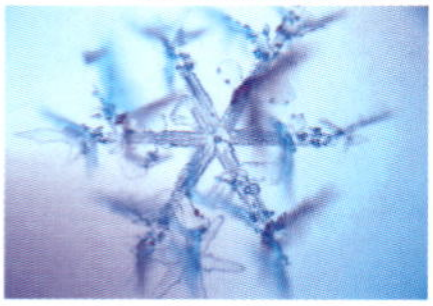

P6d：立体樹枝付樹枝

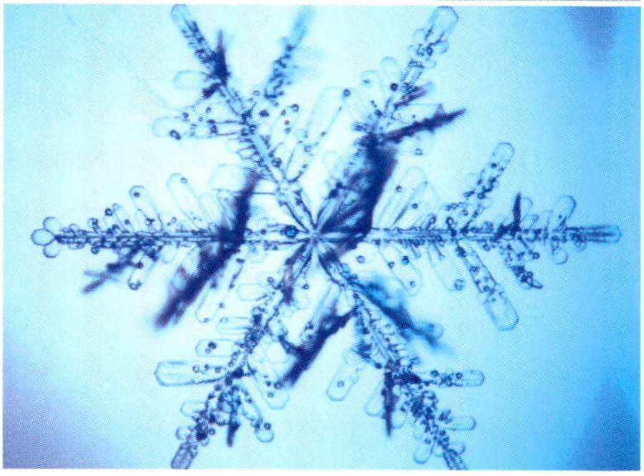

P6d：立体樹枝付樹枝

P6d：立体樹枝付樹枝

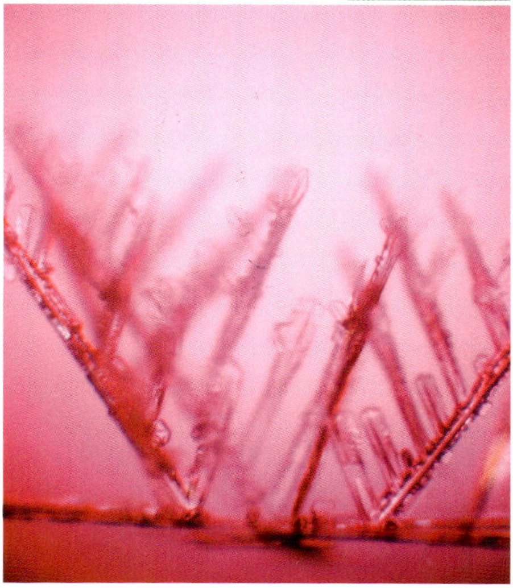

P6d：立体樹枝付樹枝

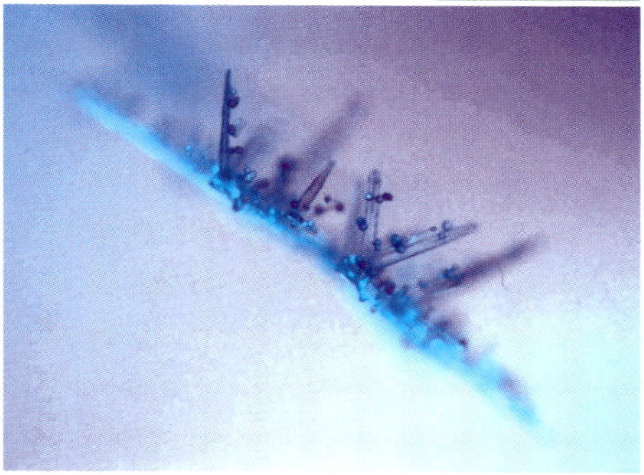

P6d：立体樹枝付樹枝

P6d：立体樹枝付樹枝

P6d：立体樹枝付樹枝

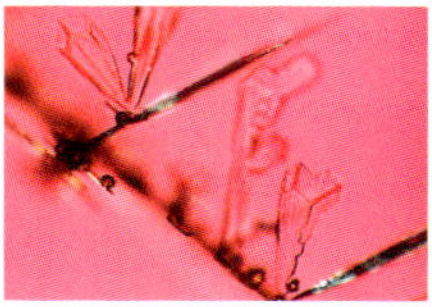

P6d：立体樹枝付樹枝

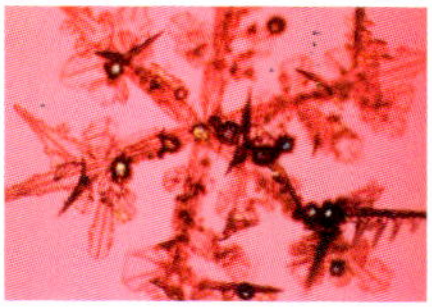

P6d：立体樹枝付樹枝

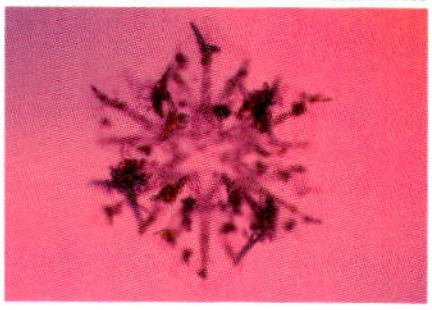

P6d：立体樹枝付樹枝

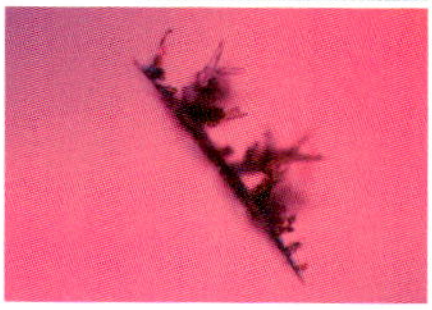

P6d：立体樹枝付樹枝

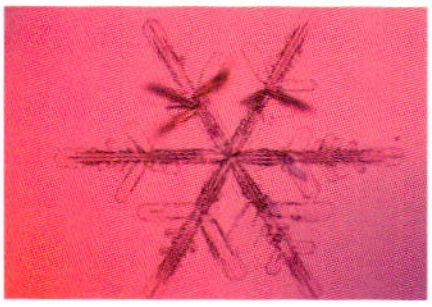

P6d：立体樹枝付樹枝

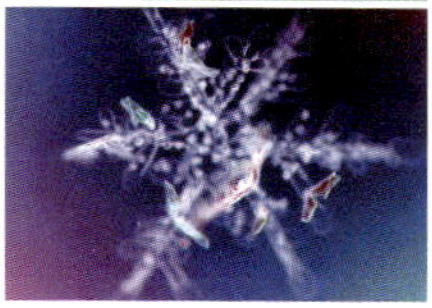

P6d：立体樹枝付樹枝

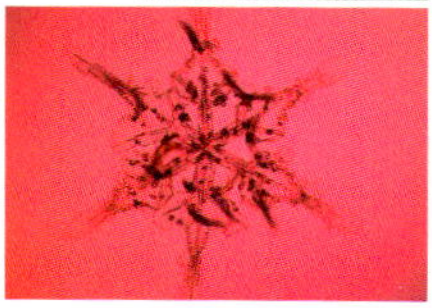

P6d：立体樹枝付樹枝

P7：放射状結晶 ／P：板状結晶群

放射状結晶は、まず過冷却雲粒が多結晶（結晶主軸が複数ある結晶）に凍結し、それぞれの多結晶から板状結晶が放射状に成長した結晶です。「**P7a:放射角板**」型、「**P7b:放射樹枝**」型は、それぞれ凍結雲粒から「角板」型や「樹枝六花」型が放射状に成長したものです。特に、「P7b：放射樹枝」型の樹枝は、「P7a：放射角板」型の角板より枝の幅が狭いので、中心部の凍結雲粒から「樹枝六花」型が見事に成長していることを見ることができます。

P7a：放射角板

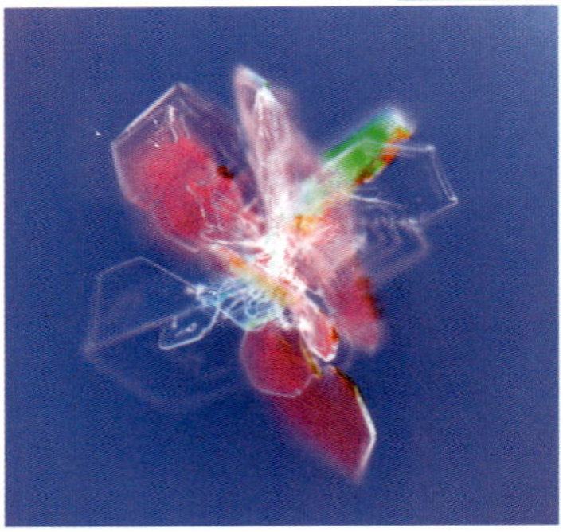

P7a：放射角板

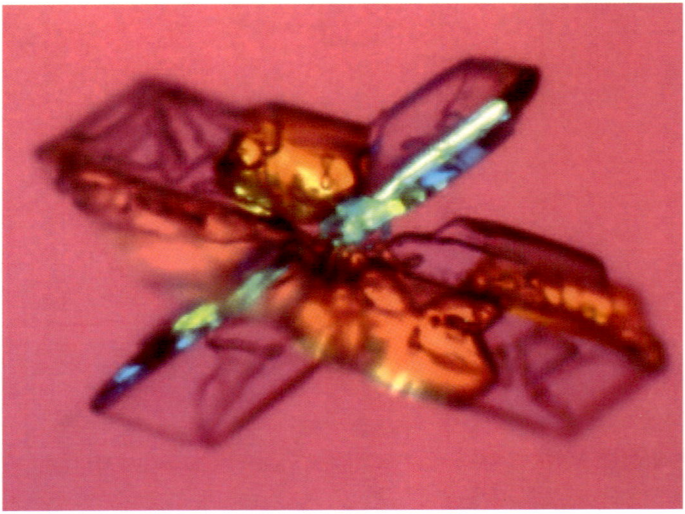

P7a：放射角板

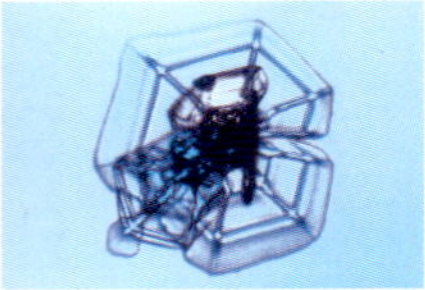

P7a：放射角板

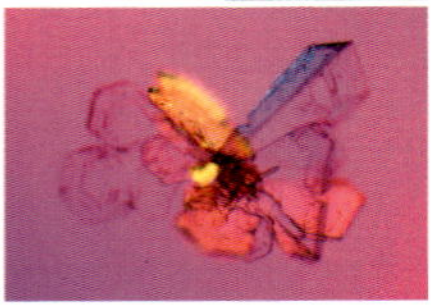

P7a：放射角板

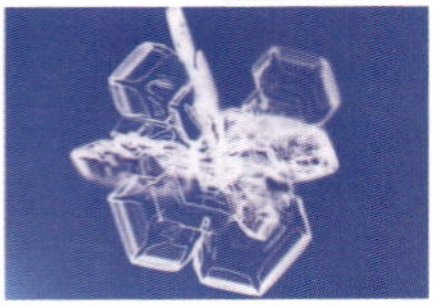

P7a：放射角板

P7a：放射角板

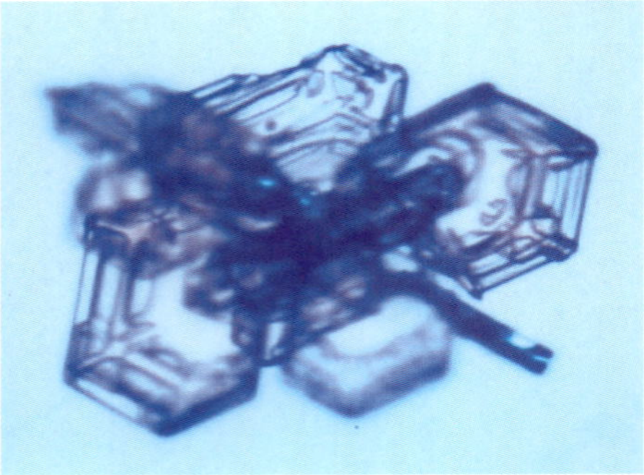

P7a：放射角板

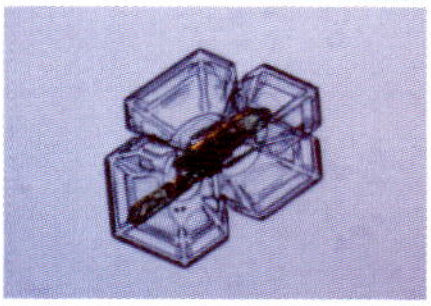

P7a：放射角板

P7a：放射角板

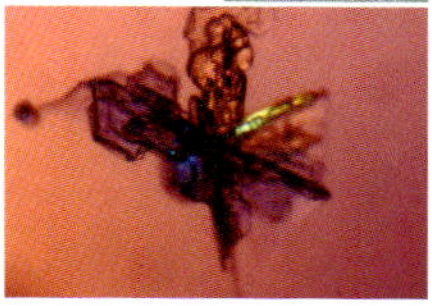

P7a：放射角板

P7b 放射樹枝型

P7b 放射樹枝型

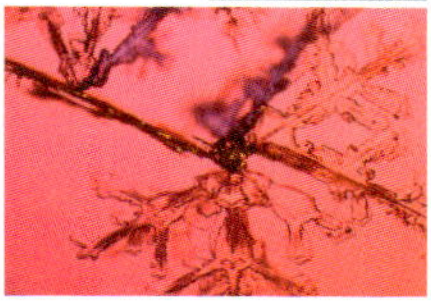

P7b：放射樹枝

P7b：放射樹枝

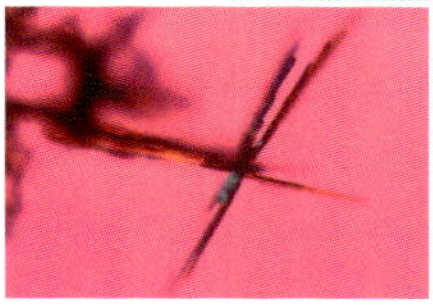

P7b：放射樹枝

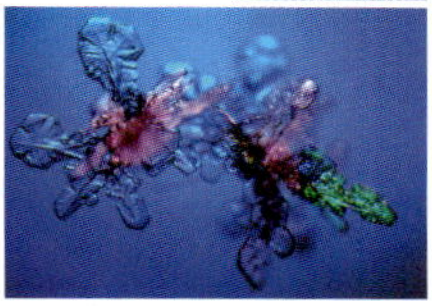

P7b：放射樹枝

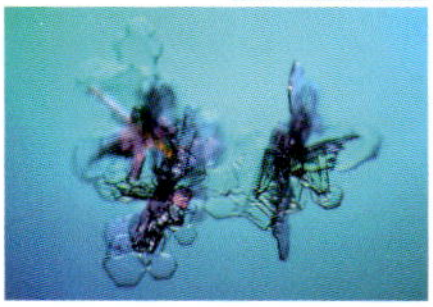

P7b：放射樹枝

P7b：放射樹枝

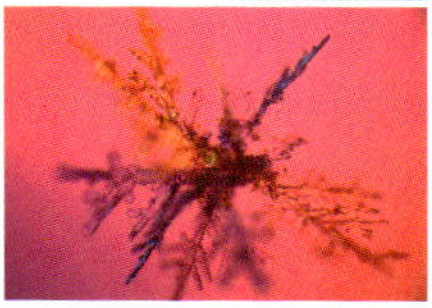

P7b：放射樹枝

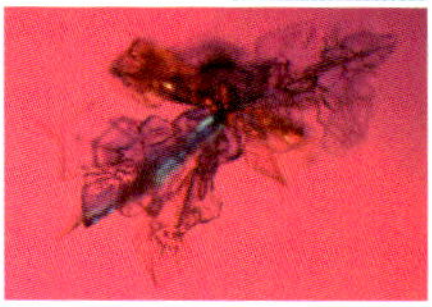

P7b：放射樹枝

P7b：放射樹枝

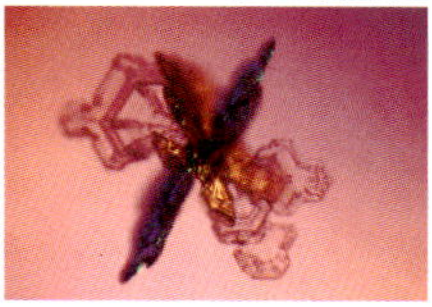

P7b：放射樹枝

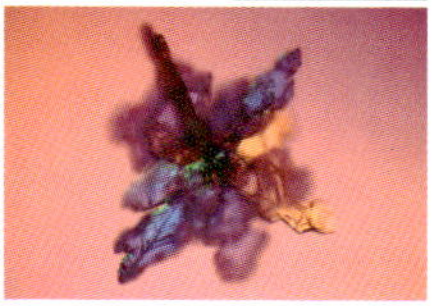

P7：放射状結晶（ほうしゃじょう）／P：板状結晶群

P7b：放射樹枝

P7b：放射樹枝

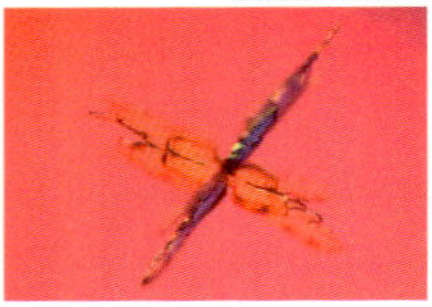

P7b：放射樹枝

P7b：放射樹枝

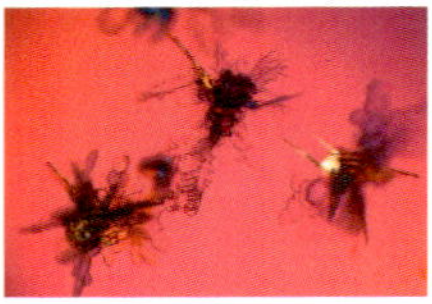

P7b：放射樹枝

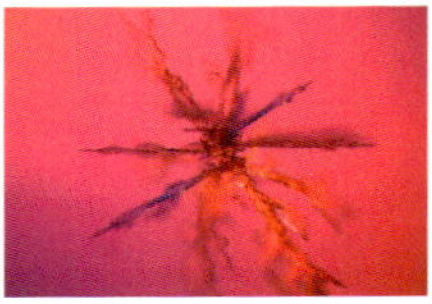

P7b：放射樹枝

P7b：放射樹枝

P7b：放射樹枝

P7b：放射樹枝

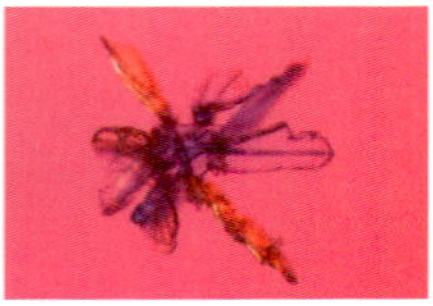

P7b：放射樹枝

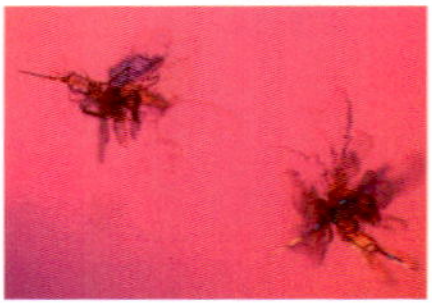

P7b：放射樹枝

P7b：放射樹枝

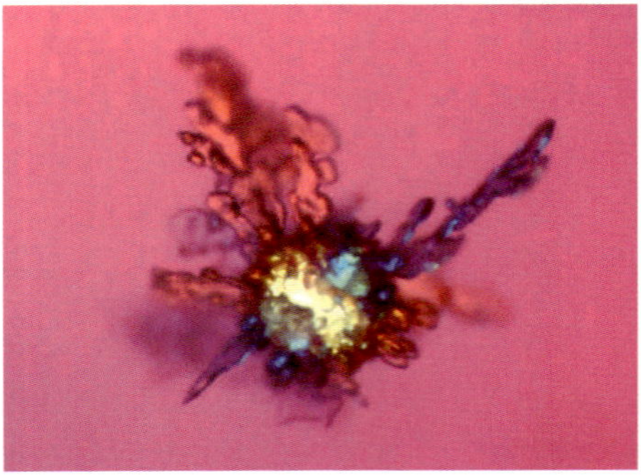

P7b：放射樹枝

P7b：放射樹枝

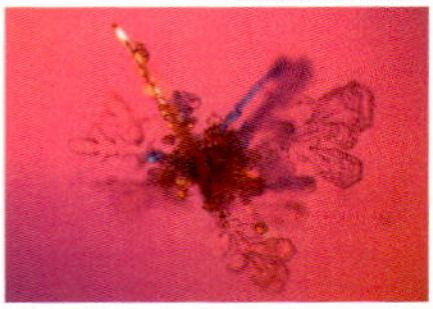

P7b：放射樹枝

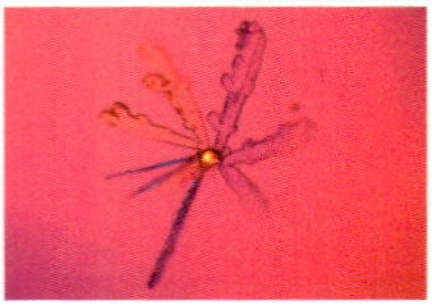

P7b：放射樹枝

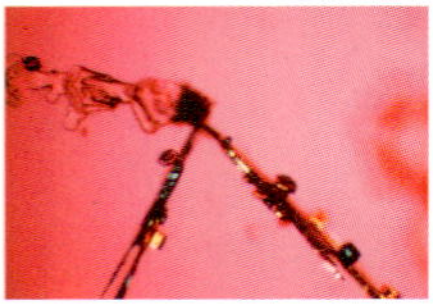

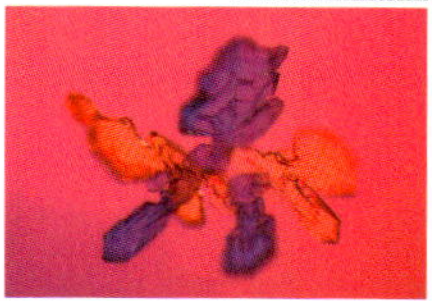

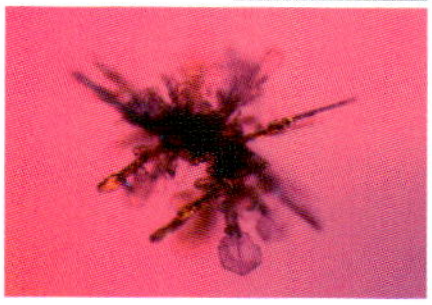

雪の結晶のなぜ？なるほど！⑥

立体状結晶と放射状結晶はどこが違う?

板状結晶群には角板状結晶や樹枝状結晶のように、主として平面的（2次元）に成長する結晶が多いのですが、ここに紹介する立体状結晶や放射状結晶は数少ない立体的（3次元）に成長した雪の結晶です。特に「立体樹枝付樹枝」（**図1**）や「放射樹枝」（**図2**）は典型的な3次元構造をしています。立体状結晶は2次元に成長した角板状結晶や樹枝状結晶に過冷却雲粒が付着して凍結し、それが新たに核となって、そこから「扇六花」や「樹枝六花」が立体的に成長した結晶です。したがって、「樹枝六花」に立体的に「樹枝六花」が成長したものが「立体樹枝付樹枝」です。これに対して、放射状結晶は比較的大きな雲粒が複数の結晶（多結晶）に凍結して、それぞれが核となってそれから「角板」や「樹枝六花」が成長したものです。したがって、角板が成長したら「放射角板」、樹枝が成長したら「放射樹枝」と分類します。（菊地）

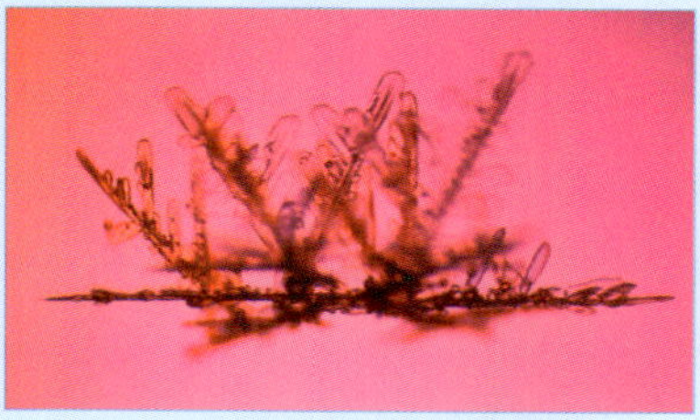
図1　立体樹枝付樹枝

図2　放射樹枝

P8：非対称板状結晶 ／P：板状結晶群

この結晶は、従来の分類では「畸形」とされていたものに対応します。中谷博士や、孫野博士らの分類では六花の各枝が非対称性のものや、板状結晶の重なったもの、また角板なら正六角形となっていないものを、この分類にしていました。菊地が、昭和基地で観測した御幣状結晶（114 ページ）も発見当初は畸形といったこともあって、その区別はあいまいなままとなっていました。そのため、新しい分類では、非対称板状結晶と分類の対象をはっきりさせました。「**P8a：非対称板状**」型は単結晶です。「**P8b：複雑多重角板**」型は P1a の角板型が多数（結晶によっては 20 ～ 30 個も）連なったものや重なったものを対象にした、対称性のない結晶です。

P8a：非対称板状

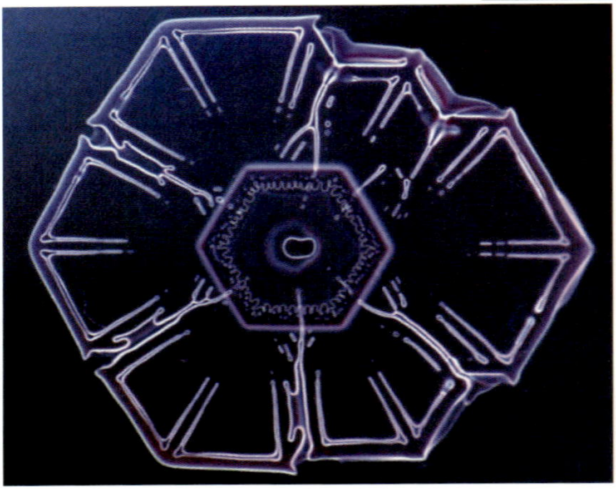

P8a：非対称板状

P8a：非対称板状

P8a：非対称板状

P8a：非対称板状

P8a：非対称板状

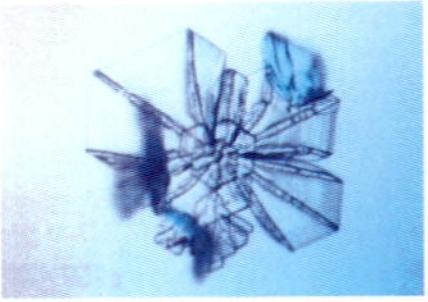

P8a：非対称板状

P8a：非対称板状

P8a：非対称板状

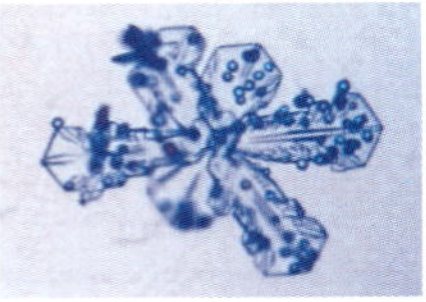

P8a：非対称板状

P8a：非対称板状

P8a：非対称板状

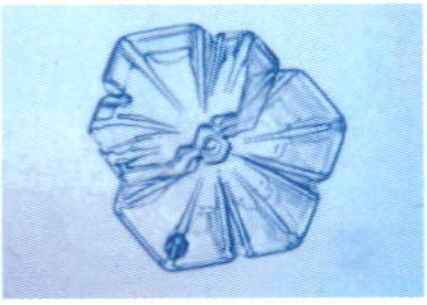

P8b：複雑多重角板

P8b：複雑多重角板

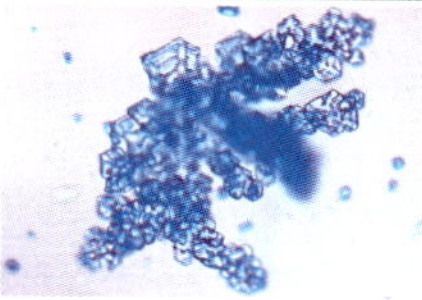

P8b：複雑多重角板

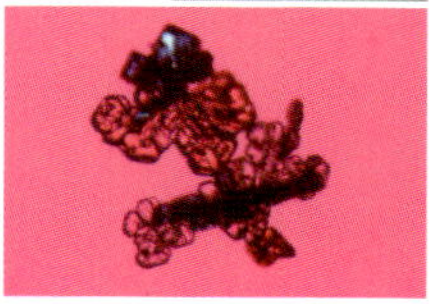

P8b：複雑多重角板

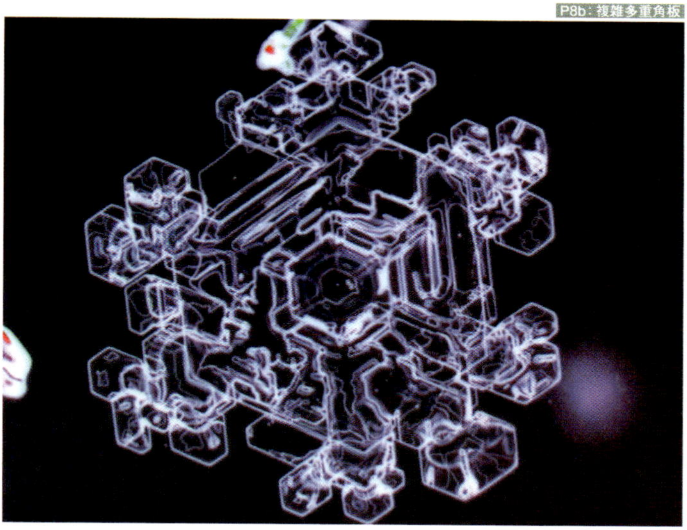

P8b：複雑多重角板

P8b：複雑多重角板

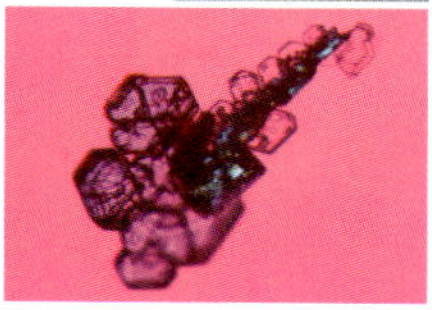

P8b：複雑多重角板

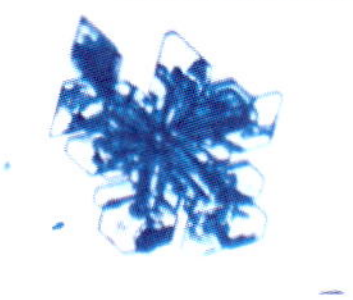

P8b：複雑多重角板

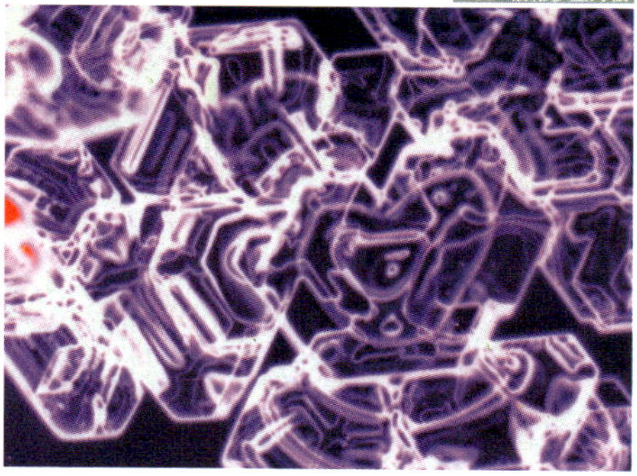

P8b：複雑多重角板

P8b：複雑多重角板

P8b：複雑多重角板

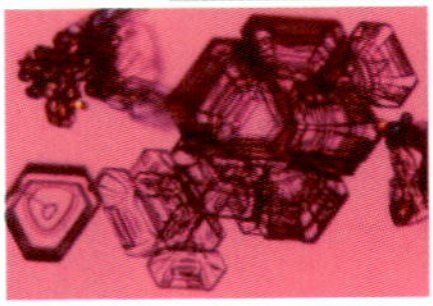

P8b：複雑多重角板

P8b：複雑多重角板

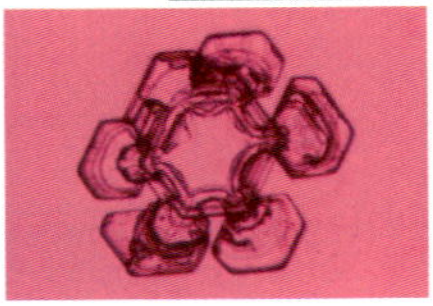

P8b：複雑多重角板

雪の結晶のなぜ？ なるほど！⑦

結晶の中央付近の円形に見えるものは何?

板状結晶のうち、特に樹枝状結晶、扇状結晶や角板状結晶の中央付近に小さな円形に見えるものがあります。**図1** はその代表例です。この結晶は全体としては「扇六花」ですが、ほぼ左右対称になっています。この結晶の中央を、円形を通る上下で切って断面を見たとすると、段違いの「不完全な角板（ここでは扇六花）付角柱」の鼓状結晶になっていると想像できます（**図2**）。したがって、この円形に見えるものは上下の扇六花の結晶をつないでいる小さな角柱ということになります。角柱の長さが短いために、上下の不完全な扇六花が 1 枚の扇六花のように成長したものといえます。**図3** は代表的な鼓状結晶の一つ、「樹枝鼓」です。この例では角柱の長さが比較的長いので、上下の樹枝六花がともに大きく成長しています。（菊地）

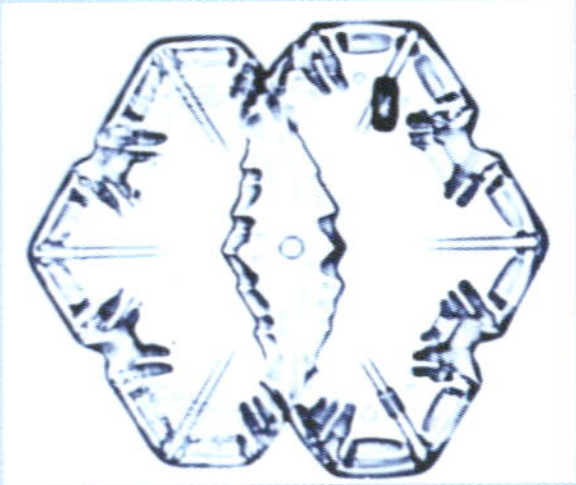

図1　扇六花の中央部に見える円形

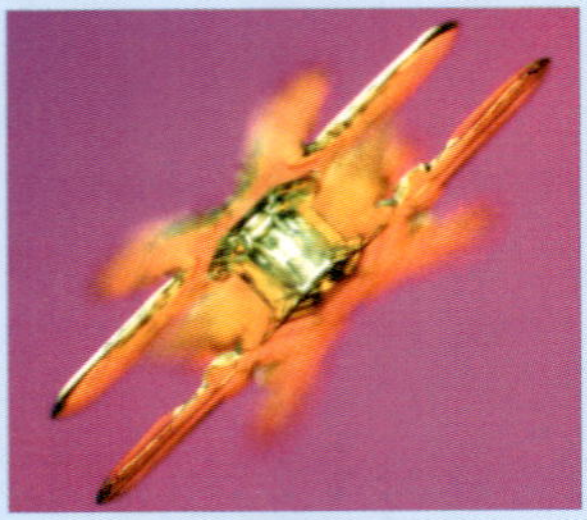

図3　典型的な鼓状結晶（樹枝鼓）

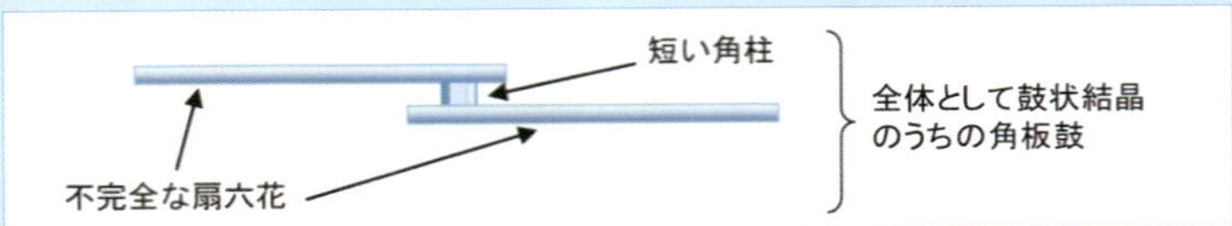

図2　図 1 の結晶を横から見た模式図

樹枝状結晶や扇状結晶の枝の中央に見える筋状のものは？

板状結晶の代表的な結晶の一つである樹枝六花（**図1**）や扇六花（**図2**）のそれぞれの枝の中央付近に、平行して 2 本の筋状の線とその間に稜みたいになっているものが見えます。ちょうど、地形でいえば尾根筋の両側に谷筋が沿っているような形状です。顕微鏡による表面からの観察でははっきりしないので、中谷宇吉郎博士たちはその断面を見て確かめました。枝の 1 本を成長方向に対して薄い安全剃刀で直角に切り取り、その断面写真を詳しく調べました。その結果、**図3** に見られるように、片面の 2 本の筋は溝のようなくぼみ、まさに谷筋で、反対にその溝の間は盛り上がった稜線状、まさに尾根筋になっていることがわかりました。（菊地）

図1　樹枝六花の各枝に見える筋状

図2　扇六花の各扇に見える筋状

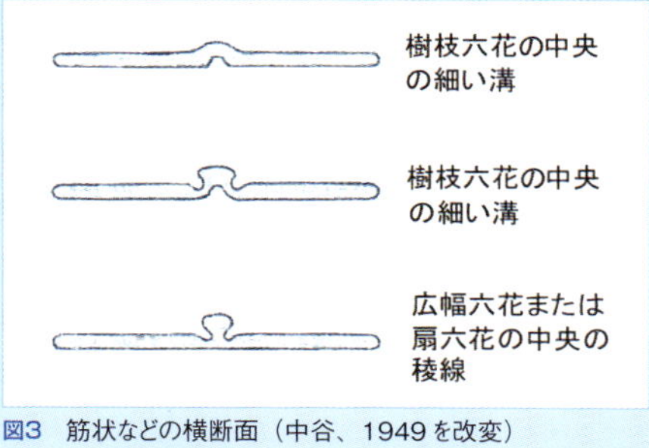

図3　筋状などの横断面（中谷、1949 を改変）

CP 柱状・板状結晶群

CP は中谷博士の分類の Combination of column and plane crystals（角柱板状組合わせ）のうち、column の C と plane の P を意味しています。従来の分類の「CP:角柱・板状組合わせ」と、「S：側面結晶」の二つの大分類を併合したものです。

1／鼓状結晶

a：角板鼓

b：樹枝鼓

c：多重鼓

2／砲弾・板状結晶

a：角板付砲弾

b：樹枝付砲弾

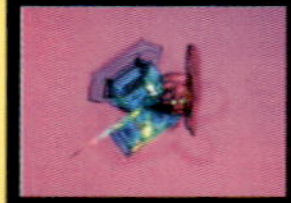
c:角板付砲弾集合

d:樹枝付砲弾集合

3／柱状・板状結晶

a：針付六花

b：角柱付六花

c:巻込骸晶付六花

d：針付角板

e：角柱付角板

f:巻込骸晶付角板

4／交差角板状結晶

a：交差角板

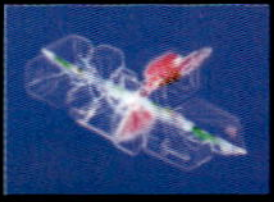
b：連鎖交差角板

c：放射交差角板

5／柱状・板状の不規則結晶

a：角柱·砲弾·交差角板の不規則結晶

6／骸晶状結晶

a：骸晶四角形

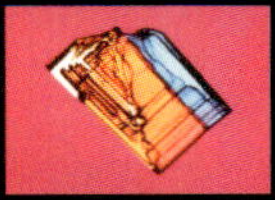
b：多結晶骸晶四角形

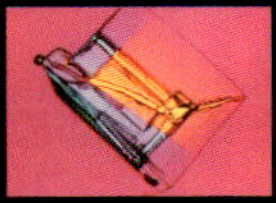
c：多重骸晶四角形

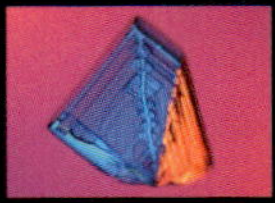
d：複雑骸晶多角形

e：骸晶角柱・
交差角板

f：骸晶砲弾・四角形

g：多角形骸晶集合

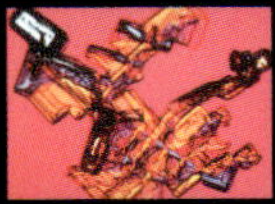
h：複雑柱面構造

7／御幣状結晶

a：御幣

b：砲弾付御幣

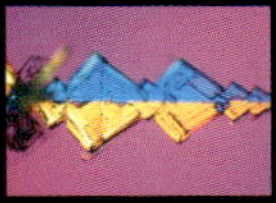
c：交差角板付御幣

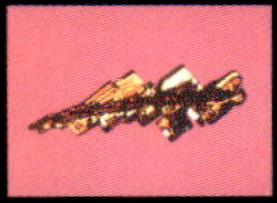
d：角柱御幣

e：対称御幣

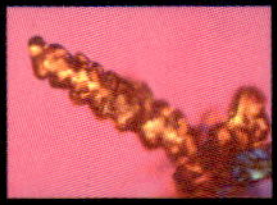
f：氷柱御幣

g：多重菱形御幣

8／矛先状結晶

a：矛先

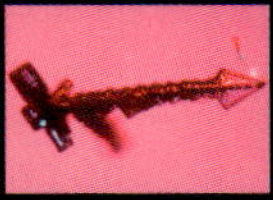
b：砲弾集合付矛先

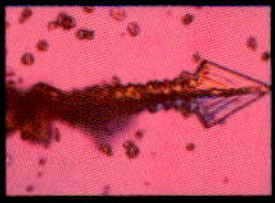
c：交差角板付矛先

d：多重矛先

9／鴎状結晶

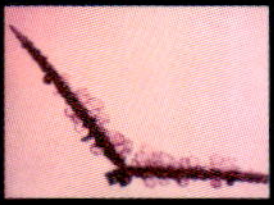
a：内側角板付鴎

b：外側角板付鴎

c：両側角板付鴎

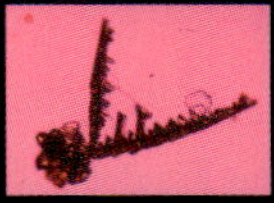
d：内側鋸歯付鴎

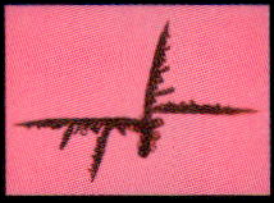
e：外側鋸歯付鴎

CP1：鼓状結晶（つづみじょう）／CP：柱状・板状結晶群

鼓状結晶は、角柱型の底面（基底面）に「角板」型または「樹枝六花」型が成長したものです。「角柱」型や「骸晶角柱」型の成長温度領域は、比較的温度が高い−3 〜− 10℃と、比較的低い−22℃以下の２カ所にあります。鼓状結晶は、柱状に、板状が成長したものなので、この角柱がどちらの温度領域で成長したかを判断するのは困難です。大きさも、柱状の部分の長さか、板状に成長した底面の外形かで異なります。「**CP1a：角板鼓**」型、「**CP1b：樹枝鼓**」型は、「角柱」型の底面に「角板」型か「樹枝六花」型が成長したかによる相違だけで、鼓状結晶の代表格です。「**CP1c：多重鼓**」型は、従来は段々鼓と呼ばれていたものです。それほど多くは観測されません。

CP1a：角板鼓

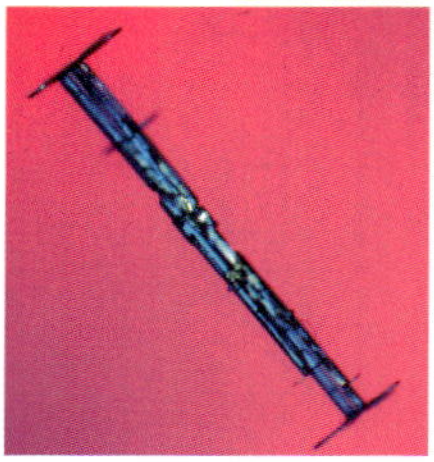
CP1a：角板鼓

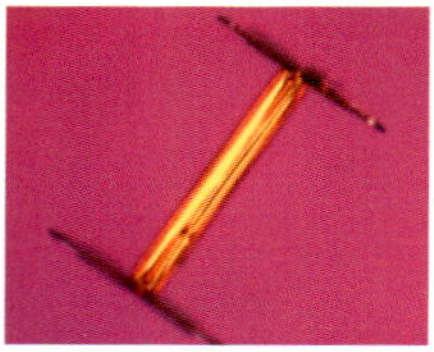
CP1a：角板鼓

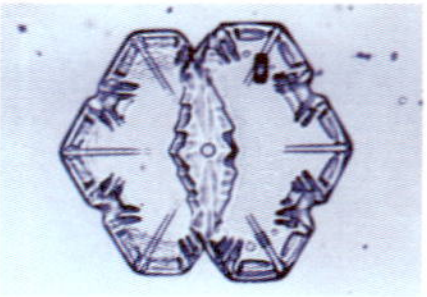
CP1a：角板鼓

CP1a：角板鼓

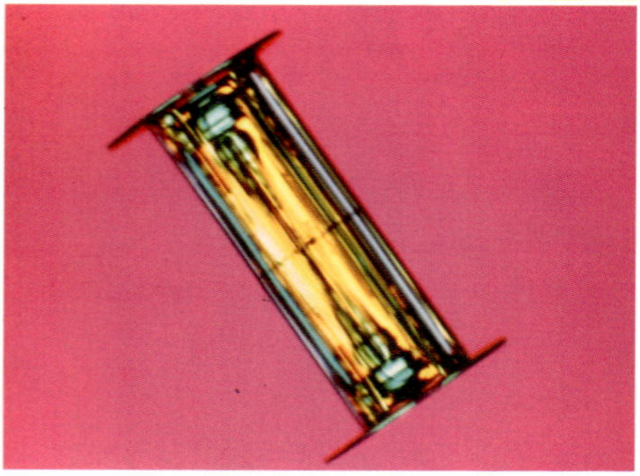
CP1a：角板鼓

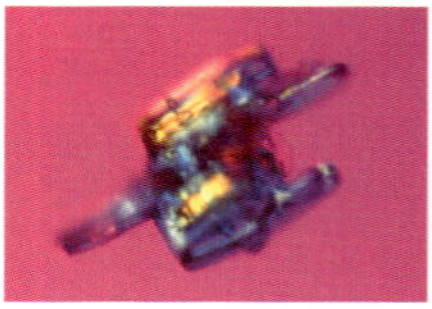
CP1a：角板鼓

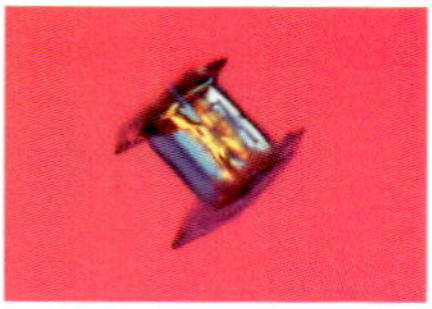
CP1a：角板鼓

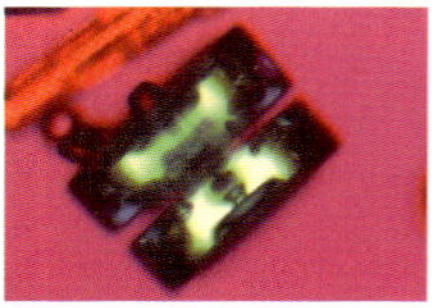
CP1a：角板鼓

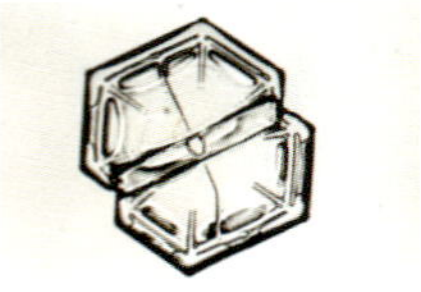
CP1a：角板鼓

CP1a：角板鼓

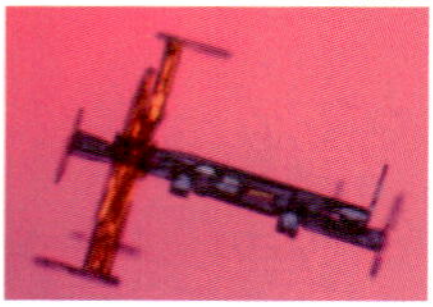
CP1a：角板鼓

CP1a：角板鼓

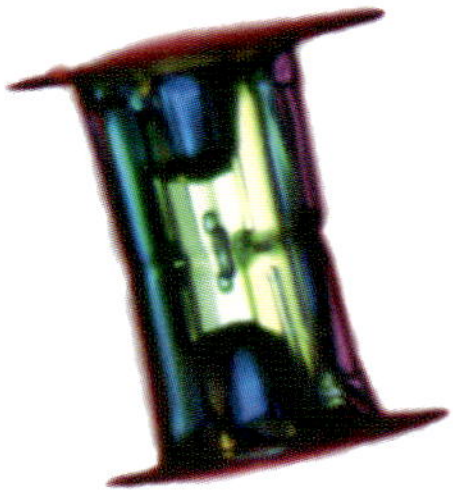

CP1a：角板鼓

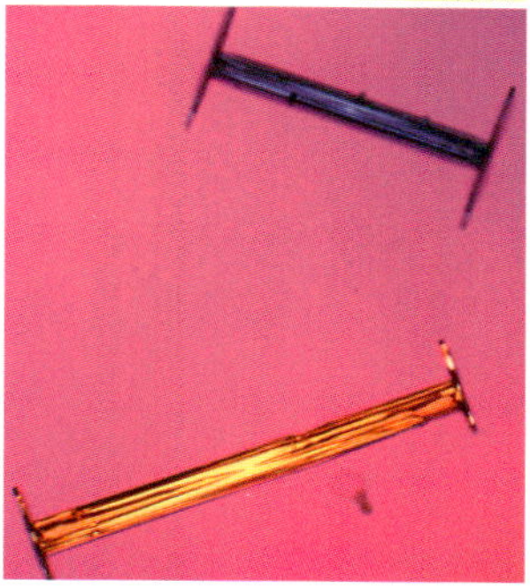

CP1a：角板鼓

CP1a：角板鼓

CP1a：角板鼓

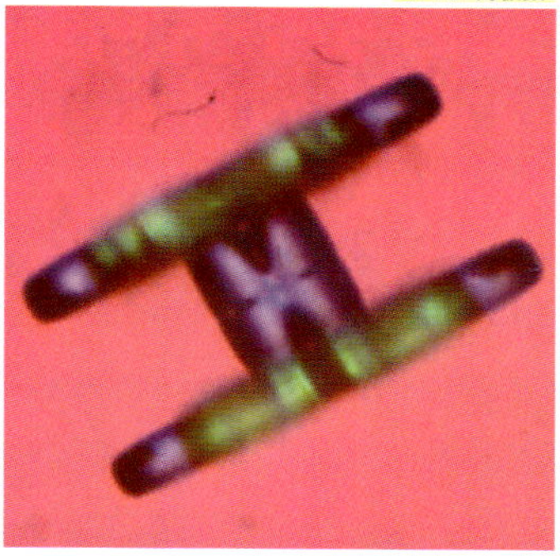

CP1a：角板鼓

CP1a：角板鼓

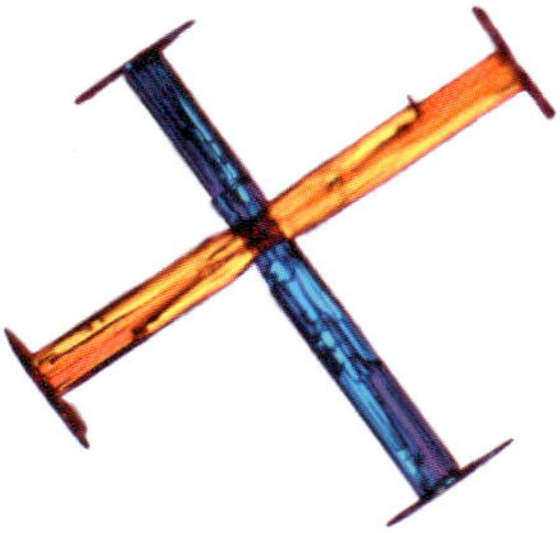

CP1b：樹枝鼓

CP1b：樹枝鼓

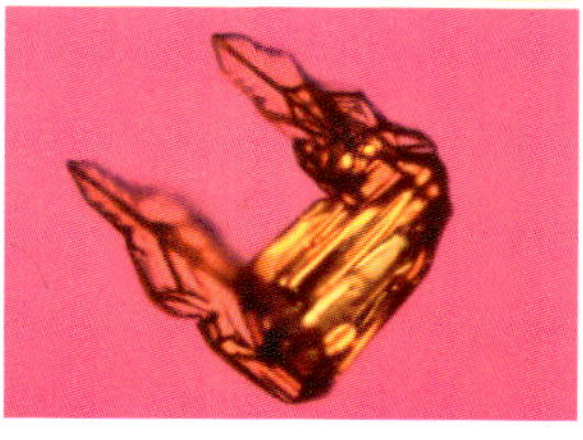

CP1：鼓状結晶（つづみじょう）／CP：柱状・板状結晶群

CP1b：樹枝鼓

CP1b：樹枝鼓

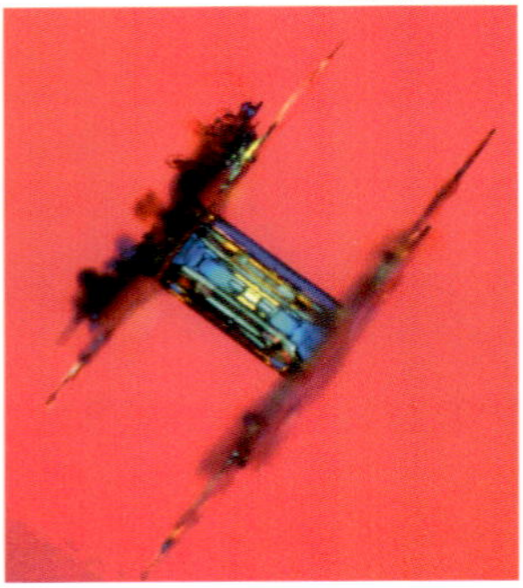

CP1b：樹枝鼓

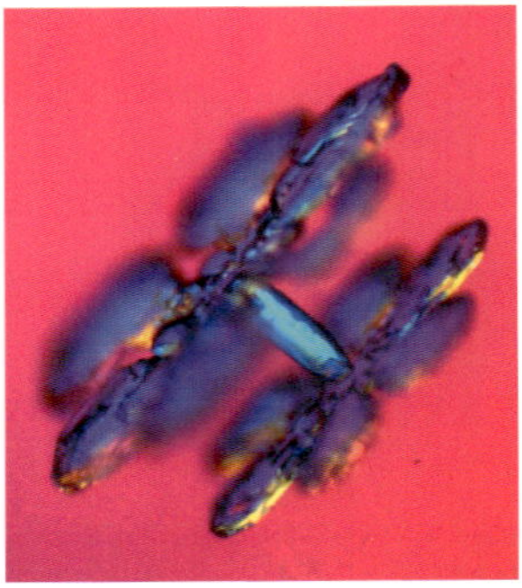

CP1b：樹枝鼓

CP1c：多重鼓

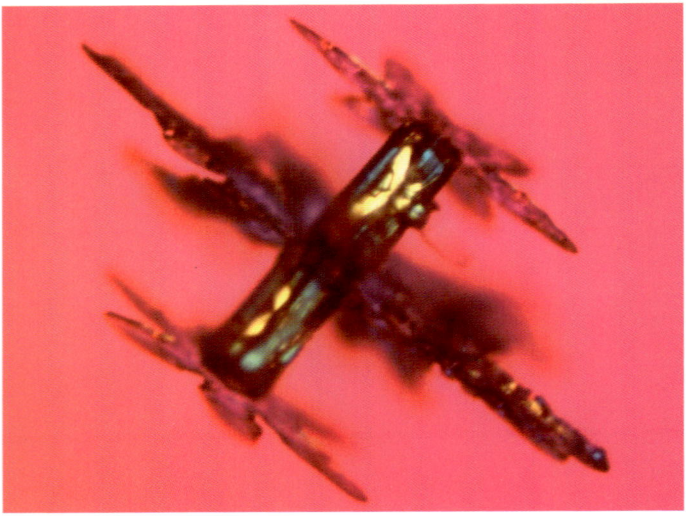

CP1b：樹枝鼓

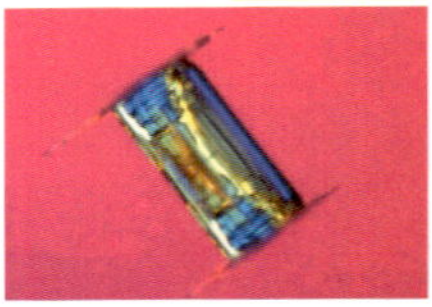

CP1b：樹枝鼓

CP1c：多重鼓

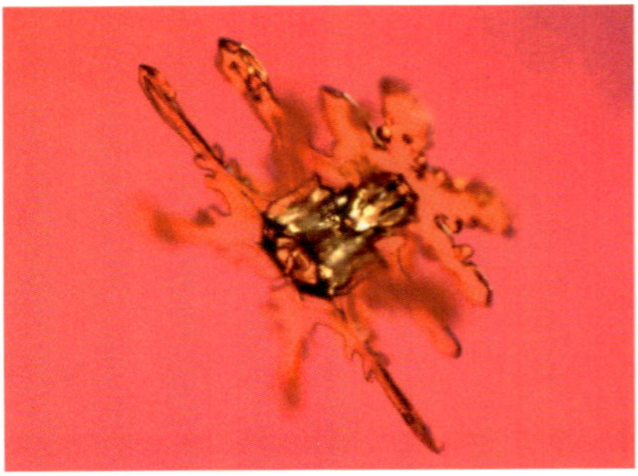

CP1c：多重鼓

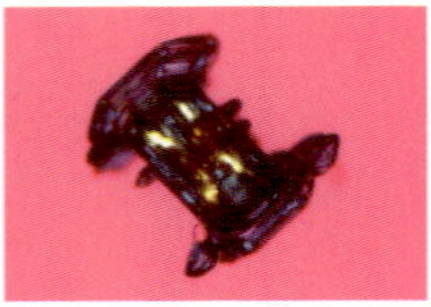

CP1c：多重鼓

CP1c：多重鼓

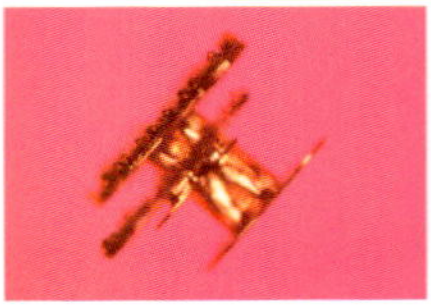

CP1c：多重鼓

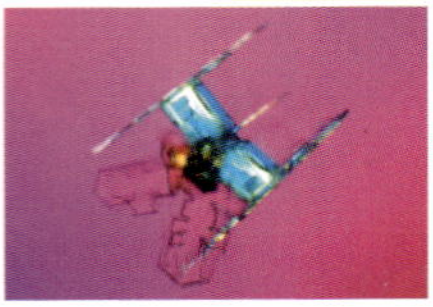

CP1c：多重鼓

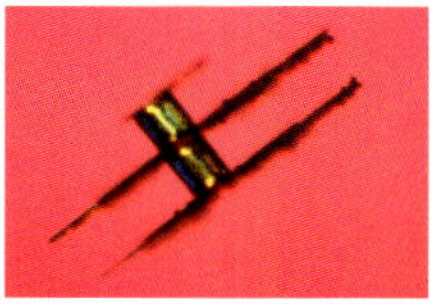

CP1c：多重鼓

CP1c：多重鼓

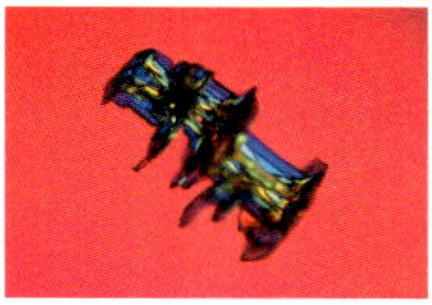

雪の結晶のなぜ？ なるほど！ ⑨

雪の結晶の大きさ、重さ、落下速度はどのくらい?

表 1 は雪の結晶形ごとの、代表的な大きさ、融解直径（その雪を溶かしたときにできる水滴の直径）、重さ、落下速度（その雪の結晶が降ってくる時の速さ）を示したものです。雪の結晶に雲粒が付着して雲粒付から、霰状、霰になると落下速度はかなり大きくなります。青空に白い雲が浮かんでいられるのは、雲粒や氷晶が小さくて落下速度が小さいことと、雲の中の上昇気流に支えられているからです。雲底から雨脚や尾流雲（びりゅううん）（雲底から筋状や柱状に垂れ下がって見える霧のような雲）が見えることがありますが、そんなときは大きな雨粒や、冬なら大きな霰が降っていることの証拠になります。

雪の結晶がいくつも付着・併合したものを**雪片**（せっぺん）といいます。牡丹（ぼたん）の花びらに似ていることから、**牡丹雪**（ぼたんゆき）といわれることもあり、空から降ってくる途中で、複数の結晶が衝突してからみ合い、大きくなります。大きい雪片は、数十個から100個以上の結晶から成り立っている場合もあります。大きくなればなるほど、雪片を構成する結晶の数が増え、隙間が多くなり、結果として密度は小さくなります。

一方、霰（あられ）は大きさに関係なく密度はほぼ一様です。これは雪の結晶に、凍結した雲粒が、ほぼまんべんなく付着するためです。（梶川）

表1　雪の結晶の特性

雪の結晶の形	代表的な大きさまたは長さ（mm）	融解直径（mm）	重さ（mg）	落下速度（cm/秒）
針	2	0.22	0.0058	70
角柱	0.5	0.28	0.011	75
角板	1	0.37	0.027	50
樹枝六花	3	0.4	0.034	30
放射樹枝	3	0.56	0.09	55
雲粒付六花	3	0.77	0.24	110
霰	3	1.5	1.8	200
雲粒	0.02	–	0.0000042	1
雨粒	2	–	4.2	650

CP2：砲弾・板状結晶 ／CP：柱状・板状結晶群

「**CP2a：角板付砲弾**」型、「**CP2b：樹枝付砲弾**」型は、「砲弾」型の底面に「角板」型や「樹枝六花」型が成長したものです。同じく、「**CP2c：角板付砲弾集合**」型、「**CP2d：樹枝付砲弾集合**」型は、「角板付砲弾」「樹枝付砲弾」の砲弾が砲弾集合になった結晶です。通常はCP2c、CP2dの方が多く見られます。

CP2a：角板付砲弾

CP2a：角板付砲弾

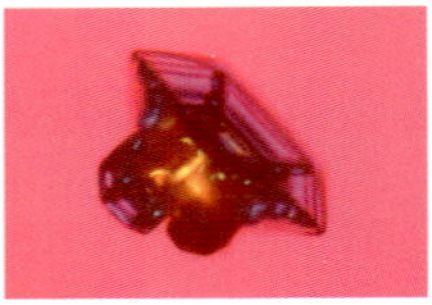

CP2a：角板付砲弾

CP2a：角板付砲弾

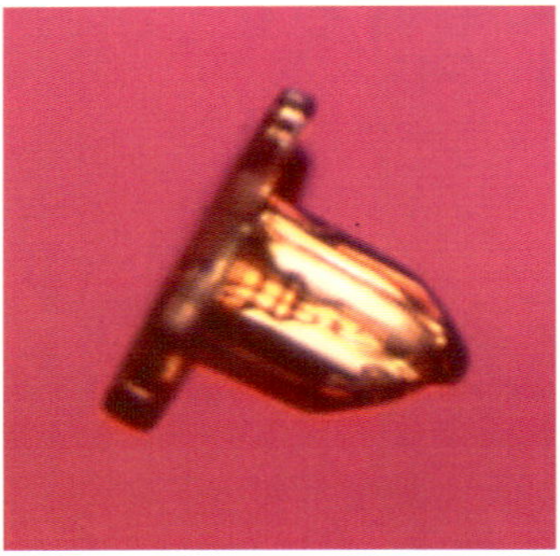

CP2a：角板付砲弾

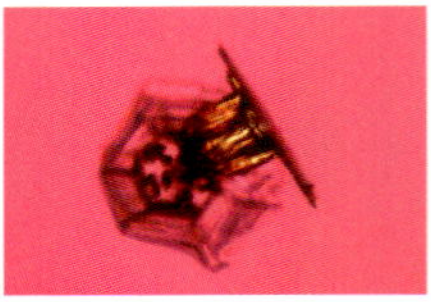

CP2a：角板付砲弾

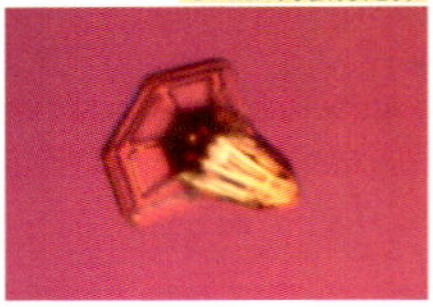

CP2b：樹枝付砲弾

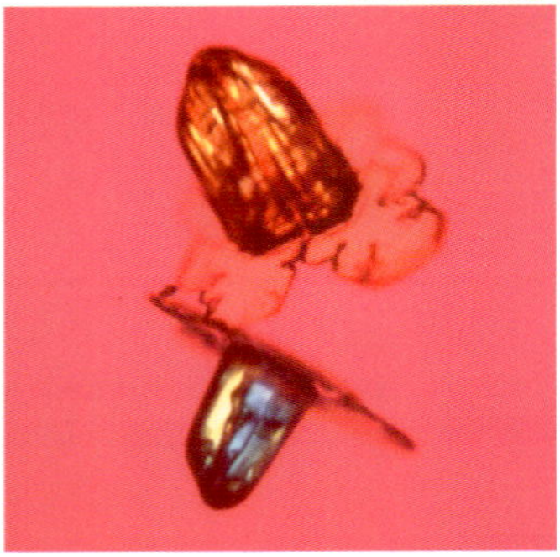

CP2b：樹枝付砲弾

CP2c：角板付砲弾集合

CP2c：角板付砲弾集合

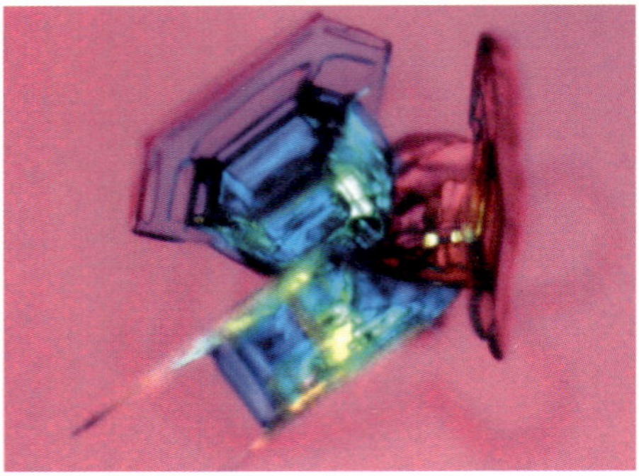

CP2c：角板付砲弾集合

CP2c：角板付砲弾集合

CP2c：角板付砲弾集合

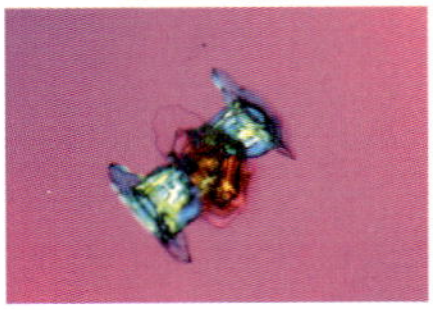

CP2c：角板付砲弾集合

CP2d：樹枝付砲弾集合

CP2d：樹枝付砲弾集合

CP2d：樹枝付砲弾集合

CP2d：樹枝付砲弾集合

CP2d：樹枝付砲弾集合

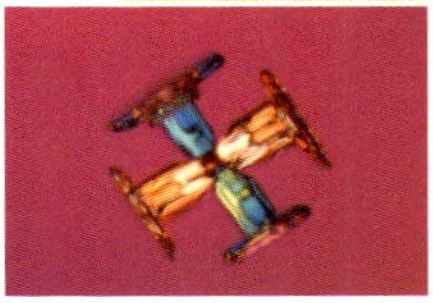

CP2d：樹枝付砲弾集合

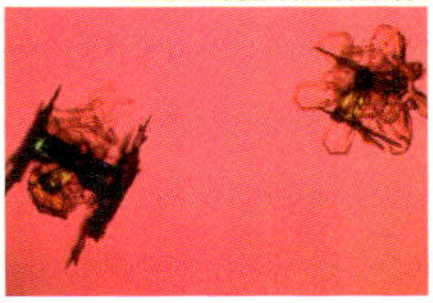

CP2d：樹枝付砲弾集合

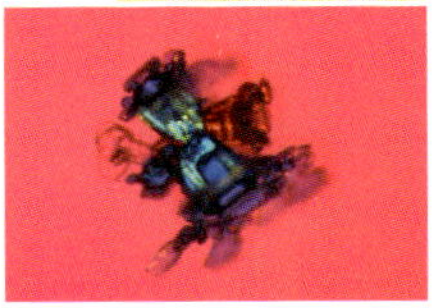

CP2d：樹枝付砲弾集合

CP2d：樹枝付砲弾集合

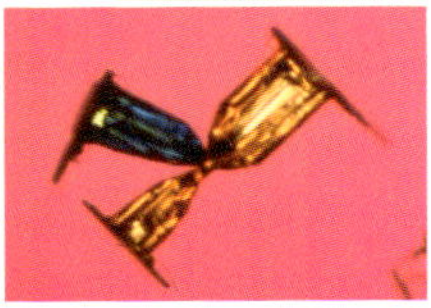

CP2d：樹枝付砲弾集合

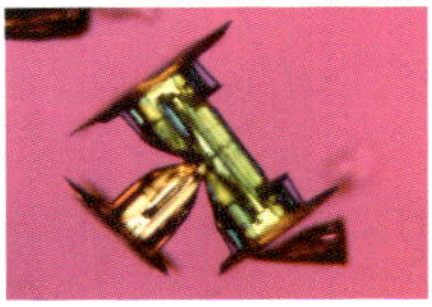

CP2d：樹枝付砲弾集合

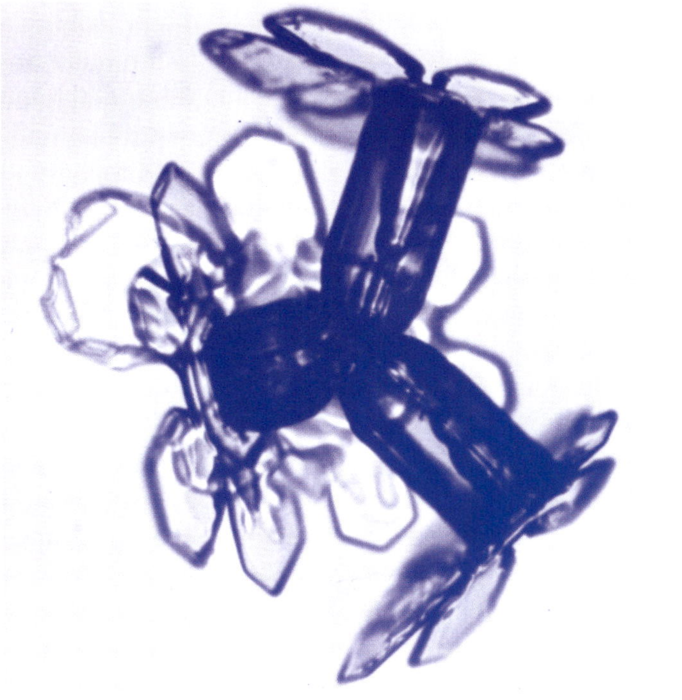

CP3：柱状・板状結晶／CP：柱状・板状結晶群

CP3a：針付六花

「**CP3a:針付六花**」型、「**CP3b:角柱付六花**」型、「**CP3c:巻込骸晶付六花**」型は、六花に「針」型、「角柱」型、「巻込骸晶」型が成長したものです。「**CP3d：針付角板**」型、「**CP3e：角柱付角板**」型、「**CP3f:巻込骸晶付角板**」型は「角板」型の周囲にそれぞれ「針」型、「角柱」型、「巻込骸晶」型が成長したものです。これらの結晶はどれも観測されることはきわめてまれです。

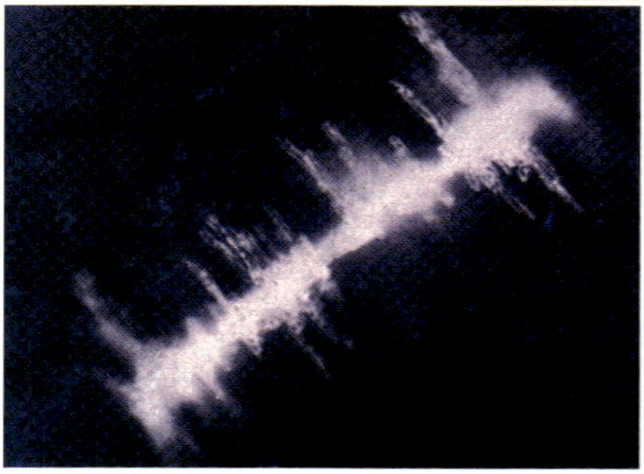
CP3a：針付六花

CP3c：巻込骸晶付六花

CP3b：角柱付六花

CP3c：巻込骸晶付六花

CP3b：角柱付六花

CP3c：巻込骸晶付六花

CP3a、CP3bの写真は孫野・李（1966）による

郵便はがき

料金受取人払郵便

札幌中央局
承認

1435

差出有効期間
平成29年12月
31日まで
（切手不要）

0 6 0 - 8 7 5 1

（受取人）
札幌市中央区大通西3丁目6

北海道新聞社 出版センター
愛読者係
行

お名前	フリガナ		性別	
			男・女	
ご住所	〒□□□-□□□□ 都道府県			
電話番号	市外局番（　　　） ―	年齢	職業	
Eメールアドレス				
読書傾向	①山　②歴史・文化　③社会・教養　④政治・経済 ⑤科学　⑥芸術　⑦建築　⑧紀行　⑨スポーツ　⑩料理 ⑪健康　⑫アウトドア　⑬その他（　　　　）			

★ご記入いただいた個人情報は、愛読者管理にのみ利用いたします。

愛読者カード　　　　　　　　　　　雪の結晶図鑑

本書をお買い上げくださいましてありがとうございました。内容、デザインなどについてのご感想、ご意見をホームページ「北海道新聞社の本」http://shop.hokkaido-np.co.jp/book/の本書のレビュー欄にお書き込みください。

このカードをご利用の場合は、下の欄にご記入のうえ、お送りください。今後の編集資料として活用させていただきます。

〈本書ならびに当社刊行物へのご意見やご希望など〉

■ご感想などを新聞やホームページなどに匿名で掲載させていただいてもよろしいですか。（はい　いいえ）

■この本のおすすめレベルに丸をつけてください。

高（5・4・3・2・1）低

〈お買い上げの書店名〉

都道府県　　　　市区町村　　　　　　書店

■ご注文について

北海道新聞社の本はお近くの書店、道新販売所でお求めください。
道外の方で書店にない場合は最寄りの書店でご注文いただくか、お急ぎの場合は代金引換サービスでお送りいたします（1回につき代引き手数料230円。商品代金1,500円未満の場合は、さらに送料300円が加算されます）。お名前、ご住所、電話番号、書名、注文冊数を出版センター（営業）までお知らせください。

【北海道新聞社出版センター（営業）】電話011-210-5744　FAX011-232-1630
電子メール　pubeigyo@hokkaido-np.co.jp
インターネットホームページ　http://shop.hokkaido-np.co.jp/book/

目録をご希望の方はお電話・電子メールでご連絡ください。

CP3c：巻込骸晶付六花

CP3d：針付角板

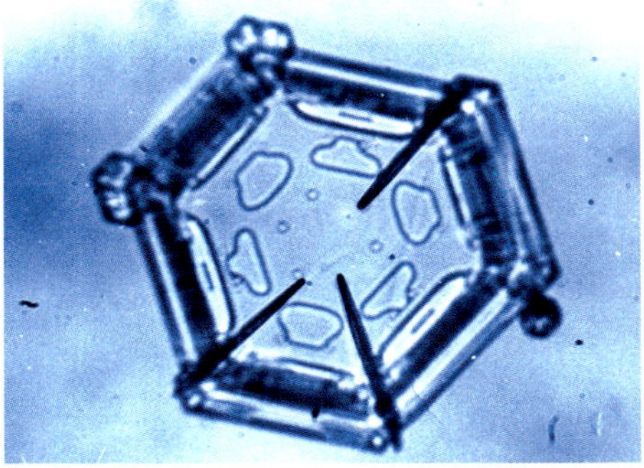

CP3e：角柱付角板

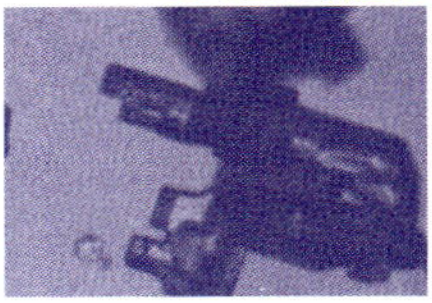

CP3f：巻込骸晶付角板

CP3f：巻込骸晶付角板

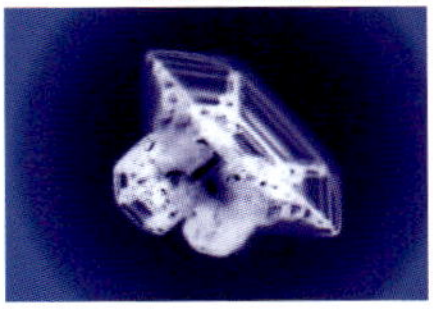

CP3f：巻込骸晶付角板

CP3f：巻込骸晶付角板

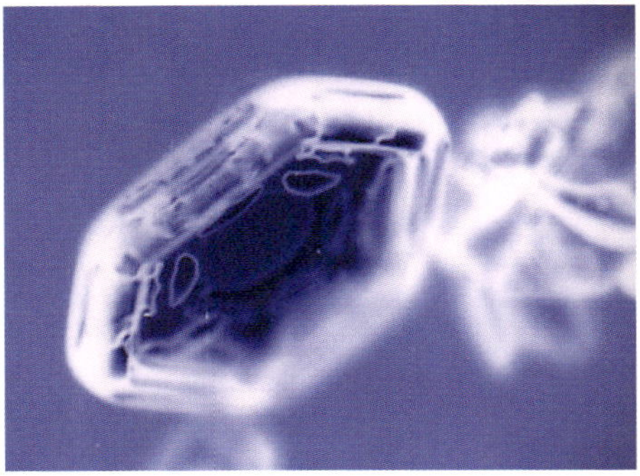

CP3f：巻込骸晶付角板

CP4：交差角板状結晶／CP：柱状・板状結晶群

従来の分類では、側面結晶といわれていた結晶です。以前は「角柱」型の側面が成長した形と考えられていました。しかし、極域での観測によって、それらは「角柱」型の側面ではなく、「角板」型が交差して成長したものであることがわかりました。「**CP4a：交差角板**」型は角板型が交差していて、その角度は70.5度とその補角の109.5度であることが多く、「**CP4b：連鎖交差角板**」型は「交差角板」型が鎖のようにつながったものです。さらにそれらが放射状になっているものを「**CP4c：放射交差角板**」型としています。

CP4a：交差角板

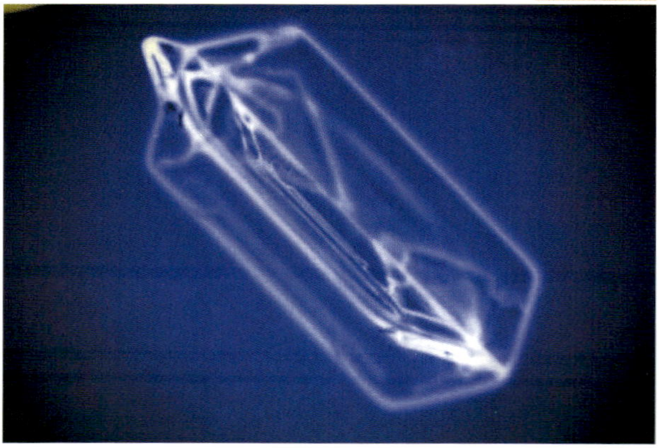

CP4a：交差角板

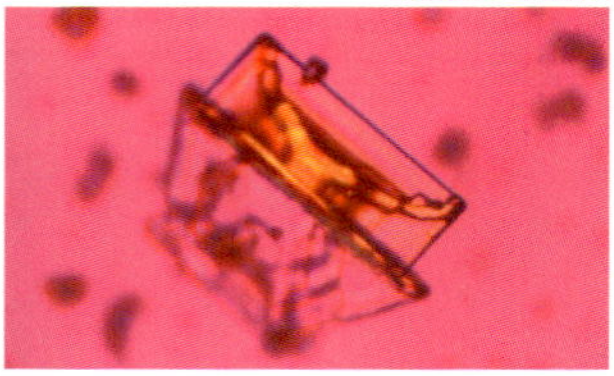

CP4a：交差角板

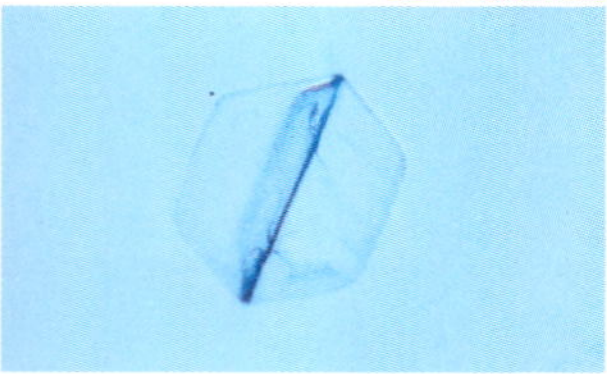

CP4a：交差角板

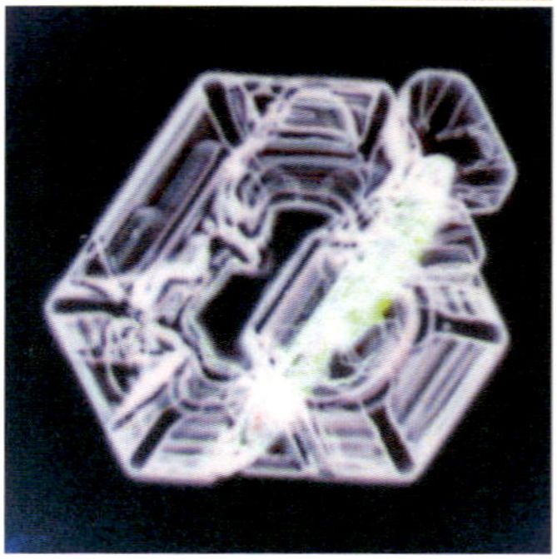

CP4a：交差角板

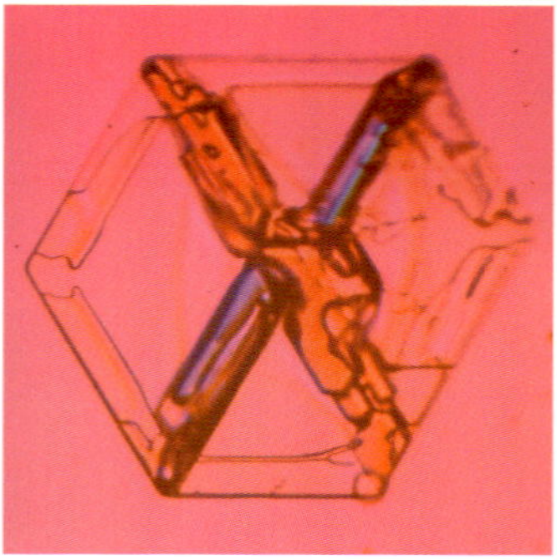

CP4a：交差角板

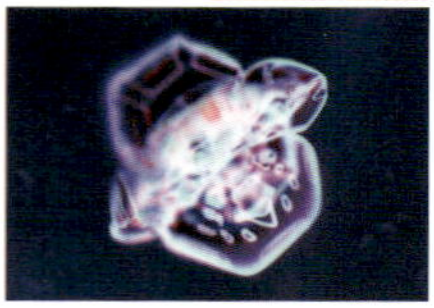

CP4a：交差角板

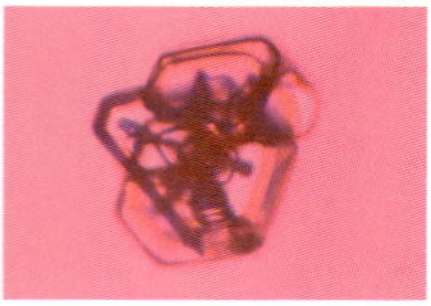

CP4a：交差角板

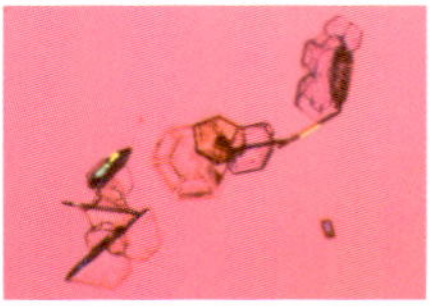

CP4a：交差角板

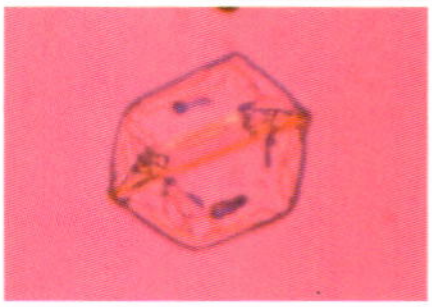

CP4a：交差角板

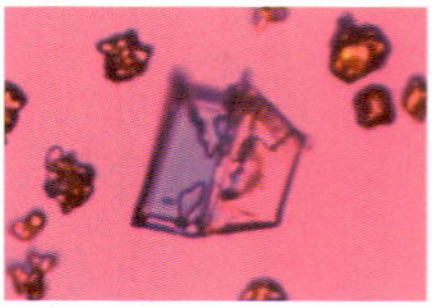

CP4a：交差角板

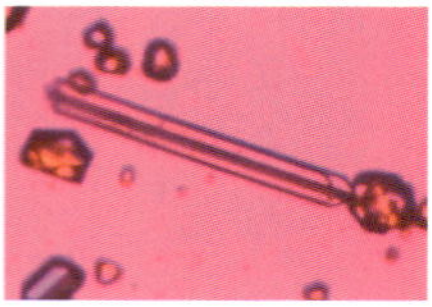

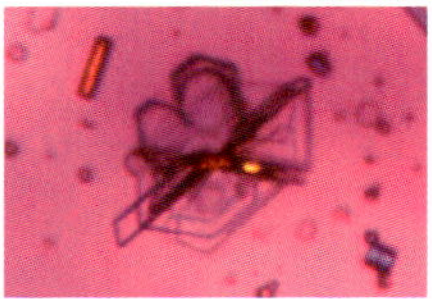
CP4a：交差角板

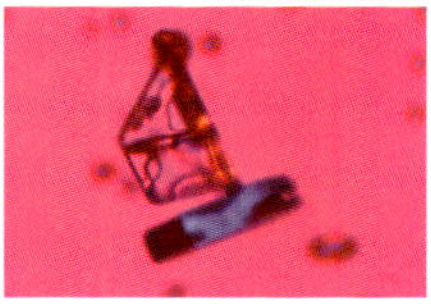
CP4a：交差角板

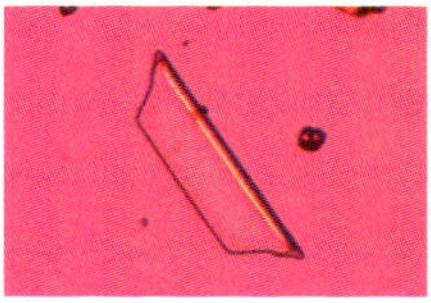
CP4a：交差角板

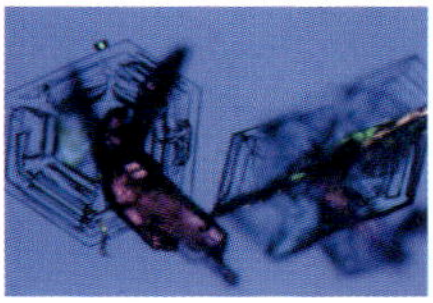
CP4a：交差角板

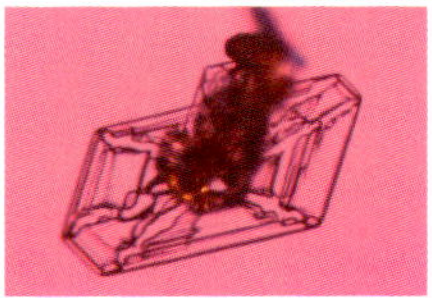
CP4a：交差角板

CP4a：交差角板

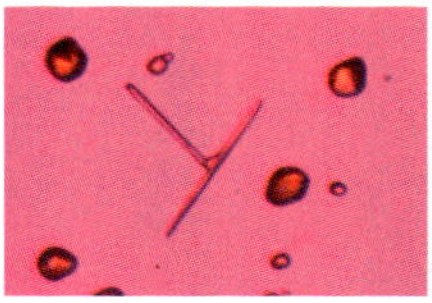
CP4a：交差角板

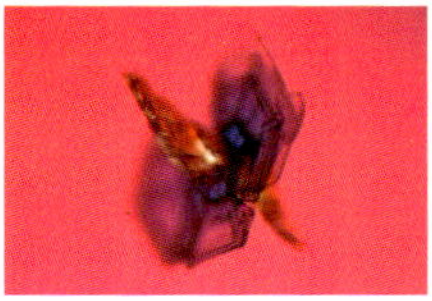
CP4a：交差角板

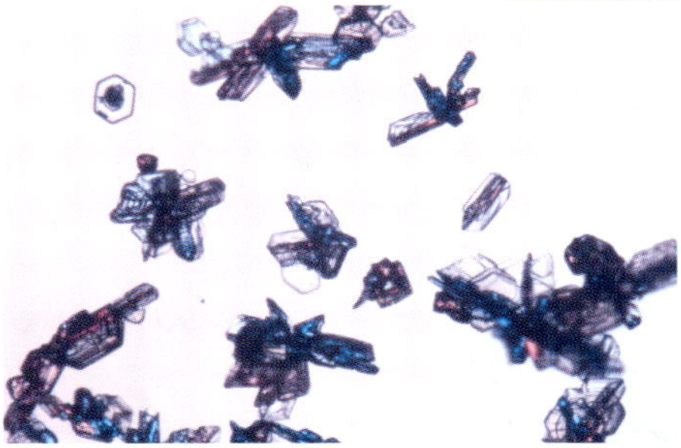
CP4a：交差角板

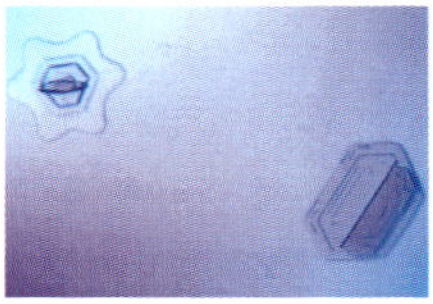
CP4a：交差角板

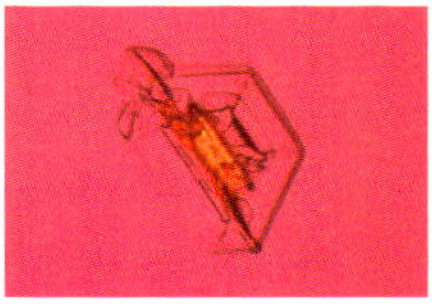
CP4a：交差角板

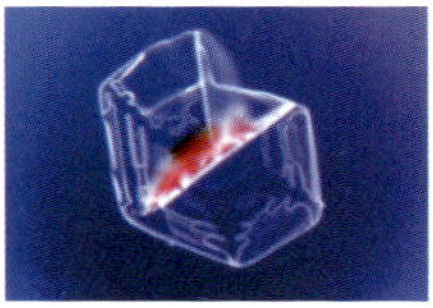
CP4a：交差角板

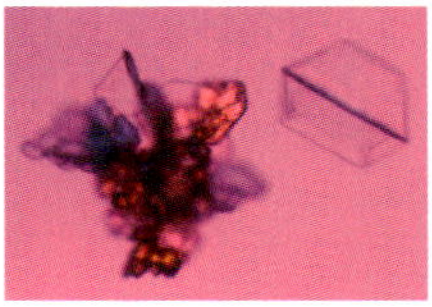
CP4a：交差角板

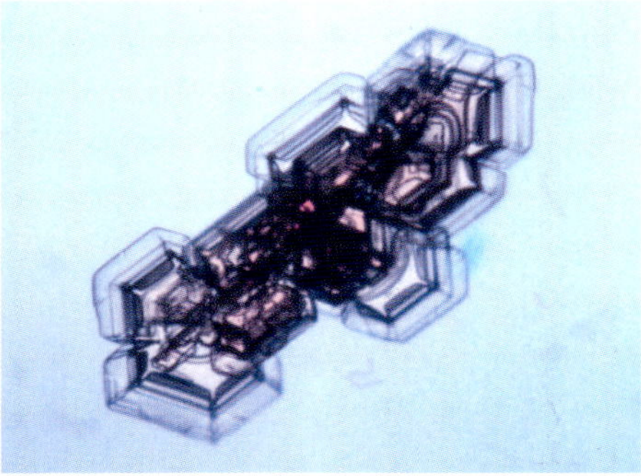
CP4b：連鎖交差角板

CP4b：連鎖交差角板

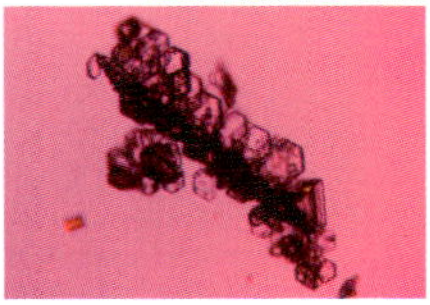
CP4b：連鎖交差角板

CP4b：連鎖交差角板

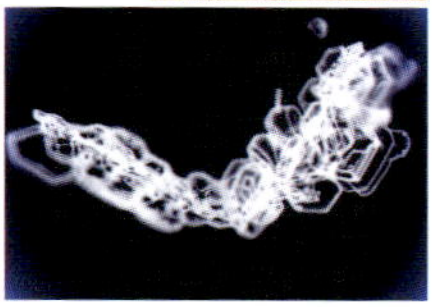
CP4b：連鎖交差角板

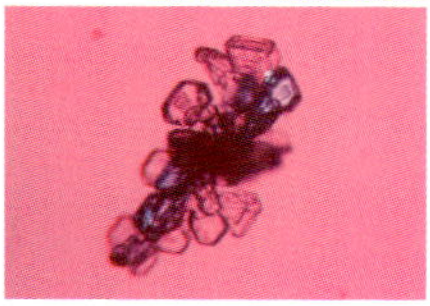
CP4b：連鎖交差角板

CP4：交差角板状結晶（こうさかくばんじょうけっしょう）／CP：柱状・板状結晶群

CP4b：連鎖交差角板

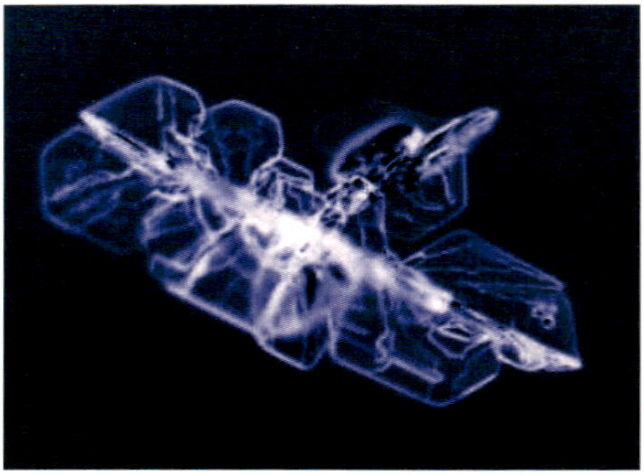

CP4b：連鎖交差角板

CP4b：連鎖交差角板

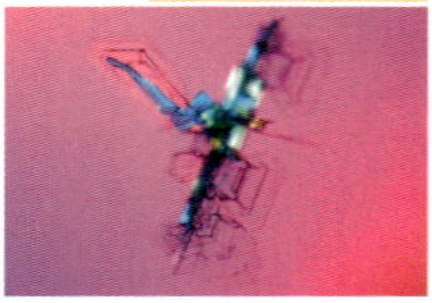

CP4b：連鎖交差角板

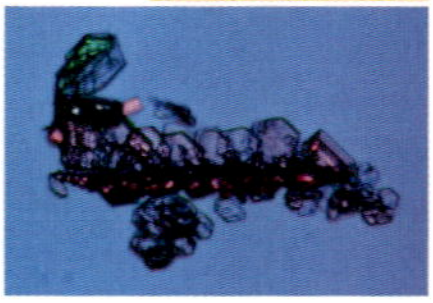

CP4b：連鎖交差角板

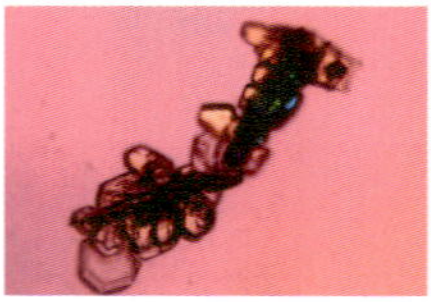

CP4b：連鎖交差角板

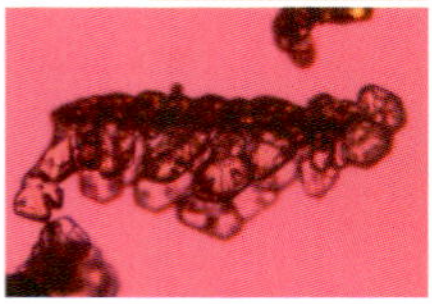

CP4b：連鎖交差角板

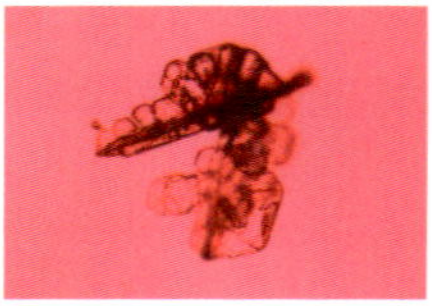

CP4b：連鎖交差角板

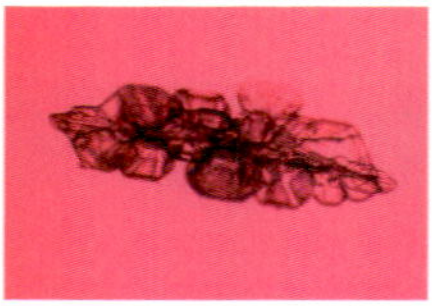

CP4c：放射交差角板

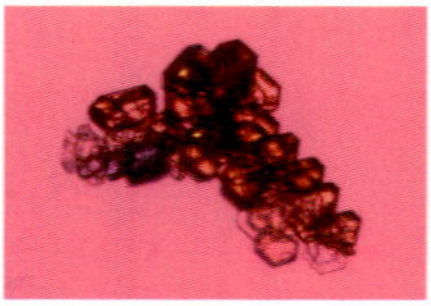

CP4c：放射交差角板

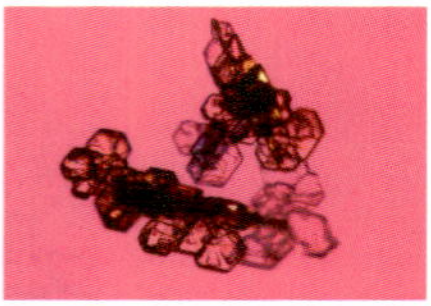

CP4c：放射交差角板

CP4c：放射交差角板

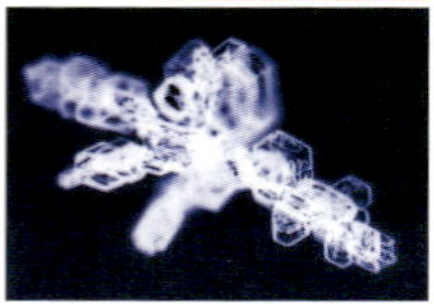

CP4c：放射交差角板

CP4c：放射交差角板

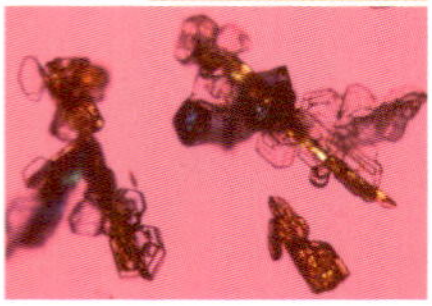

CP4c：放射交差角板

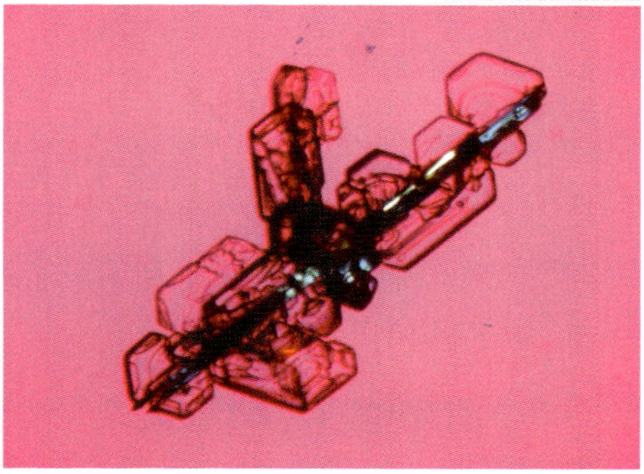

CP4c：放射交差角板

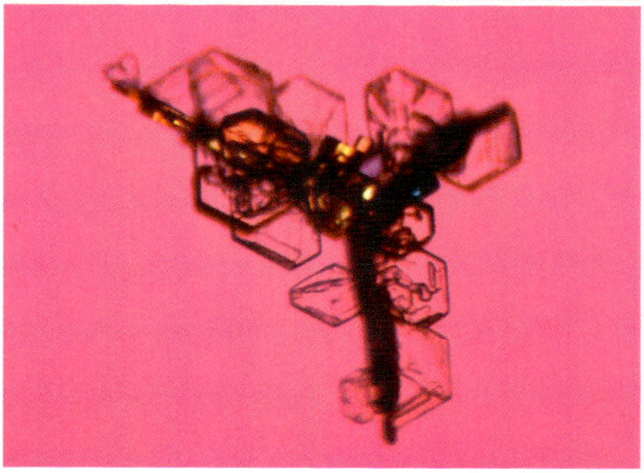

CP4c：放射交差角板

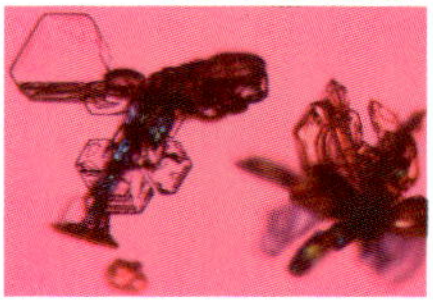

CP4c：放射交差角板

CP4c：放射交差角板

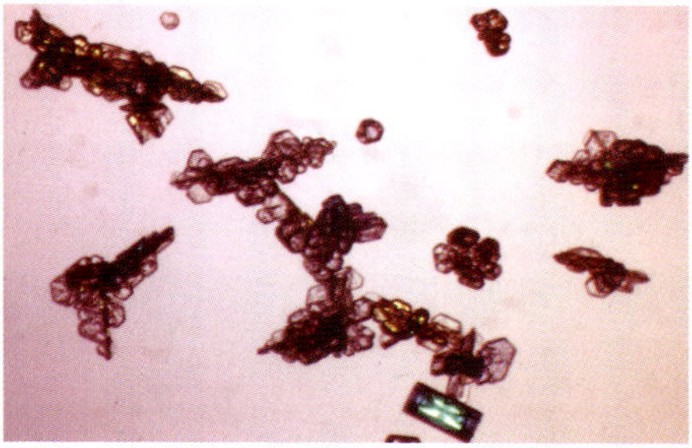

CP4c：放射交差角板

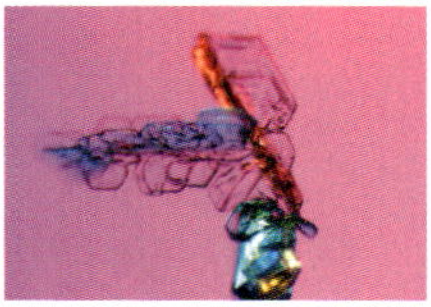

CP4c：放射交差角板

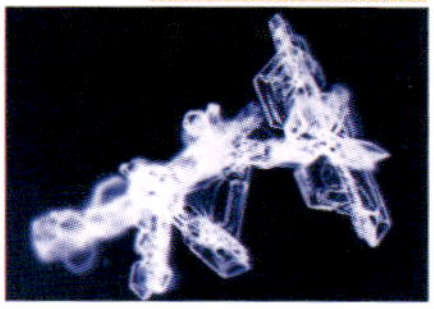

CP4c：放射交差角板

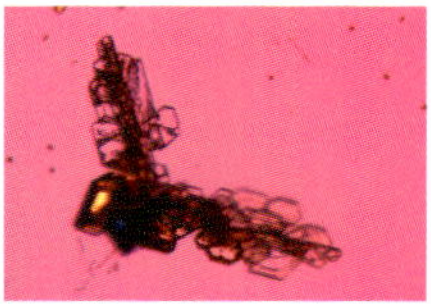

CP4c：放射交差角板

CP4c：放射交差角板

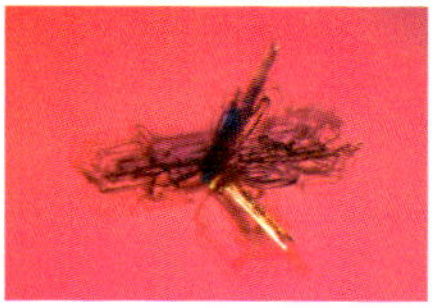

CP4c：放射交差角板

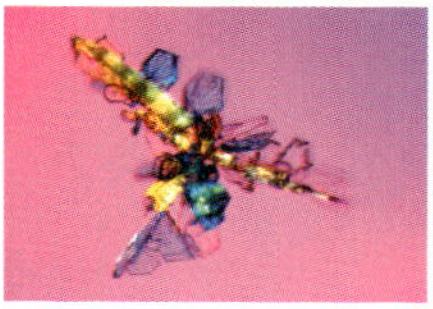

CP4c：放射交差角板

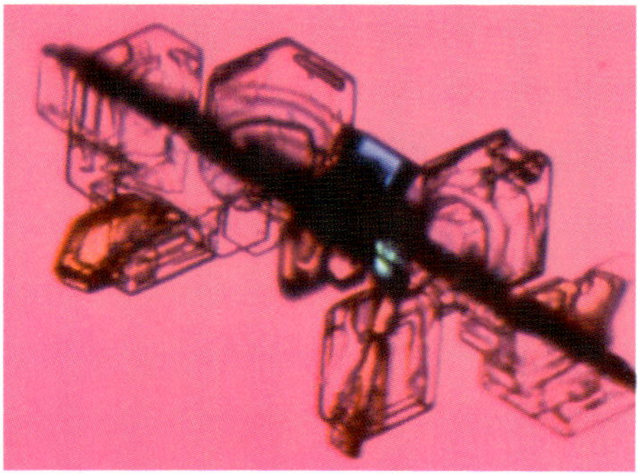

CP4c：放射交差角板

CP5：柱状・板状の不規則結晶（ちゅうじょう・ばんじょう・ふきそく）／CP：柱状・板状結晶群

CP5a：角柱・砲弾・交差角板の不規則結晶

「**CP5a：角柱・砲弾・交差角板の不規則結晶**」型は、－22℃以下で成長するそれぞれの結晶が、特徴的な成長をすることなく、まるで勝手気ままに成長しているように見えます。このため、結晶形は多種多様で、非常に大きな結晶です。

CP5a：角柱・砲弾・交差角板の不規則結晶

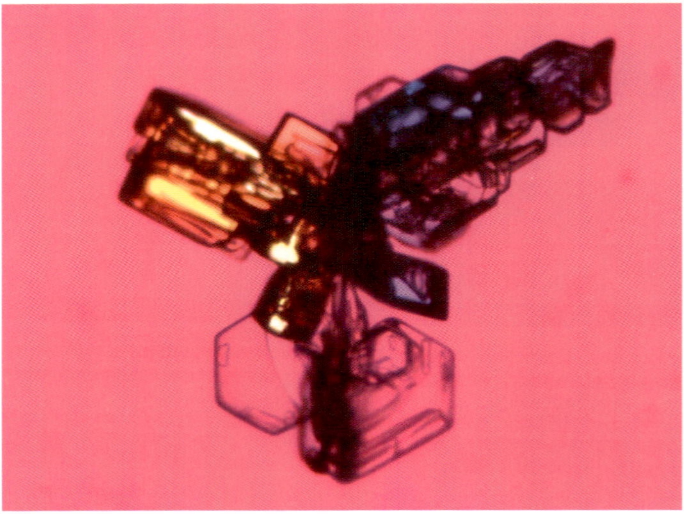

CP5a：角柱・砲弾・交差角板の不規則結晶

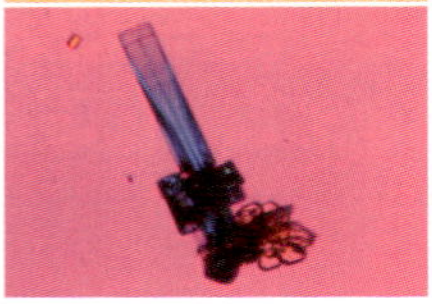

CP5a：角柱・砲弾・交差角板の不規則結晶

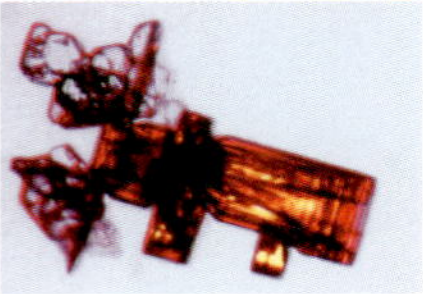

CP5a：角柱・砲弾・交差角板の不規則結晶

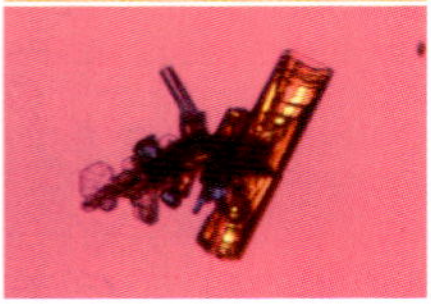

CP5a：角柱・砲弾・交差角板の不規則結晶

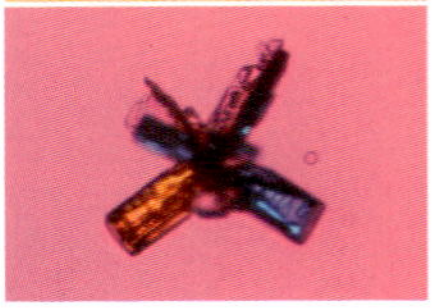

CP5a：角柱・砲弾・交差角板の不規則結晶

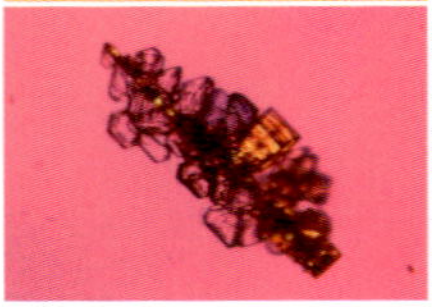

CP5a：角柱・砲弾・交差角板の不規則結晶

CP5a：角柱・砲弾・交差角板の不規則結晶

CP5a：角柱・砲弾・交差角板の不規則結晶

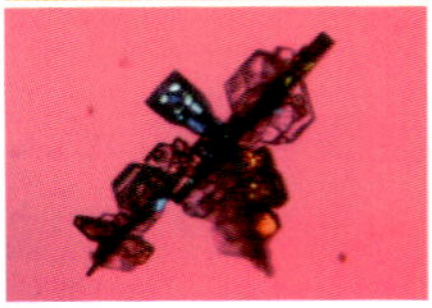

CP5a：角柱・砲弾・交差角板の不規則結晶

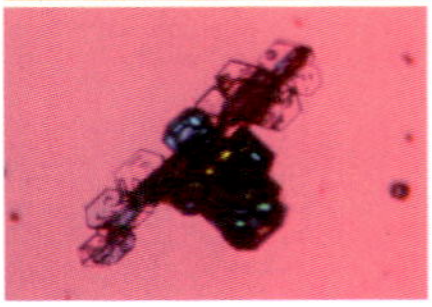

CP5a：角柱・砲弾・交差角板の不規則結晶

CP5a：角柱・砲弾・交差角板の不規則結晶

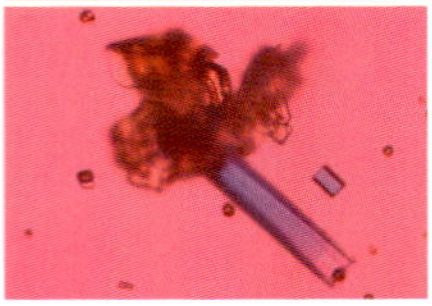

CP5a：角柱・砲弾・交差角板の不規則結晶

CP5a：角柱・砲弾・交差角板の不規則結晶

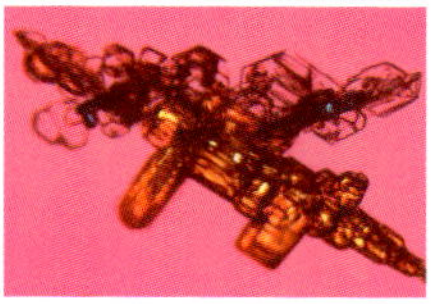

CP5a：角柱・砲弾・交差角板の不規則結晶

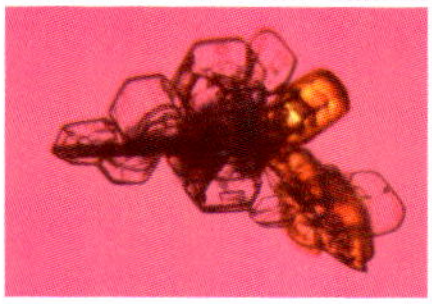

CP5a：角柱・砲弾・交差角板の不規則結晶

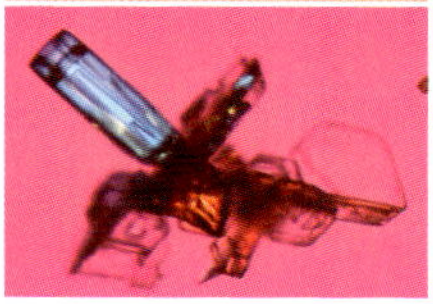

CP5a：角柱・砲弾・交差角板の不規則結晶

CP5a：角柱・砲弾・交差角板の不規則結晶

CP5a：角柱・砲弾・交差角板の不規則結晶

CP5a：角柱・砲弾・交差角板の不規則結晶

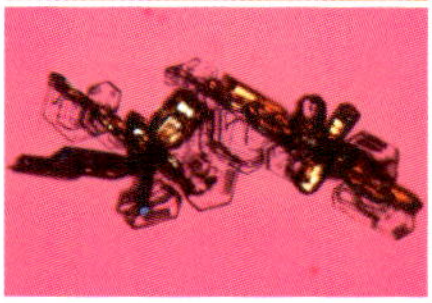

CP5a：角柱・砲弾・交差角板の不規則結晶

CP5a：角柱・砲弾・交差角板の不規則結晶

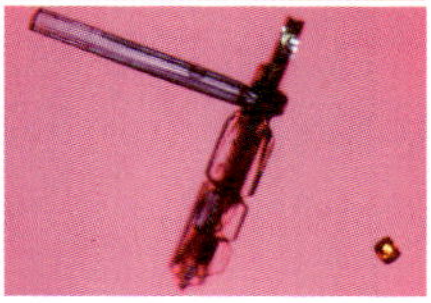

CP5a：角柱・砲弾・交差角板の不規則結晶

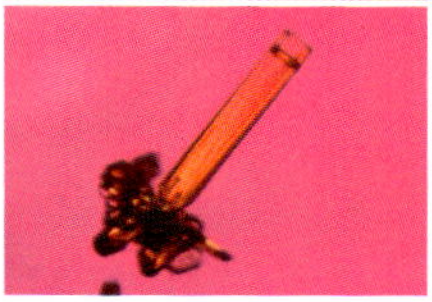

CP5a：角柱・砲弾・交差角板の不規則結晶

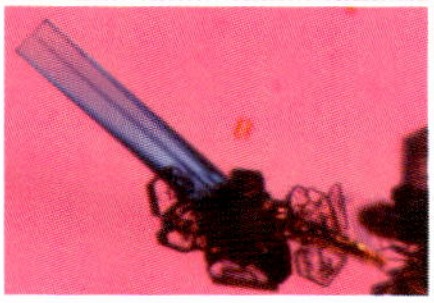

CP5a：角柱・砲弾・交差角板の不規則結晶

CP5a：角柱・砲弾・交差角板の不規則結晶

CP5a：角柱・砲弾・交差角板の不規則結晶

CP5a：角柱・砲弾・交差角板の不規則結晶

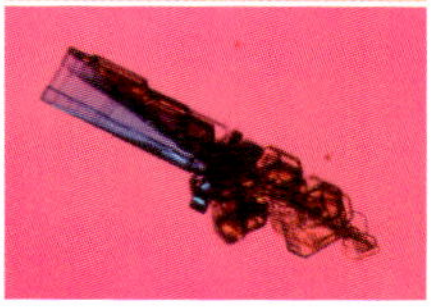

CP5a：角柱・砲弾・交差角板の不規則結晶

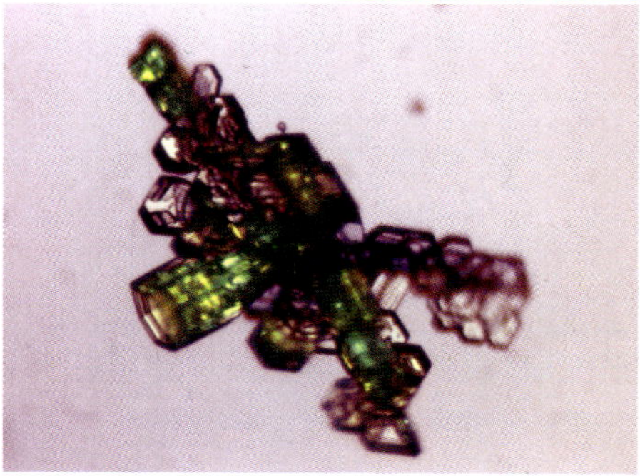

CP5a：角柱・砲弾・交差角板の不規則結晶

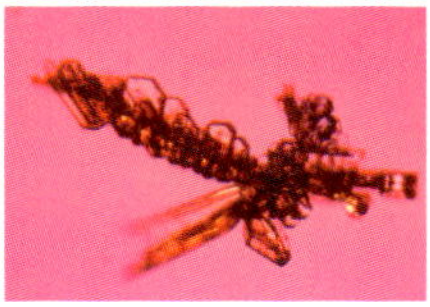

CP5a：角柱・砲弾・交差角板の不規則結晶

CP5：柱状・板状の不規則結晶

ちゅうじょう　ばんじょう　ふきそく

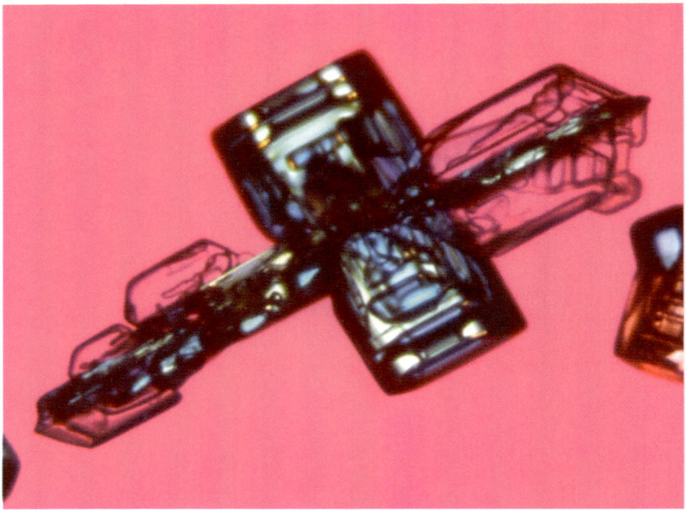
CP5a：角柱・砲弾・交差角板の不規則結晶

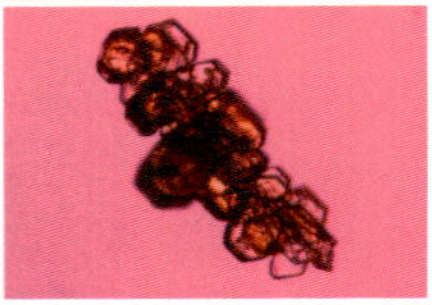
CP5a：角柱・砲弾・交差角板の不規則結晶

CP5a：角柱・砲弾・交差角板の不規則結晶

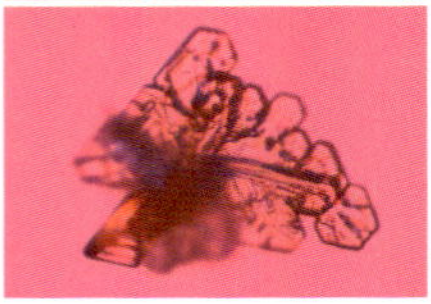
CP5a：角柱・砲弾・交差角板の不規則結晶

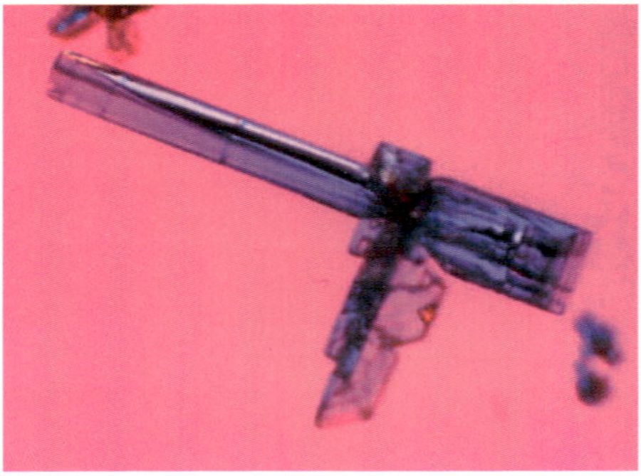
CP5a：角柱・砲弾・交差角板の不規則結晶

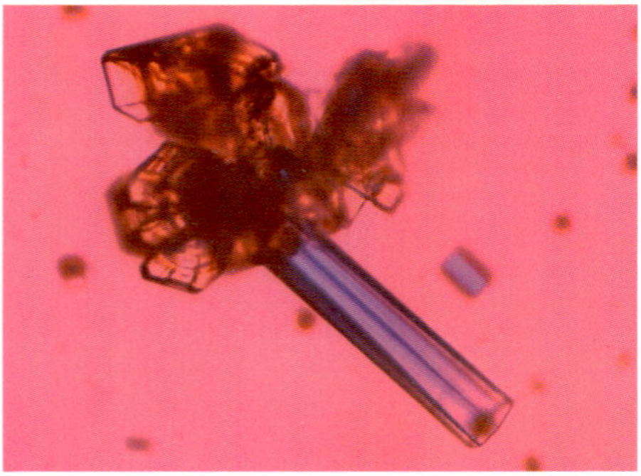
CP5a：角柱・砲弾・交差角板の不規則結晶

CP5a：角柱・砲弾・交差角板の不規則結晶

CP5a：角柱・砲弾・交差角板の不規則結晶

CP5a：角柱・砲弾・交差角板の不規則結晶

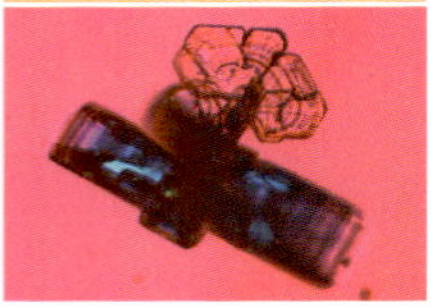
CP5a：角柱・砲弾・交差角板の不規則結晶

CP5a：角柱・砲弾・交差角板の不規則結晶

CP5a：角柱・砲弾・交差角板の不規則結晶

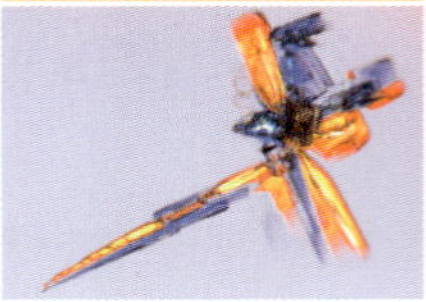
CP5a：角柱・砲弾・交差角板の不規則結晶

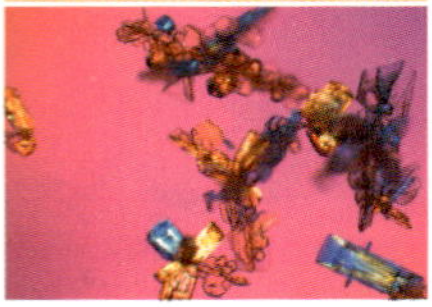
CP5a：角柱・砲弾・交差角板の不規則結晶

降ってくる雪は汚れているの?

降ってくる雪も積もったばかりの新雪も白く見えてとてもきれいですが、実は降ってくる途中で空気中に浮かんでいるいろいろな汚染物質を付着しながら落下してくるので汚れているのが実態です。その証拠に、採取した雪を解かして測ってみると、多くの場合pH5.6 以下の酸性であることがわかります。**図1** は秋田市北部の田園地域で毎日定時に降雪を採取し測定した結果です。数例を除いてほとんどが酸性雪であることがわかります。このことは降ってくる雪が大気をきれいにしているともいえます。降雪や降雨の後に、見通し（水平視程）が良くなることを経験しますが、それは気団が変わったということのほかに、降水が汚染大気を洗浄したことが大きく影響しているのです。

大気中の汚染物質としては、地表から舞い上がる土壌粒子、それに海上からの波しぶきから出る海塩粒子など、また車や工場から出る化学物質、大規模な噴火や森林火災など、多種多様な溶液やガスなどが関与しています。中国のゴビ砂漠やタクラマカン砂漠などから舞い上げられた黄砂を多量に付着した雪は“赤雪”として古くから知られています。（菊地）

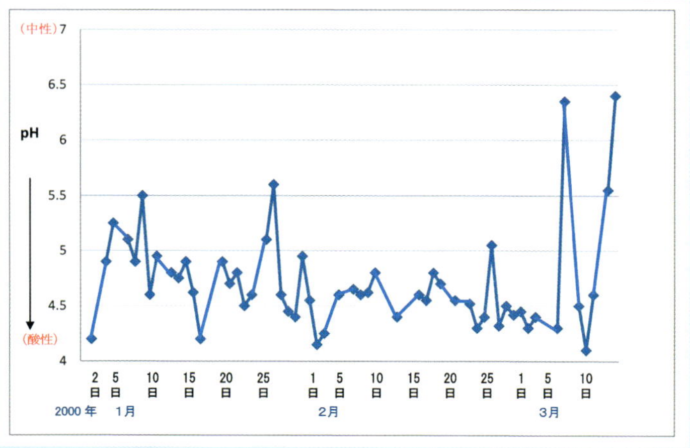

図1　秋田市北部に降った雪の pH の変動

CP6：骸晶状結晶／CP：柱状・板状結晶群

CP6a：骸晶四角形

CP6a：骸晶四角形

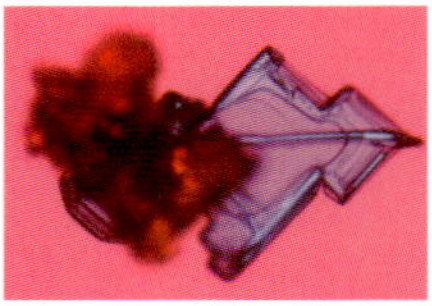

CP6a：骸晶四角形

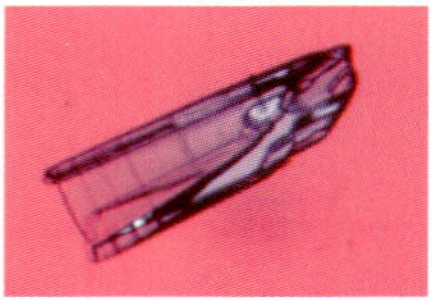

CP6a：骸晶四角形

CP6a：骸晶四角形

CP6a：骸晶四角形

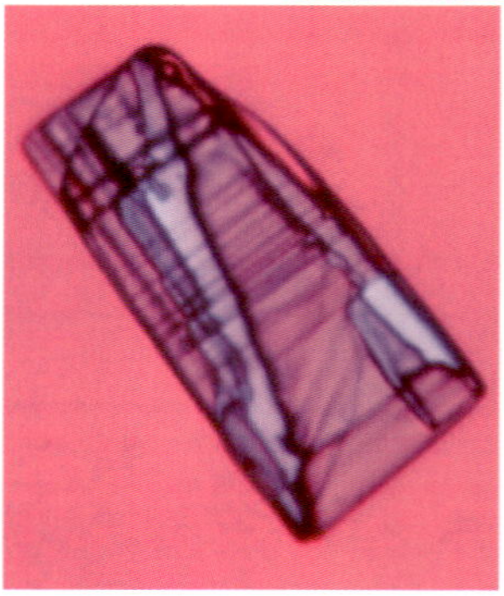

CP6a：骸晶四角形

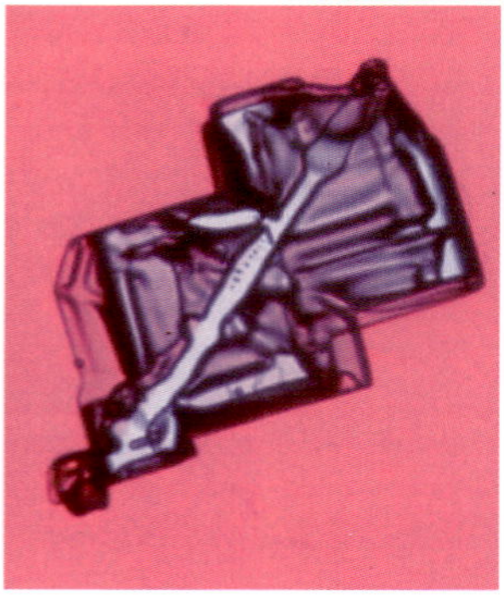

これまで紹介されてきた骸晶の多くは、「角柱」型や「砲弾」型、「厚角板」型などの外形がそのままで、底面や柱面が結晶の中心に向かってくぼんだ、あり地獄のくぼみのような形状が主でした。極域での観測データが増えるにつれて、骸晶にも従来のものとは異なるものが数多く現れています。大きさは、単体のものは数百μmから数mm。成長温度範囲は－25℃以下ということのほかは、まだはっきりしません。「**CP6a:骸晶四角形**」型は、「C3b:骸晶角柱」型をa－軸に沿って切った縦断面の半分と思われるものです。偏光顕微鏡で青一色か黄一色に見えるということは、結晶面が平面で、単結晶の柱面であることを意味します。「**CP6b：多結晶骸晶四角形**」型は、CP6aが単結晶であったのに、多結晶であることが大きな相違点です。もし、偏光顕微鏡で撮影されていなければ、このCP6bはCP6aと同じに分類されるはずです。「**CP6c：多重骸晶四角形**」型

CP6a：骸晶四角形

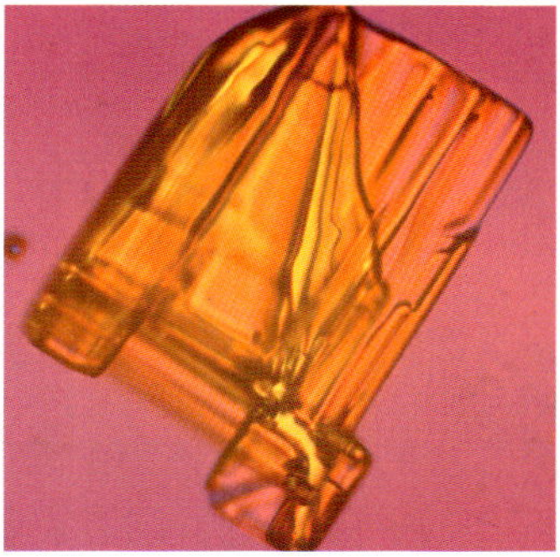

CP6a：骸晶四角形

CP6a：骸晶四角形

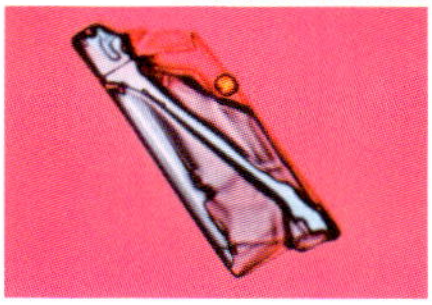

CP6a：骸晶四角形

CP6a：骸晶四角形

CP6a：骸晶四角形

CP6a：骸晶四角形

CP6a：骸晶四角形

CP6a：骸晶四角形

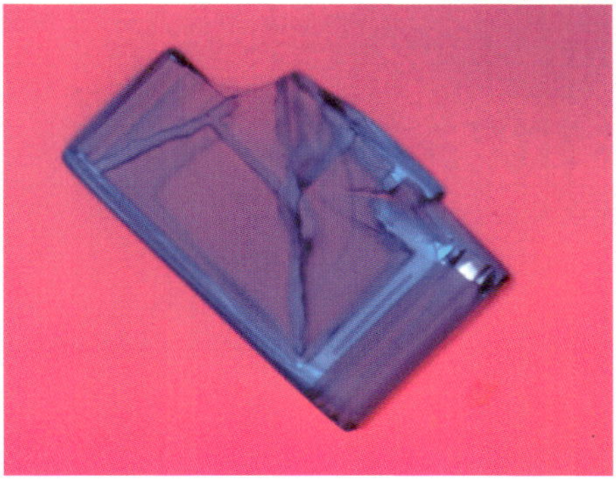

CP6a：骸晶四角形

は、外形はCP6aやCP6bと変わらないのですが、成長の途中で結晶主軸が90度回転している結晶です。偏光顕微鏡で見ると、青色から黄色、または黄色から青色へと、主軸が変わって成長していることがわかります。「**CP6d：複雑骸晶多角形**」型は、骸晶構造をもつ二つの結晶が多角形を構成しています。「**CP6e:骸晶角柱・交差角板**」型は、はっきりした骸晶構造をもつ「角柱」と「交差角板」との集合です。「**CP6f：骸晶砲弾・四角形**」型は、骸晶構造を持つ「砲弾」型と単結晶の骸晶四角形型の集合。「**CP6g：多角形骸晶集合**」型は「砲弾集合」型の砲弾に当たる結晶が多角形の骸晶構造からなっていますが、それぞれは単結晶です。「**CP6h:複雑柱面構造**」型は、骸晶状結晶の中で骸晶構造をもった柱面が最も複雑にからみ合ったような形で成長したもので、大きさは数mmを超えます。

CP6：骸晶状結晶（がいしょうじょう）／CP：柱状・板状結晶群

CP6a：骸晶四角形

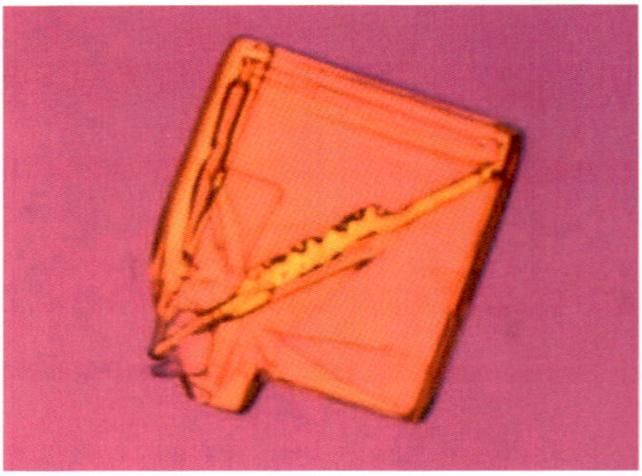

CP6a：骸晶四角形

CP6a：骸晶四角形

CP6a：骸晶四角形

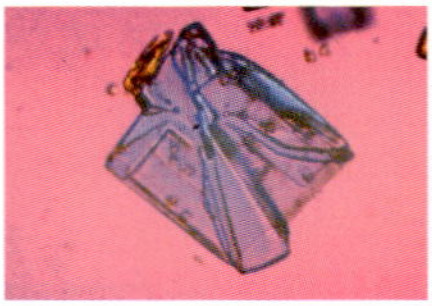

CP6a：骸晶四角形

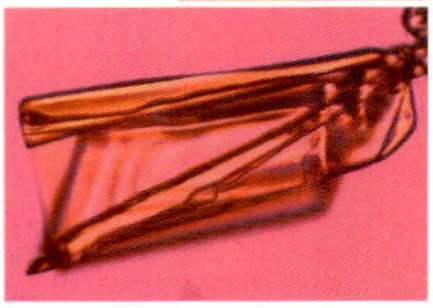

CP6a：骸晶四角形

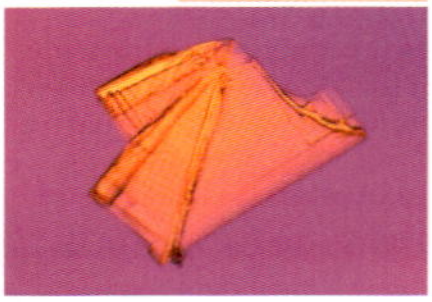

CP6a：骸晶四角形

CP6a：骸晶四角形

CP6a：骸晶四角形

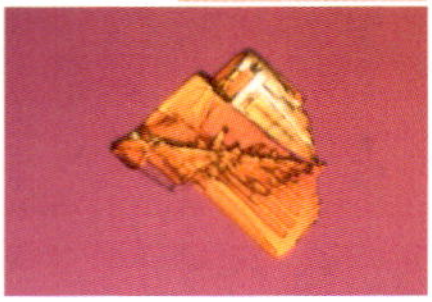

CP6b：多結晶骸晶四角形

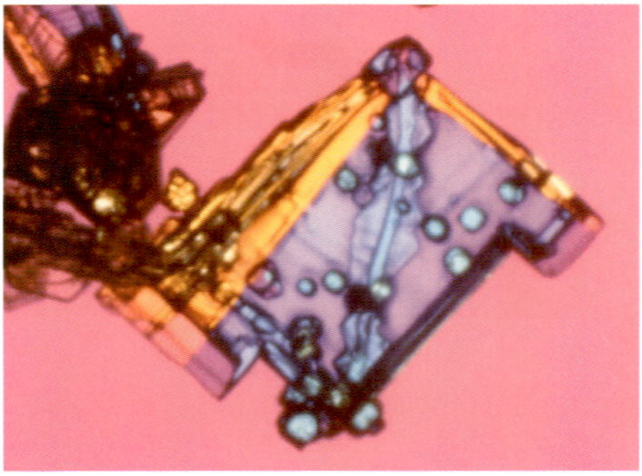

CP6b：多結晶骸晶四角形

CP6b：多結晶骸晶四角形

CP6b：多結晶骸晶四角形

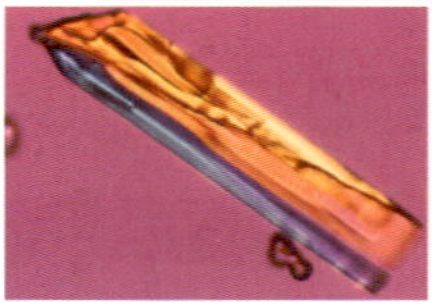

CP6b：多結晶骸晶四角形

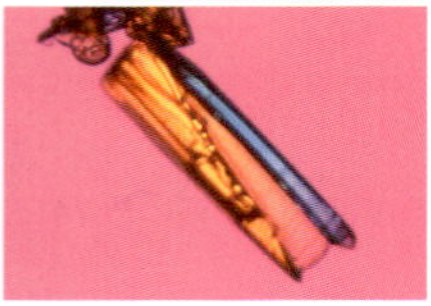

CP6b：多結晶骸晶四角形

CP6b：多結晶骸晶四角形

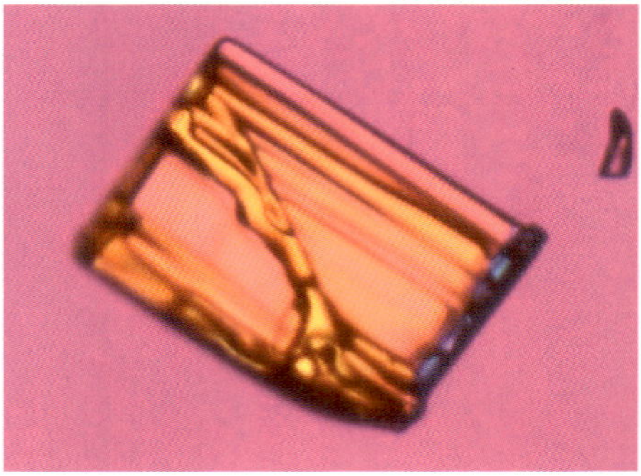

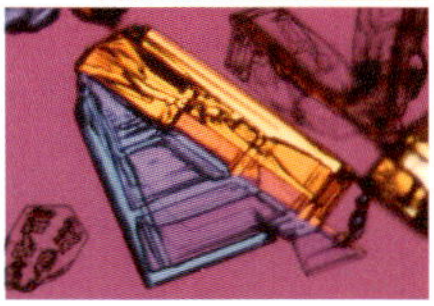
CP6b：多結晶骸晶四角形

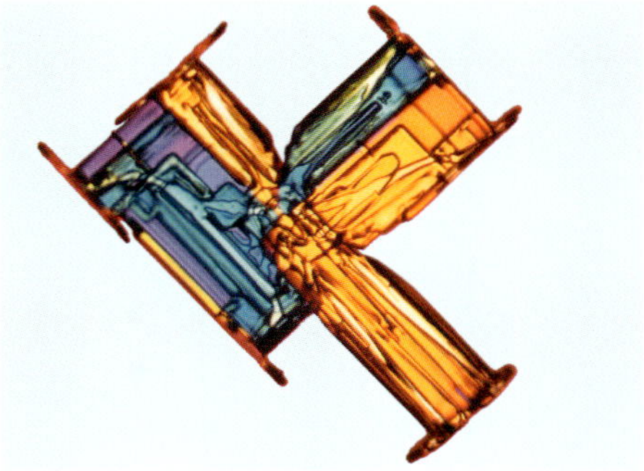
CP6b：多結晶骸晶四角形

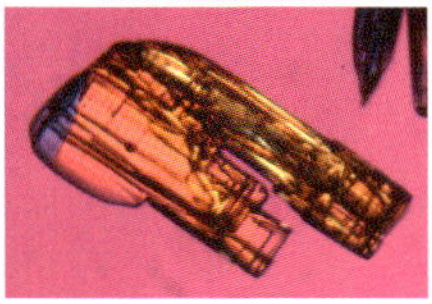
CP6b：多結晶骸晶四角形

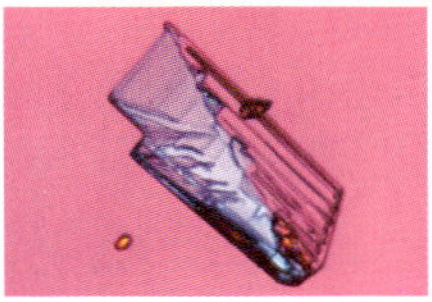
CP6b：多結晶骸晶四角形

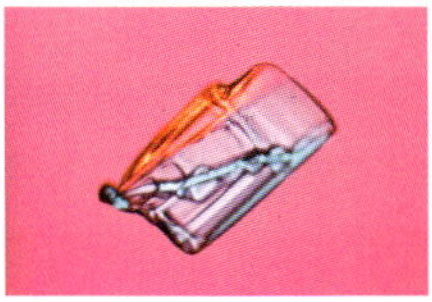
CP6b：多結晶骸晶四角形

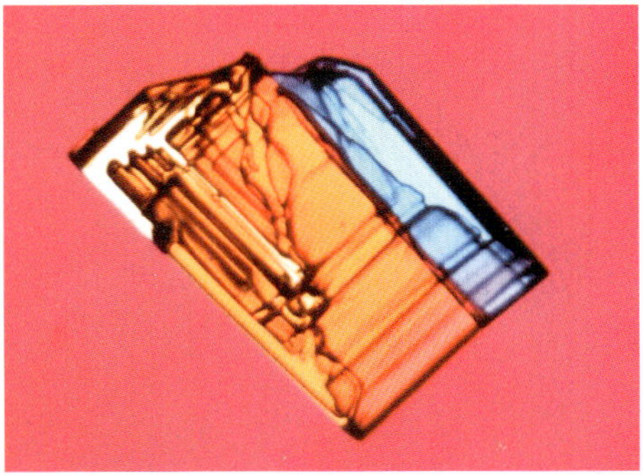
CP6b：多結晶骸晶四角形

CP6b：多結晶骸晶四角形

CP6b：多結晶骸晶四角形

CP6b：多結晶骸晶四角形

CP6b：多結晶骸晶四角形

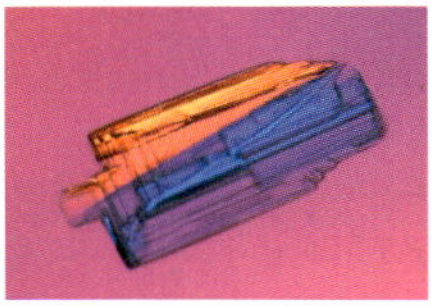
CP6b：多結晶骸晶四角形

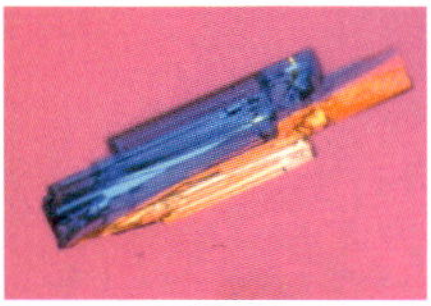
CP6b：多結晶骸晶四角形

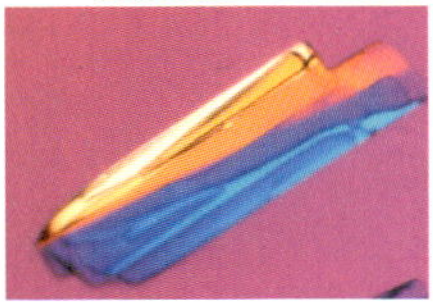
CP6b：多結晶骸晶四角形

CP6b：多結晶骸晶四角形

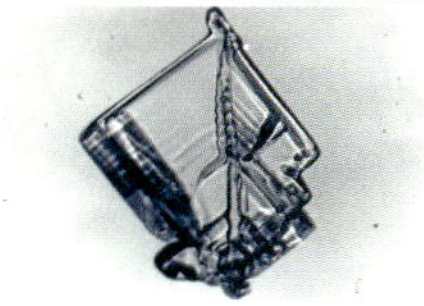
CP6b：多結晶骸晶四角形

CP6：骸晶状結晶

CP6c：多重骸晶四角形

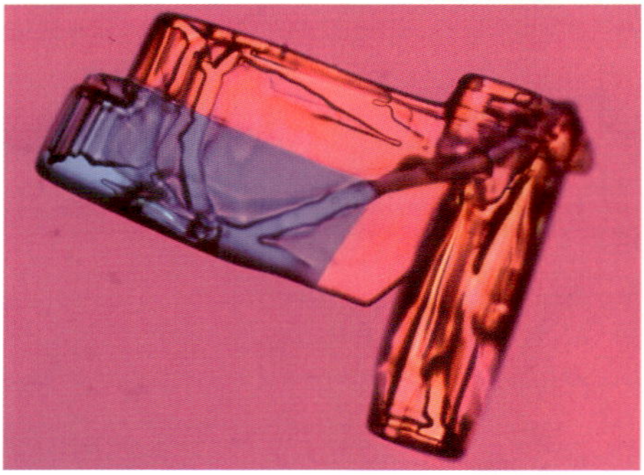

CP6c：多重骸晶四角形

CP6c：多重骸晶四角形

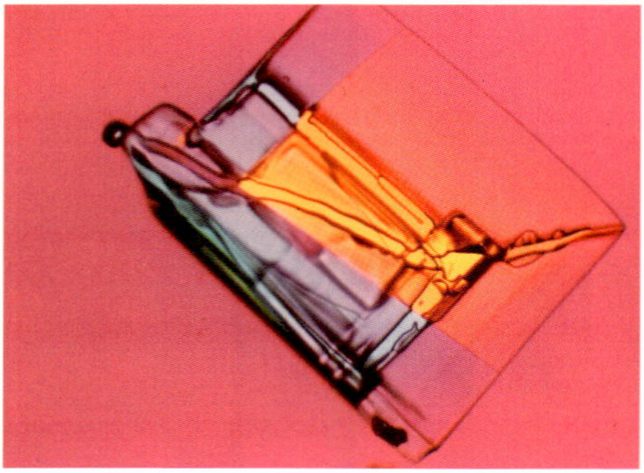

CP6c：多重骸晶四角形

CP6c：多重骸晶四角形

CP6d：複雑骸晶多角形

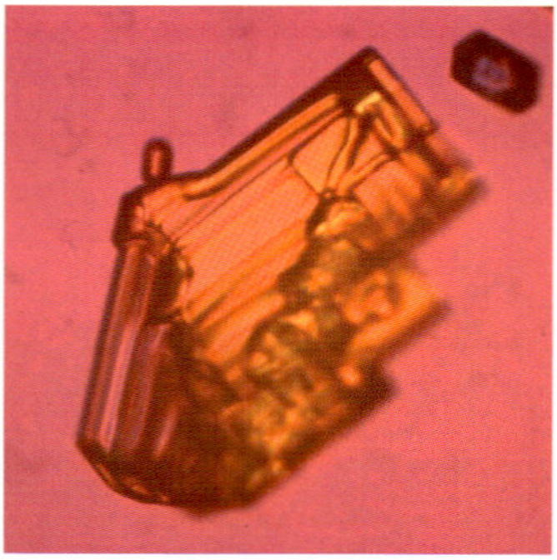

CP6d：複雑骸晶多角形

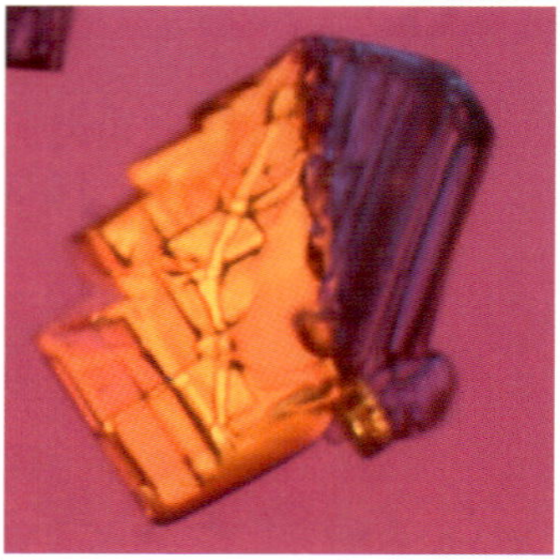

CP6c：多重骸晶四角形

CP6d：複雑骸晶多角形

CP6d：複雑骸晶多角形

CP6d：複雑骸晶多角形

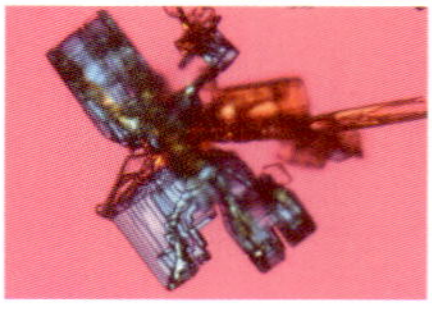

CP6d：複雑骸晶多角形

CP6d：複雑骸晶多角形

CP6d：複雑骸晶多角形

CP6d：複雑骸晶多角形

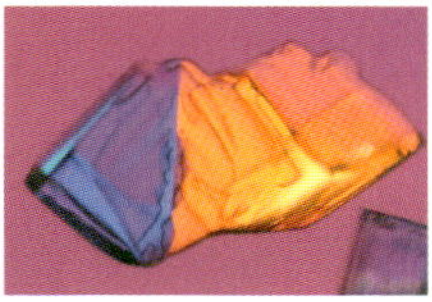

CP6d：複雑骸晶多角形

CP6d：複雑骸晶多角形

CP6d：複雑骸晶多角形

CP6d：複雑骸晶多角形

CP6d：複雑骸晶多角形

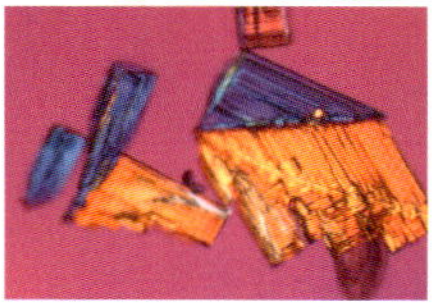

CP6d：複雑骸晶多角形

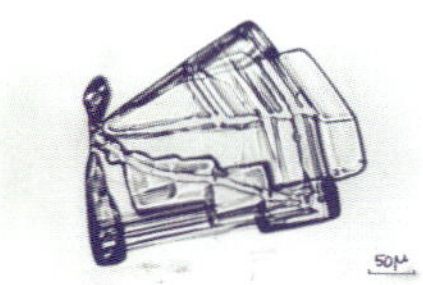

CP6e：骸晶角柱・交差角板

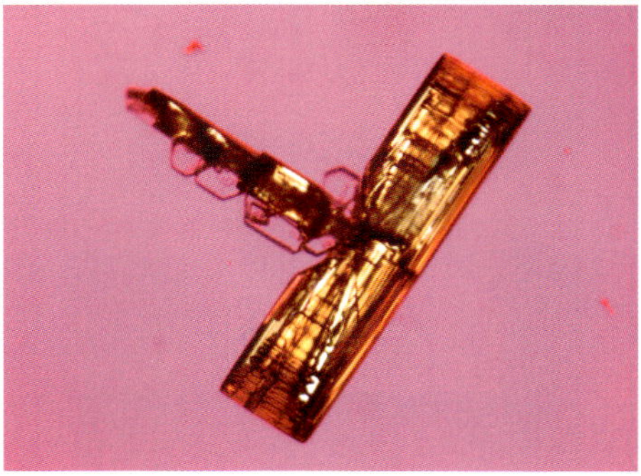

CP6e：骸晶角柱・交差角板

CP6e：骸晶角柱・交差角板

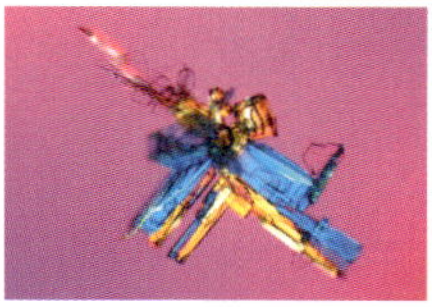

CP6e：骸晶角柱・交差角板

CP6e：骸晶角柱・交差角板

CP6：骸晶状結晶（がいしょうじょう）／CP：柱状・板状結晶群

CP6e：骸晶角柱・交差角板

CP6e：骸晶角柱・交差角板

CP6e：骸晶角柱・交差角板

CP6e：骸晶角柱・交差角板

CP6e：骸晶角柱・交差角板

CP6e：骸晶角柱・交差角板

CP6e：骸晶角柱・交差角板

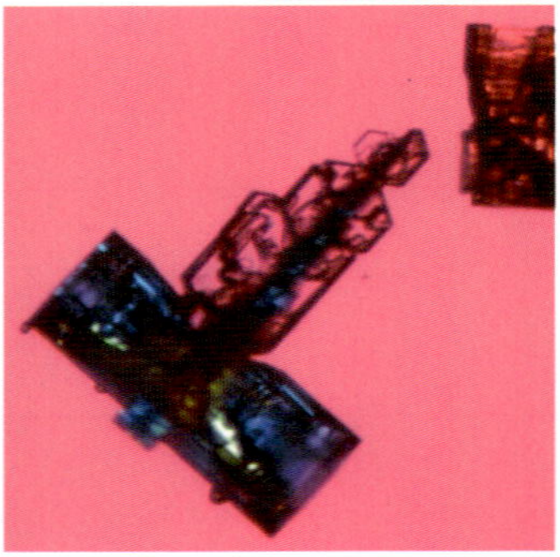

CP6e：骸晶角柱・交差角板

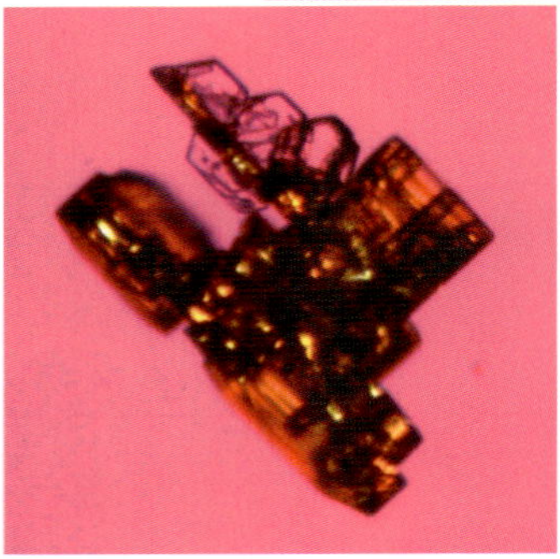

CP6e：骸晶角柱・交差角板

CP6e：骸晶角柱・交差角板

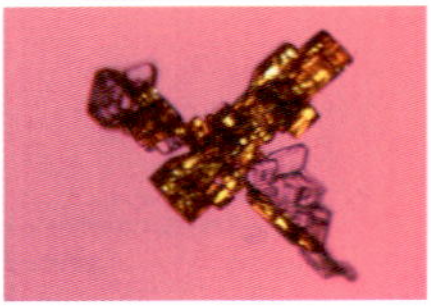

CP6e：骸晶角柱・交差角板

CP6f：骸晶砲弾・四角形

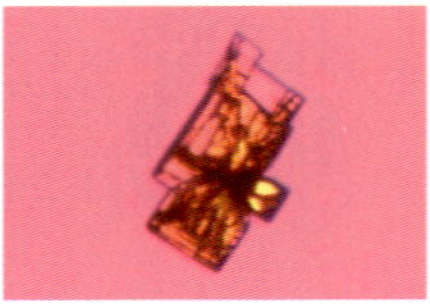

CP6f：骸晶砲弾・四角形

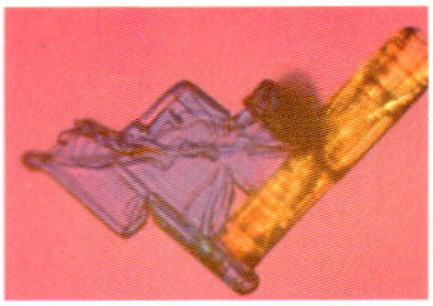

CP6f：骸晶砲弾・四角形

CP6f：骸晶砲弾・四角形

CP6f：骸晶砲弾・四角形

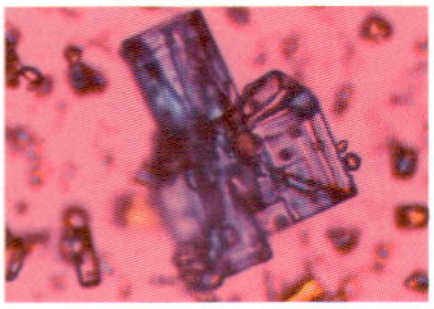

CP6f：骸晶砲弾・四角形

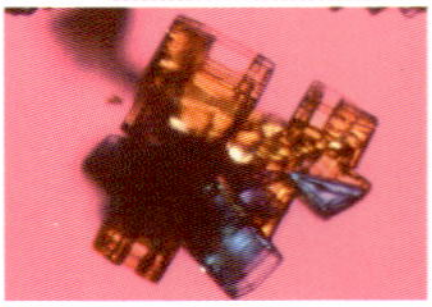

CP6f：骸晶砲弾・四角形

CP6f：骸晶砲弾・四角形

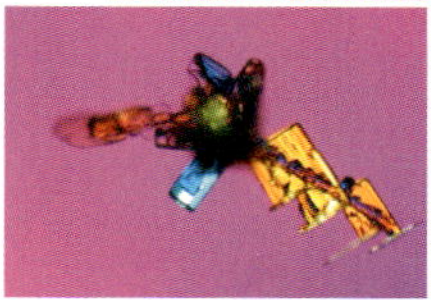
CP6f：骸晶砲弾・四角形

CP6f：骸晶砲弾・四角形

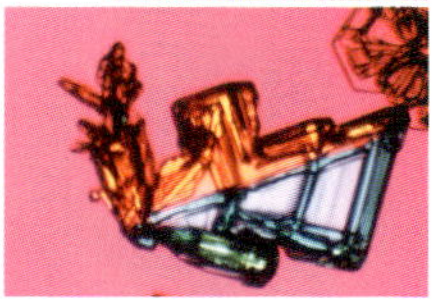
CP6f：骸晶砲弾・四角形

CP6f：骸晶砲弾・四角形

CP6f：骸晶砲弾・四角形

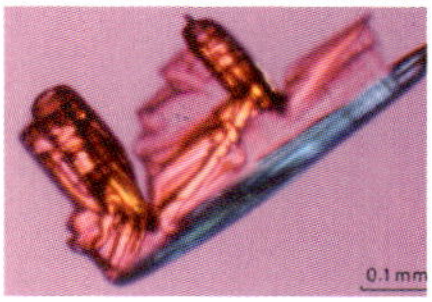

CP6f：骸晶砲弾・四角形

CP6f：骸晶砲弾・四角形

CP6f：骸晶砲弾・四角形

CP6f：骸晶砲弾・四角形

CP6f：骸晶砲弾・四角形

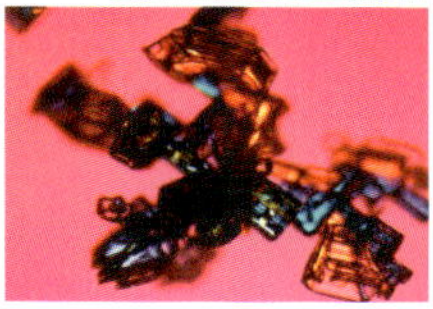
CP6f：骸晶砲弾・四角形

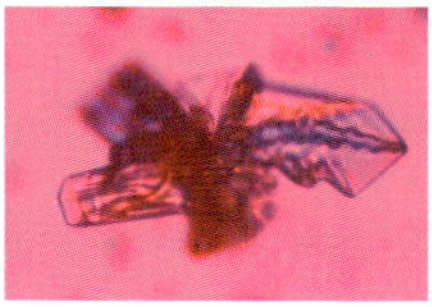
CP6f：骸晶砲弾・四角形

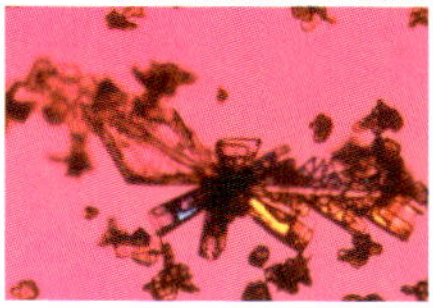
CP6f：骸晶砲弾・四角形

CP6f：骸晶砲弾・四角形

CP6f：骸晶砲弾・四角形

CP6f：骸晶砲弾・四角形

CP6：骸晶状結晶（がいしょうじょう）／CP：柱状・板状結晶群

CP6g：多角形骸晶集合

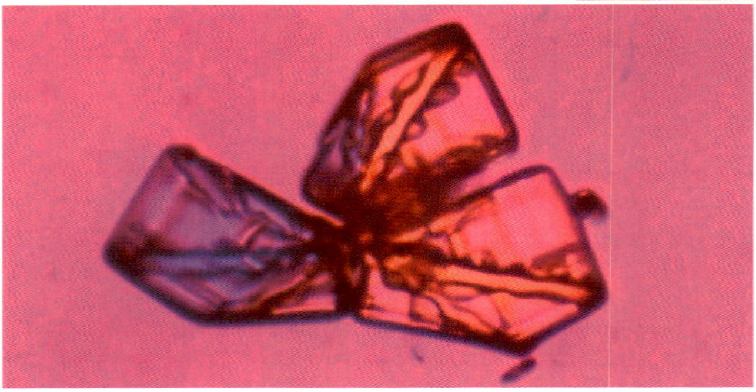

CP6g：多角形骸晶集合

CP6g：多角形骸晶集合

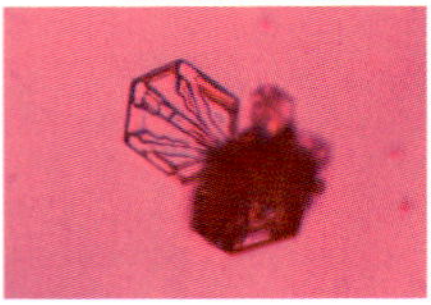

CP6g：多角形骸晶集合

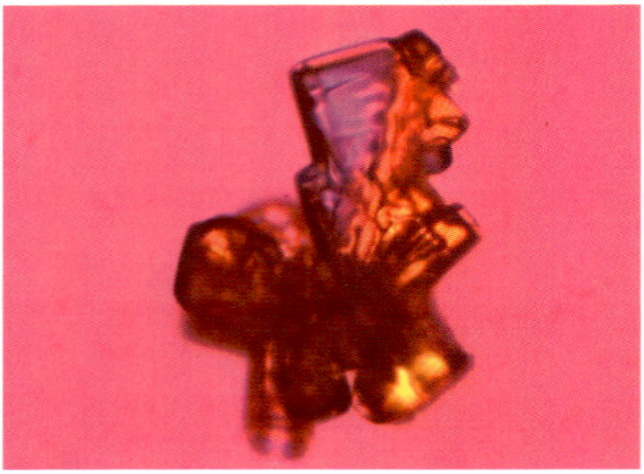

CP6g：多角形骸晶集合

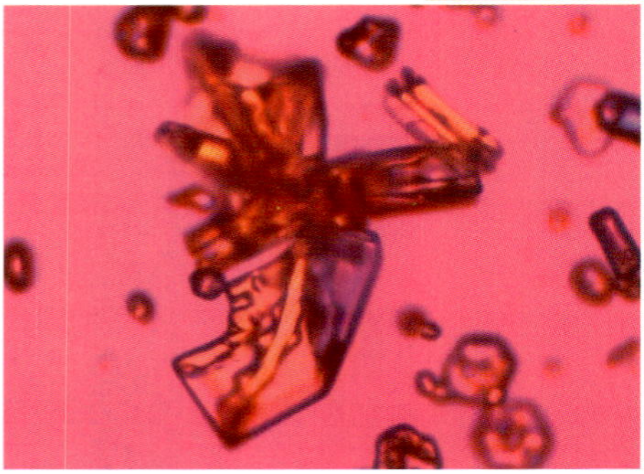

CP6g：多角形骸晶集合

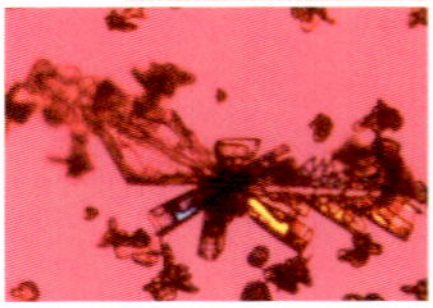

CP6g：多角形骸晶集合

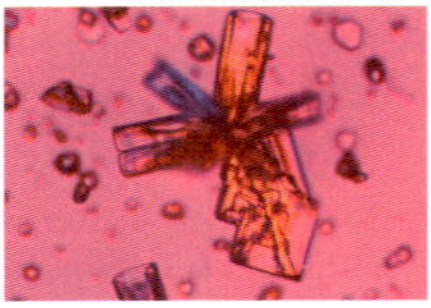

CP6g：多角形骸晶集合

CP6h：複雑柱面構造

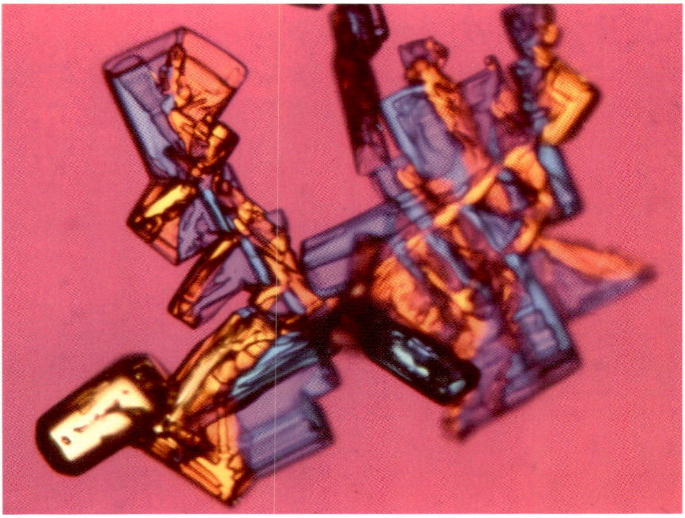

CP6h：複雑柱面構造

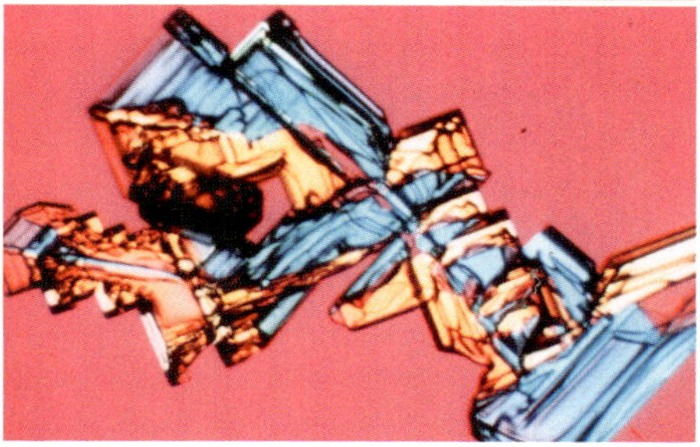

CP6h：複雑柱面構造

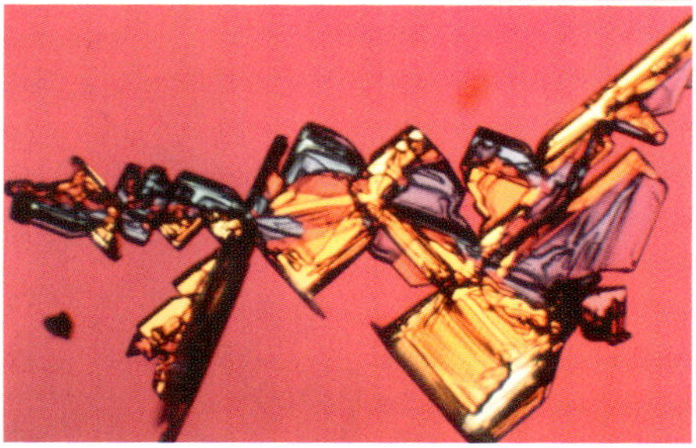

CP6h：複雑柱面構造

CP6h：複雑柱面構造

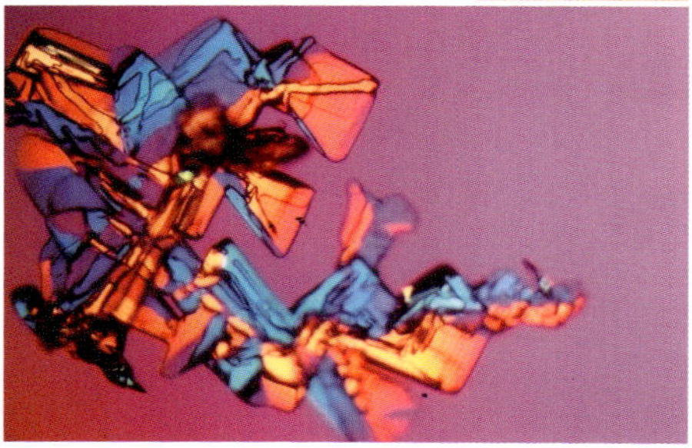

CP6h：複雑柱面構造

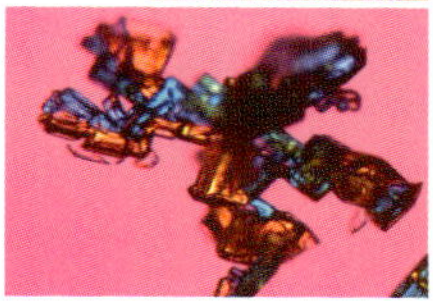

CP6h：複雑柱面構造

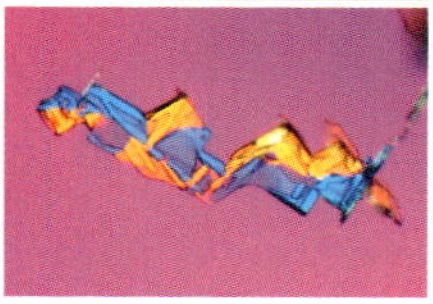

CP6h：複雑柱面構造

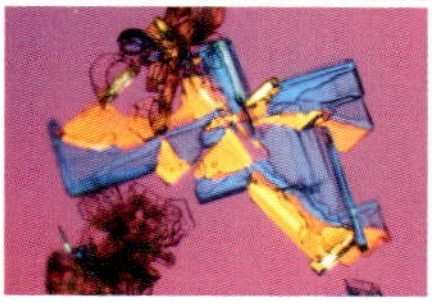

CP6h：複雑柱面構造

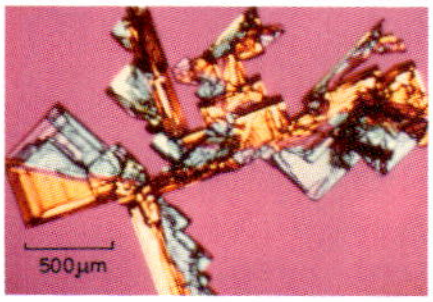

CP6h：複雑柱面構造

CP6h：複雑柱面構造

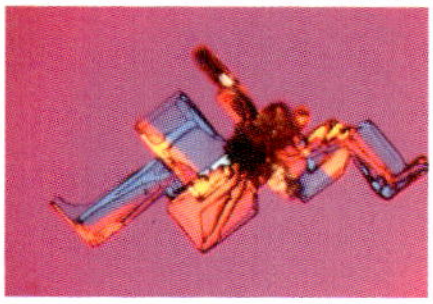

CP6h：複雑柱面構造

CP6h：複雑柱面構造

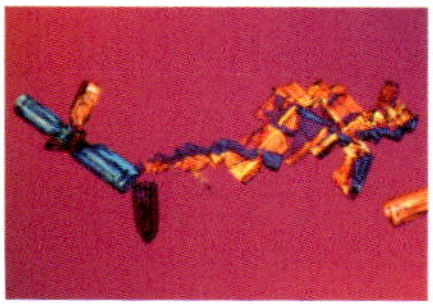

CP6h：複雑柱面構造

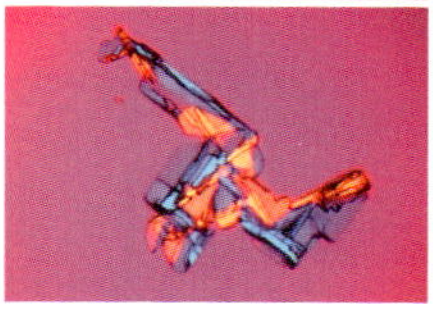

CP6h：複雑柱面構造

CP6h：複雑柱面構造

CP7：御幣状結晶／CP：柱状・板状結晶群

CP7a：御幣

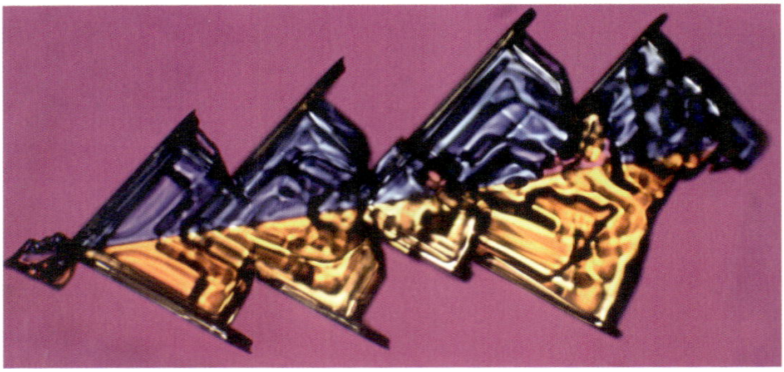

CP7a：御幣

CP7a：御幣

CP7a：御幣

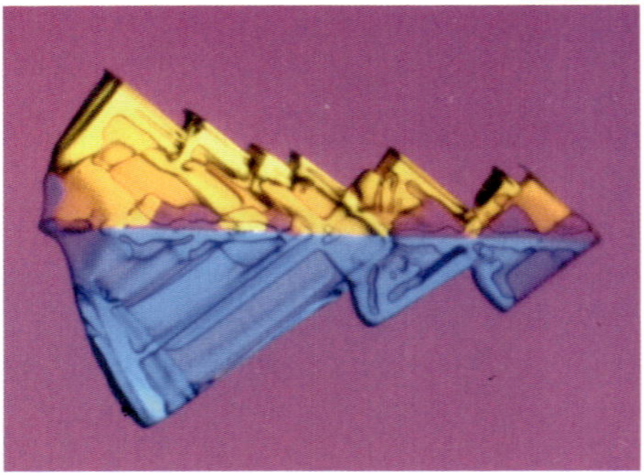

CP7a：御幣

CP7a：御幣

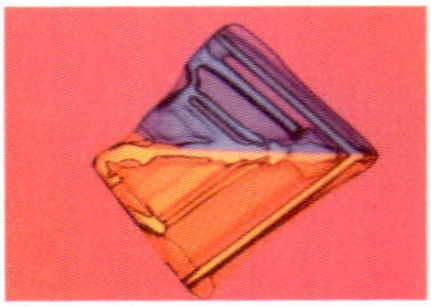

CP7a：御幣

CP7a：御幣

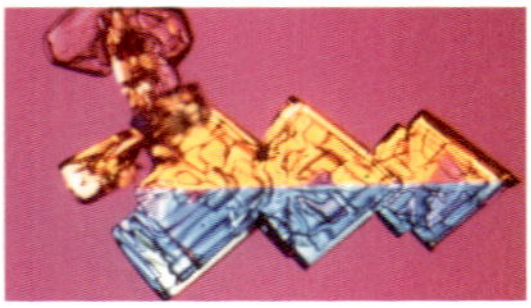

新しい雪の結晶の分類表を作るきっかけとなった、－25℃以下の低温下で見られる最も代表的な結晶の一つです。名称は、神社のしめ縄やお正月の門松などに見られる御幣によく似ていることから、菊地が名づけました。海外でも“Gohei twin（御幣双晶）”という名称で使われています。Twin は結晶では双晶と訳されますが、結晶の成長方向に向かって、ほぼ左右対称に「角柱」型や「砲弾」型の柱面の一つが異常に成長したものであることが特徴です。成長する先端の角度は約 80 度です。偏光顕微鏡の写真では、青系統と黄系統の部分がほぼ直交していますが、これは結晶の向きの違いが色合いとして表れているものです。結晶の大きさは、最も単純な最初の一段目だけの双晶では、成長方向に 100 μm以下。十分成長した結晶では数 mm 以上になり、肉眼でも十分確認できます。成長温度範囲は－25℃以下で、水飽和の条件が必要であるらしいこと以外はわかっていません。「**CP7a：御幣**」型は低温下で成長する結晶の内で最も代表的な結晶の一つです。「**CP7b:砲弾付御幣**」型、「**CP7c：交差角板付御幣**」型は、御幣の成長

CP7a：御幣

CP7a：御幣

CP7a：御幣

CP7a：御幣

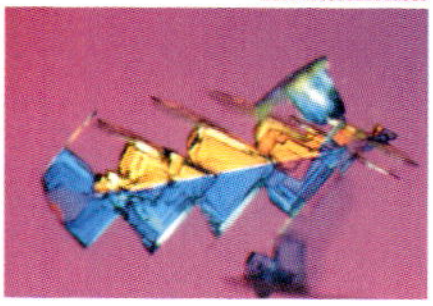

CP7a：御幣

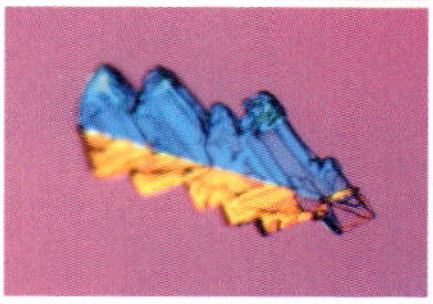

CP7a：御幣

CP7a：御幣

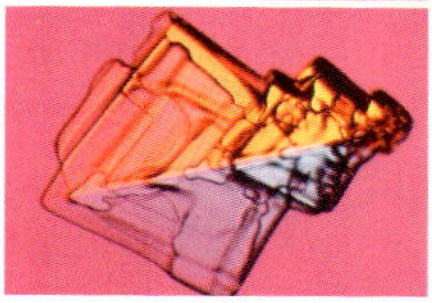

CP7a：御幣

CP7a：御幣

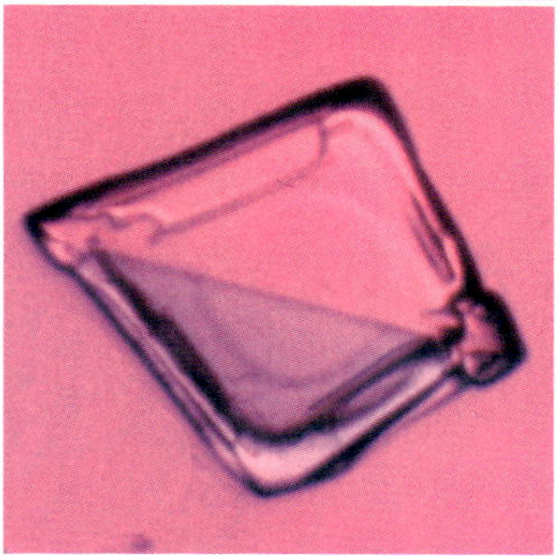

CP7a：御幣

CP7a：御幣

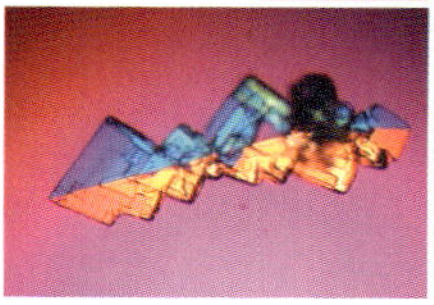

CP7a：御幣

CP7a：御幣

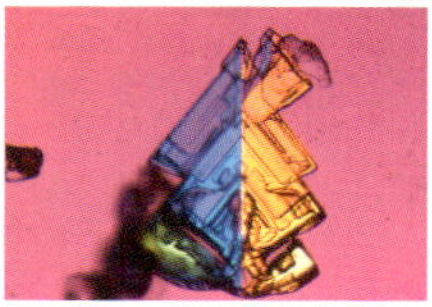

CP7a：御幣

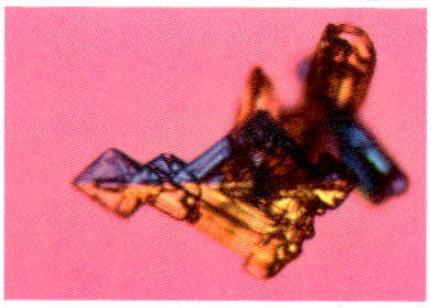

CP7a：御幣

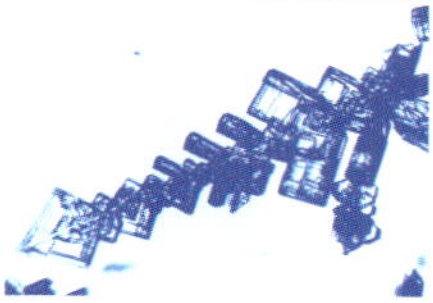

CP7a：御幣

方向と反対側に「C4d:砲弾集合」型や「CP4c:放射交差角板」型が成長したものです。「**CP7d:角柱御幣**」型の特徴は成長する柱面です。御幣型では成長方向に左右対称に柱面が成長しますが、「角柱御幣」型は左右とも同じ結晶主軸をもつ柱面が成長しています。「**CP7e：対称御幣**」型は、左右対称に成長する「御幣」型が、中心核から両側に対称に成長したものです。「**CP7f：氷柱（つらら）御幣**」型は、偏光の色合いから判断して単結晶であり、氷柱（つらら）のように団子状に連なっているのが特徴です。「**CP7g：多重菱形（たじゅうりょうけい）御幣**」型は、ちょっと変わった成長機構をもっています。成長方向に対して、左右対称の構造はなく、これ自身は偏光顕微鏡の色合いから単結晶であることがわかります。そのうえ、成長の最も早い先端部分の形状が多様なのも特徴の一つです。

これらの御幣状結晶に代表される－25℃以下で成長する結晶のいくつかは、人工的にも成長させることに成功しています。

CP7：御幣状結晶／CP：柱状・板状結晶群

CP7a：御幣

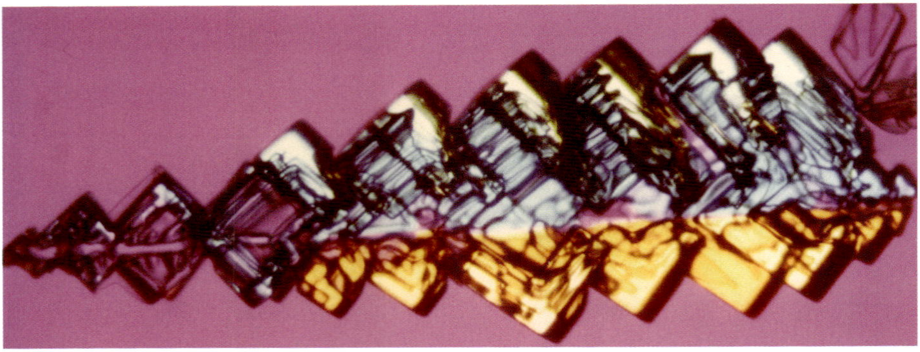

CP7a：御幣

CP7a：御幣

CP7a：御幣

CP7a：御幣

CP7a：御幣

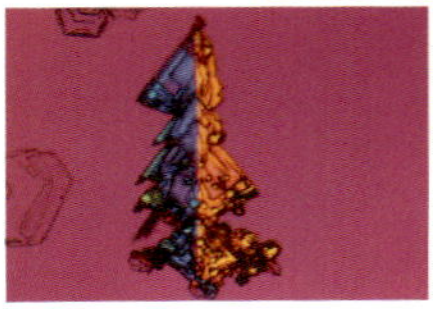

CP7a：御幣

CP7b：砲弾付御幣

CP7a：御幣

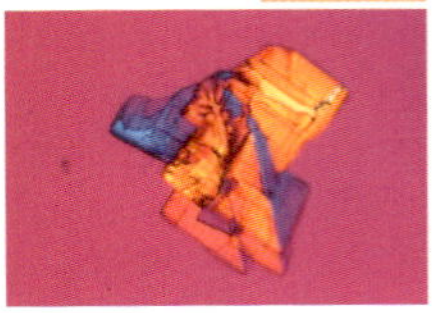

CP7b：砲弾付御幣

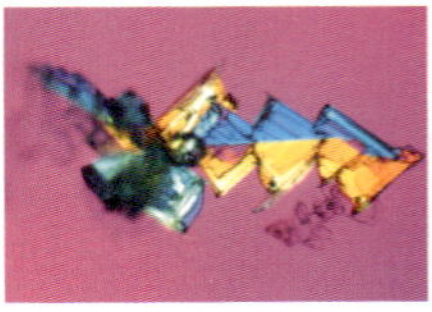

CP7b：砲弾付御幣

CP7b：砲弾付御幣

CP7b：砲弾付御幣

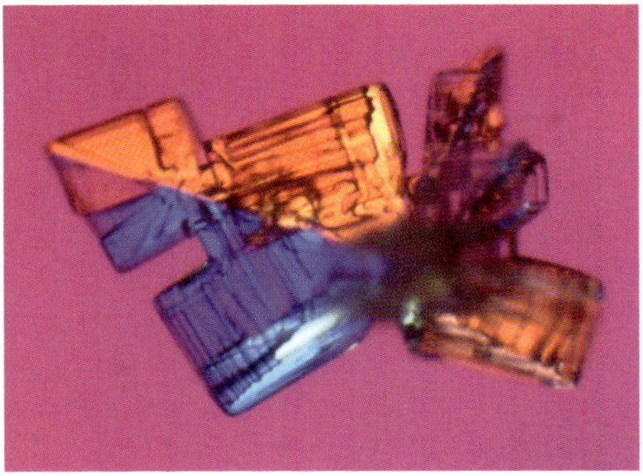

CP7b：砲弾付御幣

CP7b：砲弾付御幣

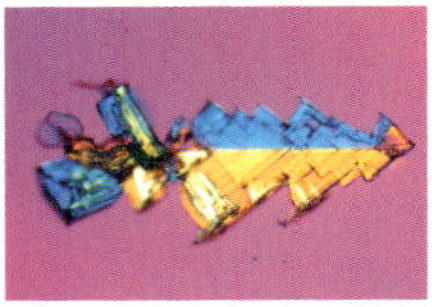

CP7b：砲弾付御幣

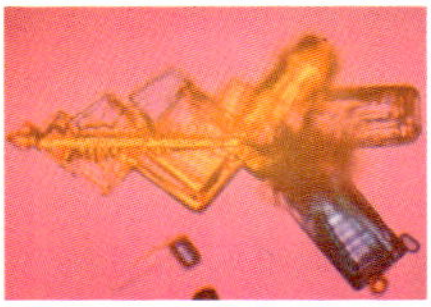

CP7b：砲弾付御幣

CP7b：砲弾付御幣

CP7b：砲弾付御幣

CP7：御幣状結晶（ごへいじょう）／CP：柱状・板状結晶群

CP7b：砲弾付御幣

CP7c：交差角板付御幣

CP7b：砲弾付御幣

CP7c：交差角板付御幣

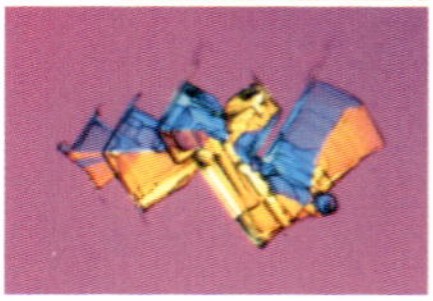

CP7c：交差角板付御幣

CP7c：交差角板付御幣

CP7c：交差角板付御幣

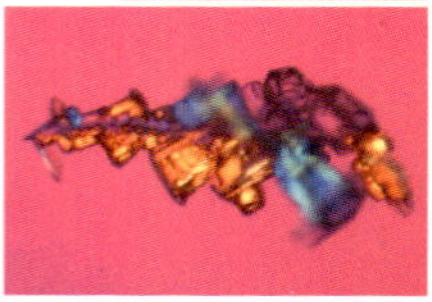

CP7c：交差角板付御幣

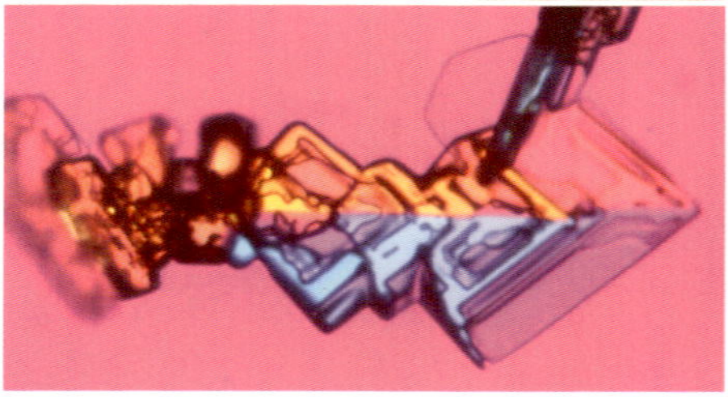

CP7c：交差角板付御幣

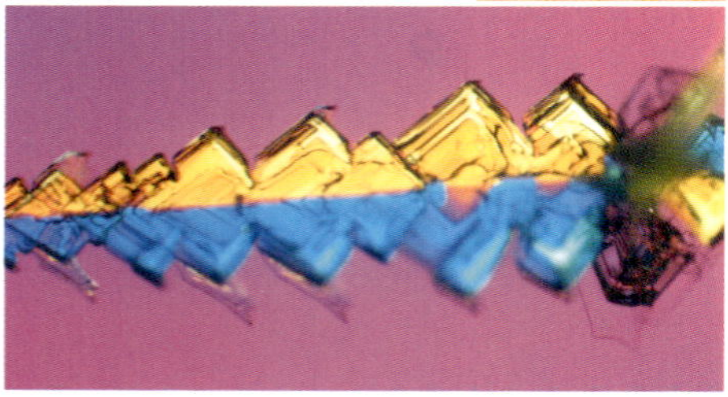

CP7c：交差角板付御幣

CP7d：角柱御幣

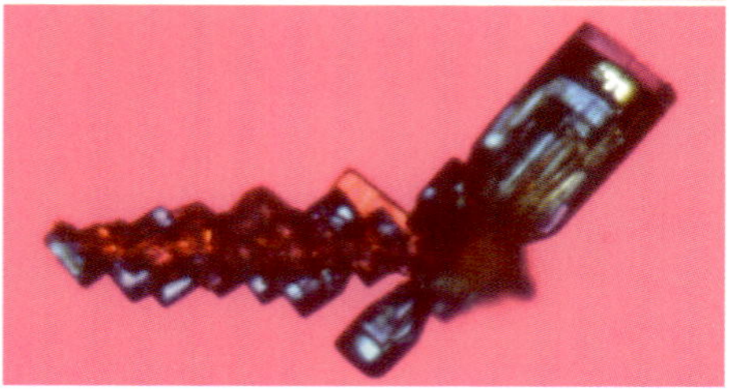

CP7d：角柱御幣

CP7d：角柱御幣

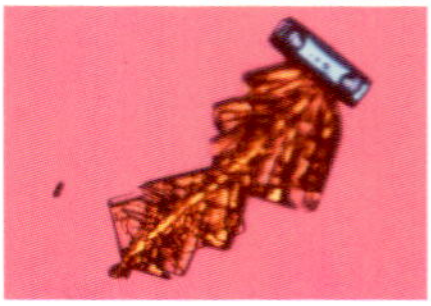

CP7d：角柱御幣

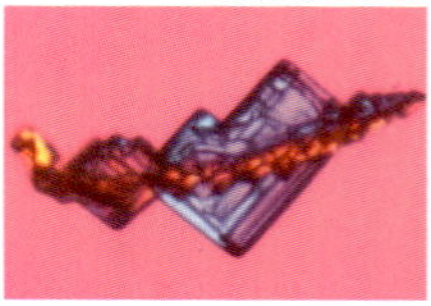

CP7d：角柱御幣

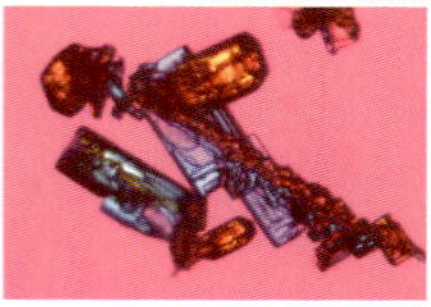

CP7d：角柱御幣

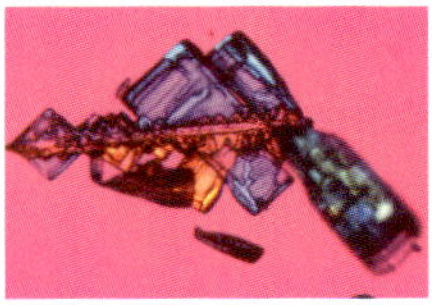

CP7d：角柱御幣

CP7d：角柱御幣

CP7d：角柱御幣

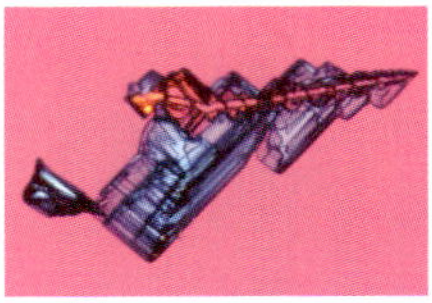

CP7d：角柱御幣

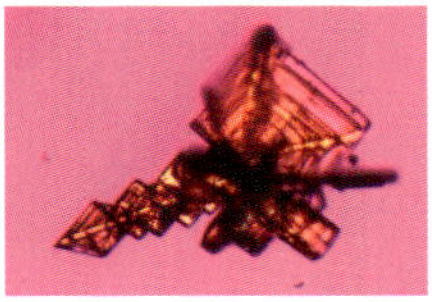

CP7d：角柱御幣

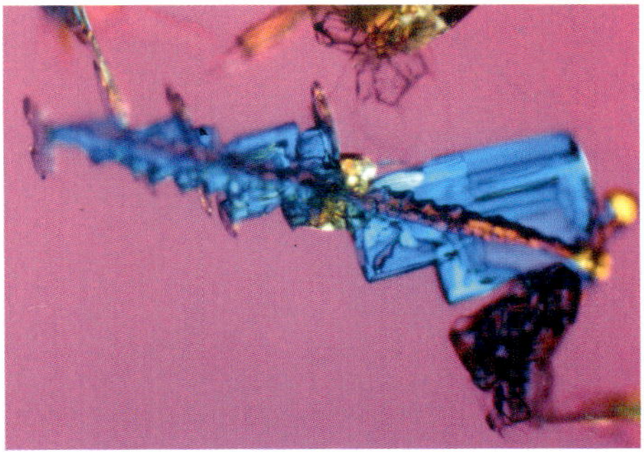

CP7d：角柱御幣

CP7d：角柱御幣

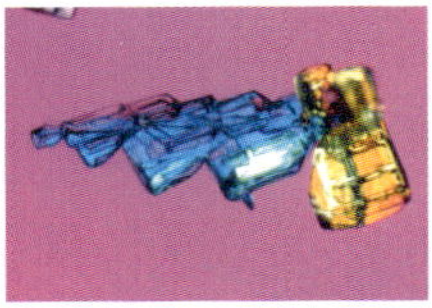

CP7d：角柱御幣

CP7d：角柱御幣

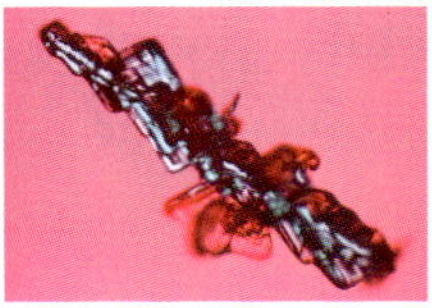

CP7d：角柱御幣

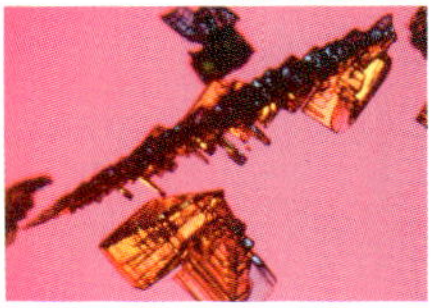

CP7d：角柱御幣

CP7d：角柱御幣

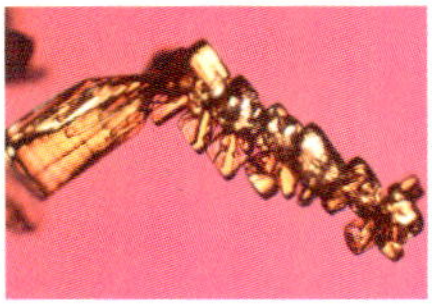

CP7d：角柱御幣

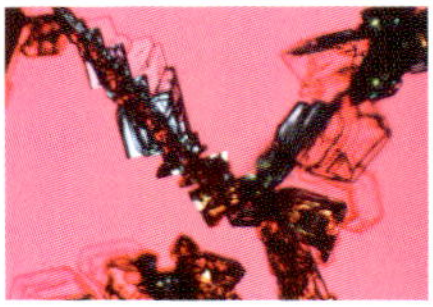

CP7d：角柱御幣

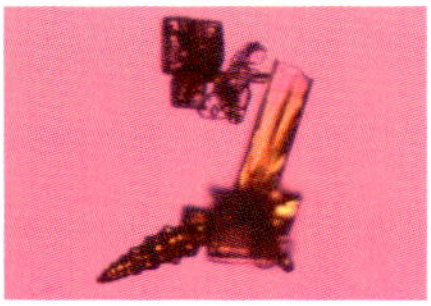

CP7d：角柱御幣

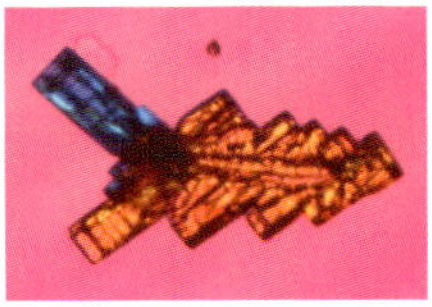

CP7d：角柱御幣

CP7d：角柱御幣

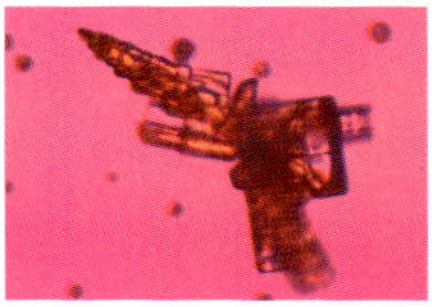

CP7d：角柱御幣

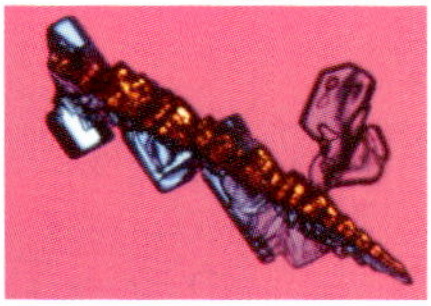

CP7：御幣状結晶（ごへいじょう）／CP：柱状・板状結晶群

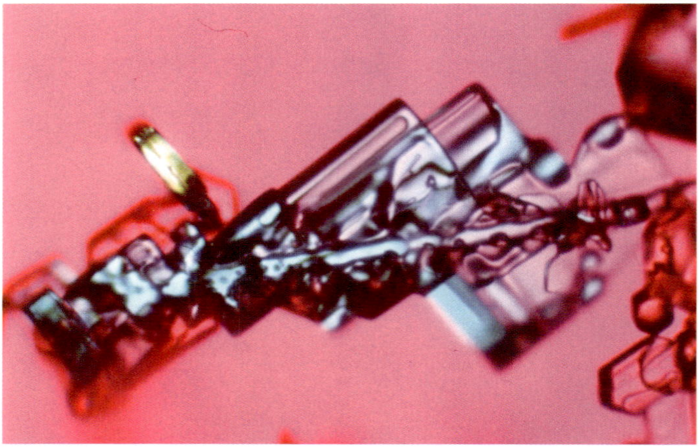

CP7d：角柱御幣

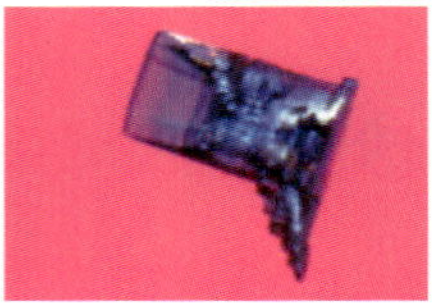

CP7d：角柱御幣

CP7d：角柱御幣

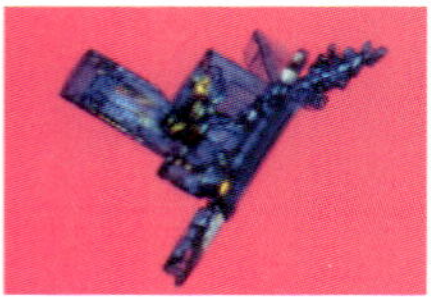

CP7d：角柱御幣

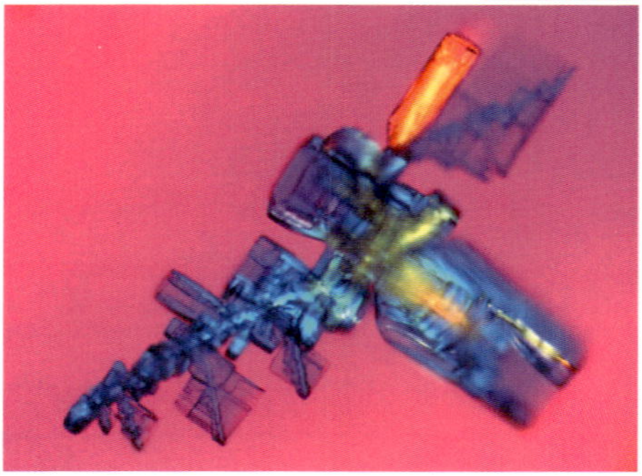

CP7d：角柱御幣

CP7d：角柱御幣

CP7d：角柱御幣

CP7d：角柱御幣

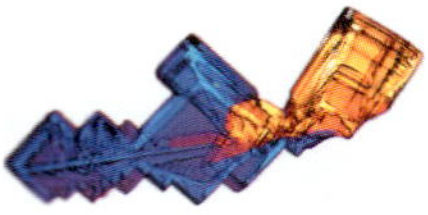

CP7d：角柱御幣

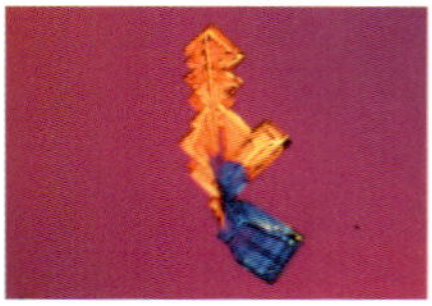

CP7d：角柱御幣

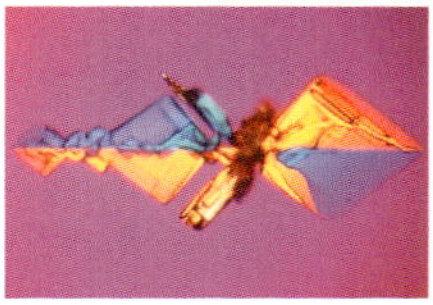

CP7e：対称御幣

CP7e：対称御幣

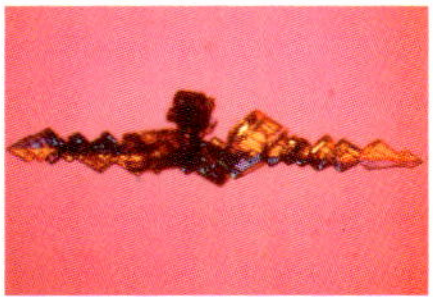

CP7e：対称御幣

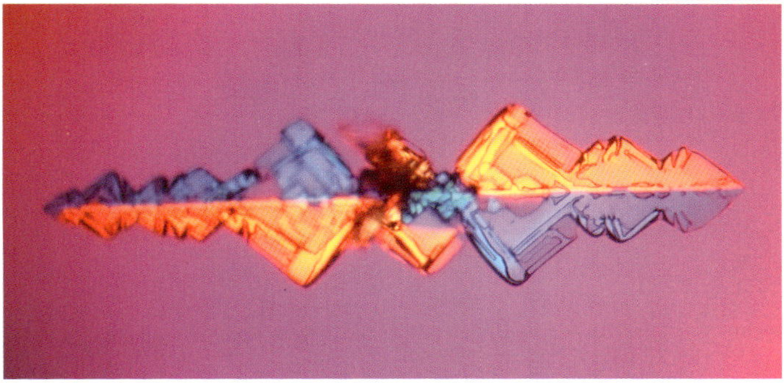

CP7e：対称御幣

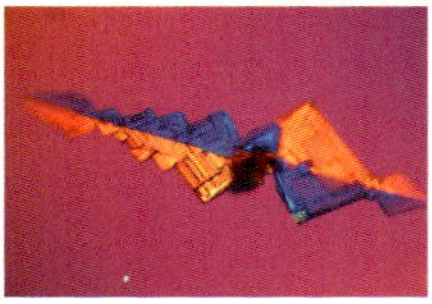

CP7e：対称御幣

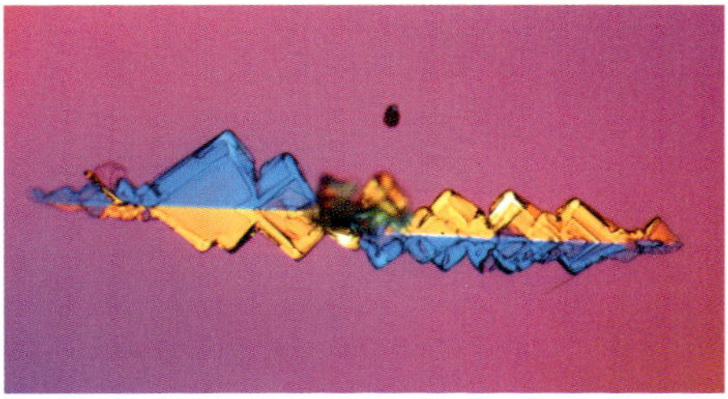

CP7e：対称御幣

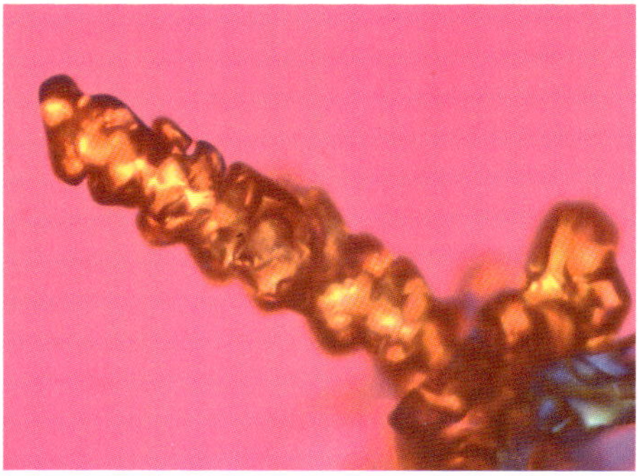

CP7f：氷柱御幣

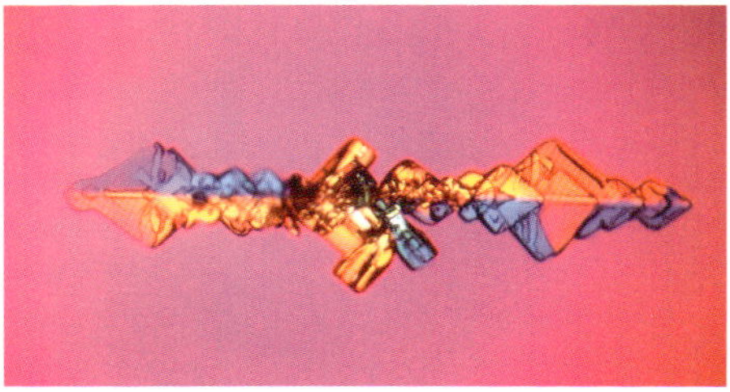

CP7e：対称御幣

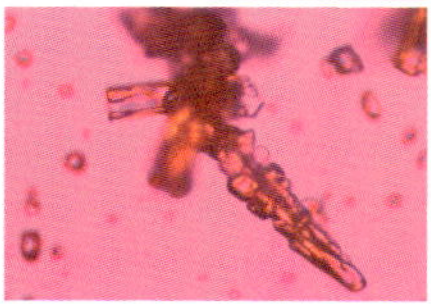

CP7f：氷柱御幣

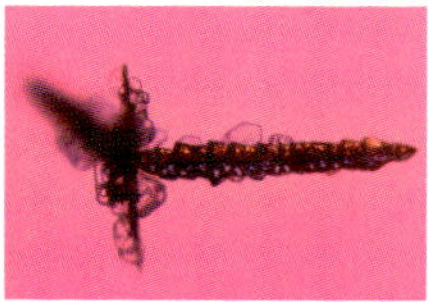

CP7f：氷柱御幣

CP7：御幣（ごへい）状（じょう）結晶／CP：柱状・板状結晶群

CP7f：氷柱御幣

CP7f：氷柱御幣

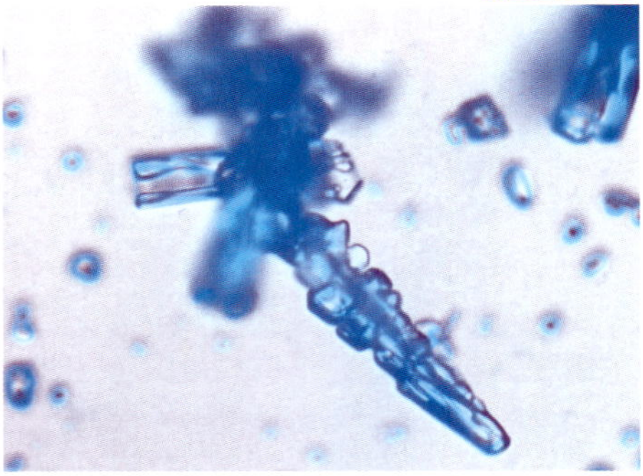

CP7f：氷柱御幣

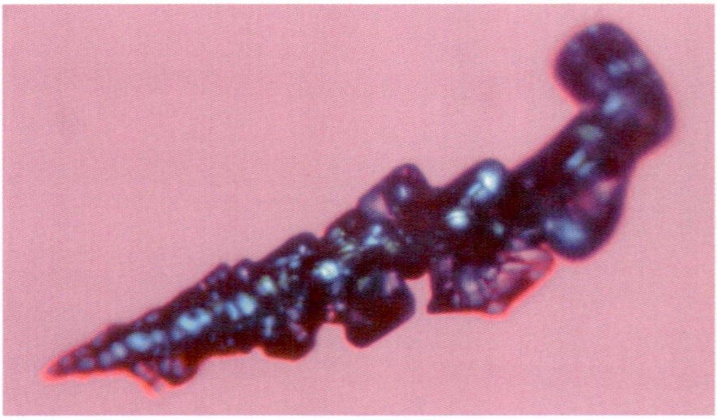

CP7f：氷柱御幣

CP7f：氷柱御幣

CP7f：氷柱御幣

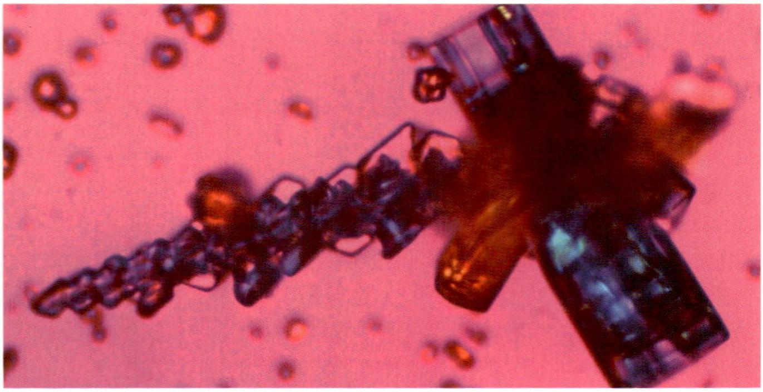

CP7f：氷柱御幣

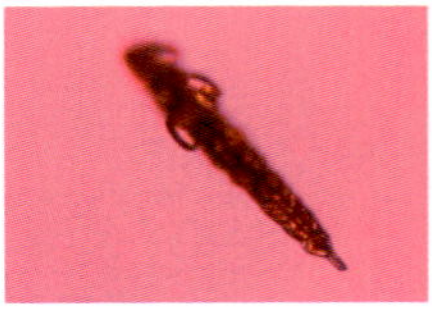

CP7f：氷柱御幣

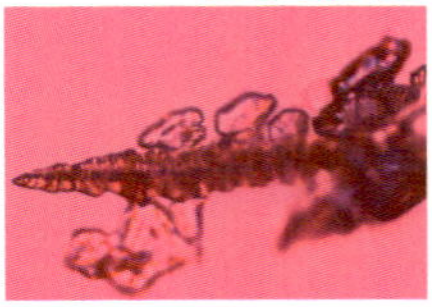

CP7f：氷柱御幣

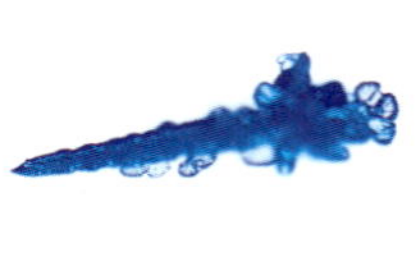

CP7f：氷柱御幣

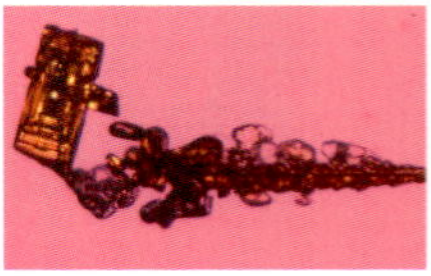

CP7f：氷柱御幣

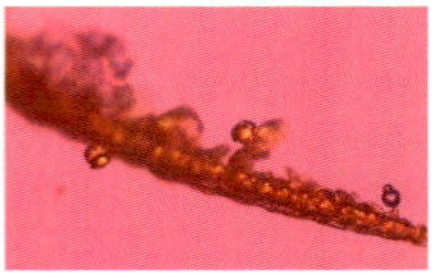

CP7f：氷柱御幣

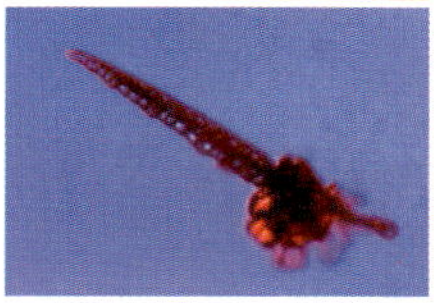

CP7f：氷柱御幣

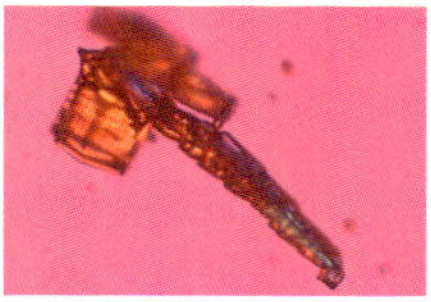

CP7f：氷柱御幣

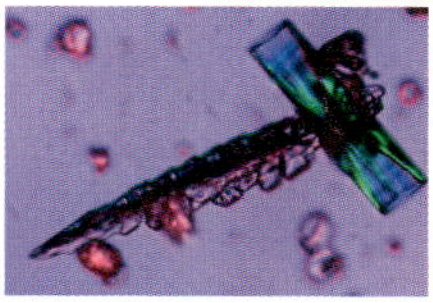

CP7f：氷柱御幣

CP7g：多重菱形御幣

CP7g：多重菱形御幣

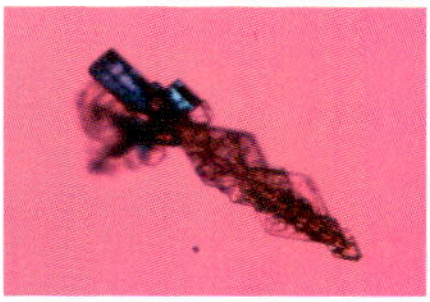

CP7g：多重菱形御幣

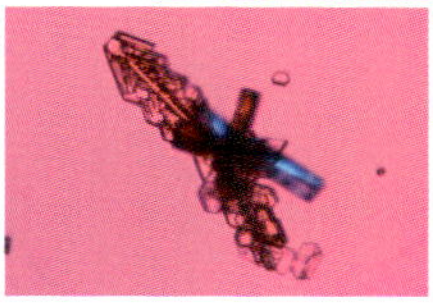

CP7g：多重菱形御幣

CP7g：多重菱形御幣

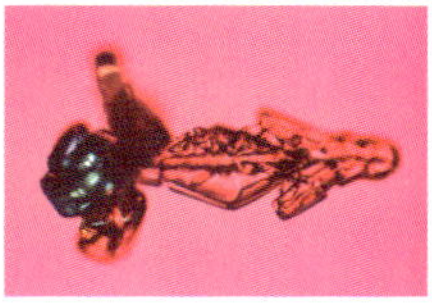

CP7g：多重菱形御幣

CP7g：多重菱形御幣

CP7g：多重菱形御幣

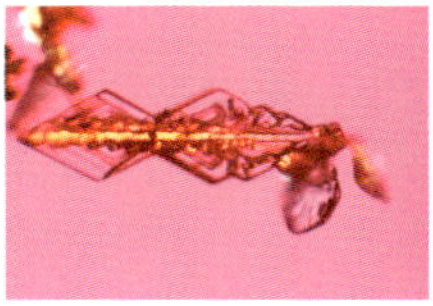

CP7g：多重菱形御幣

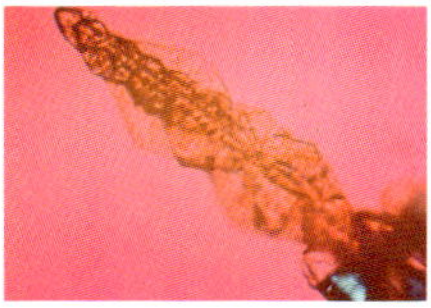

CP7g：多重菱形御幣

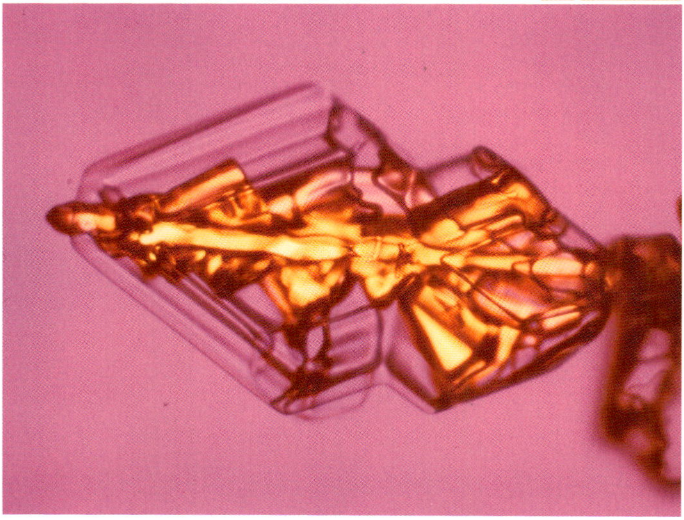

CP7g：多重菱形御幣

CP7g：多重菱形御幣

CP7：御幣状結晶／CP：柱状・板状結晶群

CP7g：多重菱形御幣

CP7g：多重菱形御幣

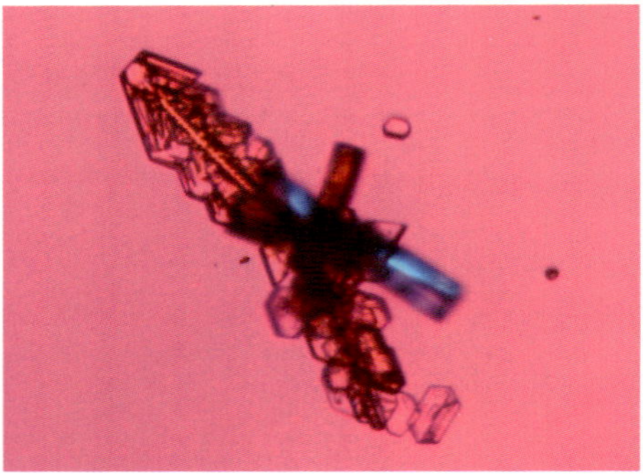

CP7g：多重菱形御幣

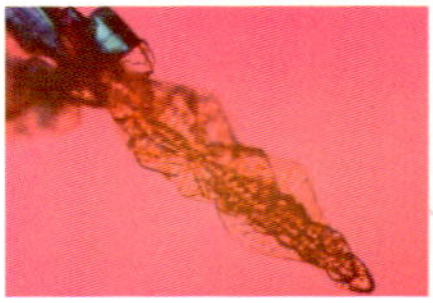

CP7g：多重菱形御幣

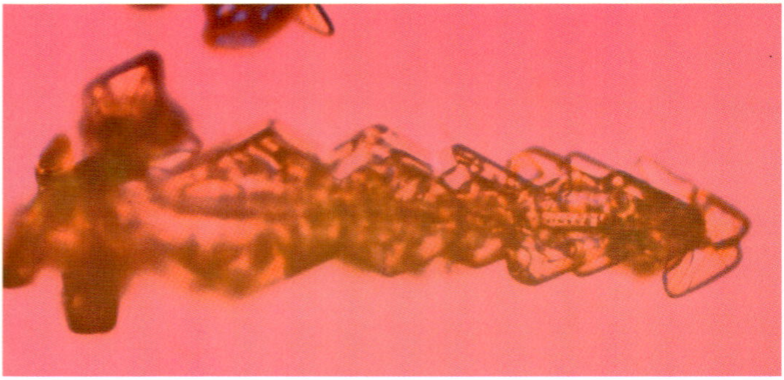

CP7g：多重菱形御幣

CP7g：多重菱形御幣

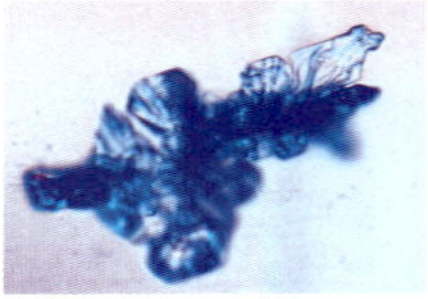

CP7g：多重菱形御幣

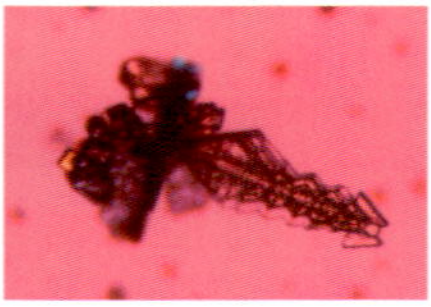

CP7g：多重菱形御幣

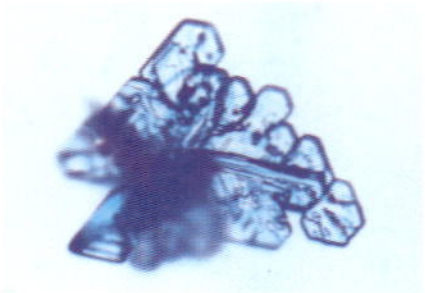

CP7g：多重菱形御幣

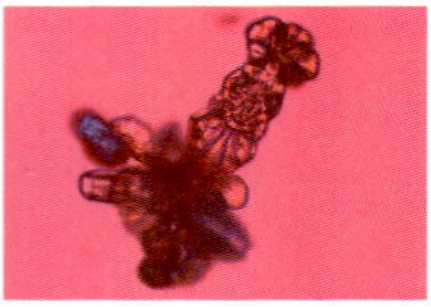

CP7g：多重菱形御幣

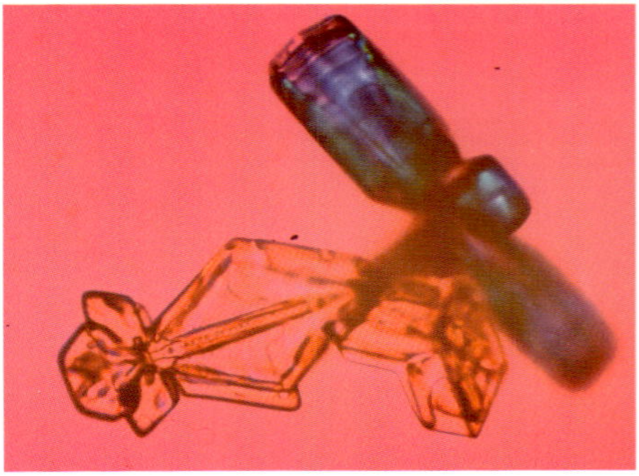

CP7g：多重菱形御幣

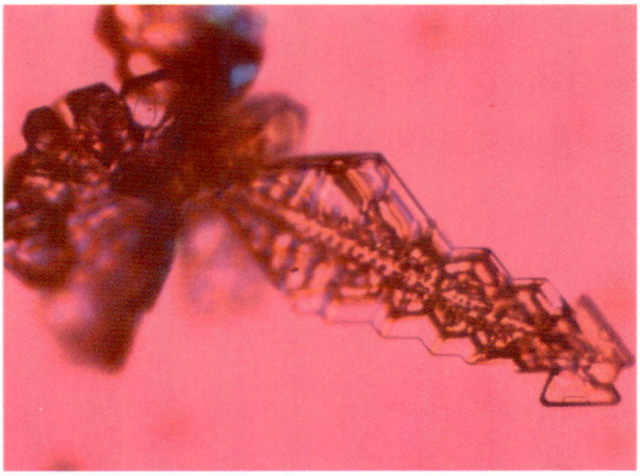

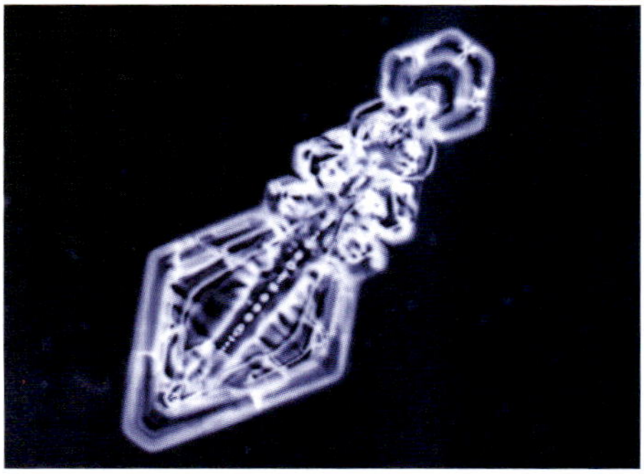
CP7g：多重菱形御幣

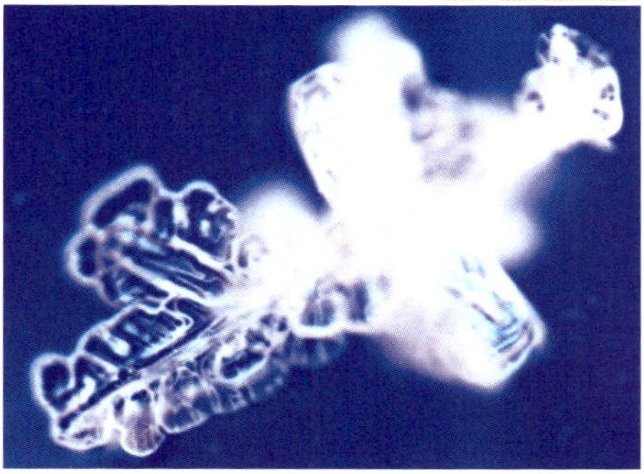
CP7g：多重菱形御幣

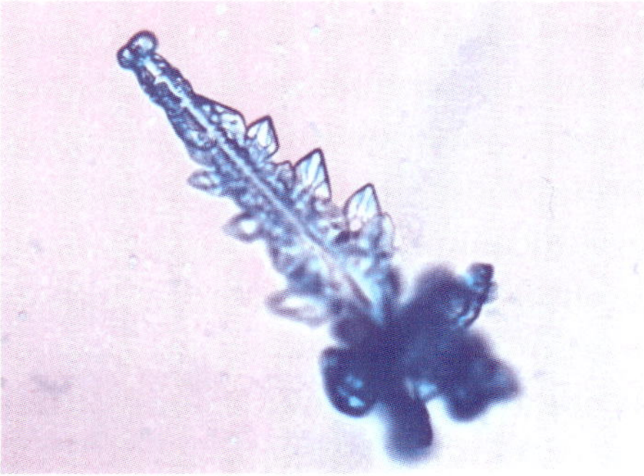
CP7g：多重菱形御幣

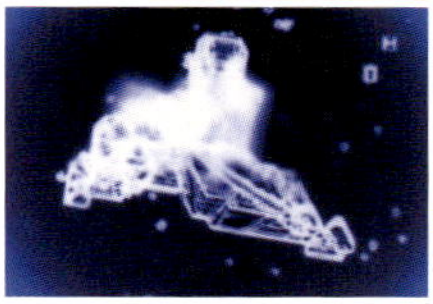
CP7g：多重菱形御幣

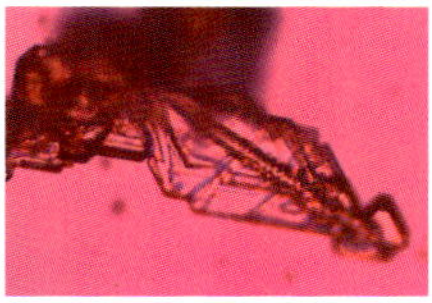
CP7g：多重菱形御幣

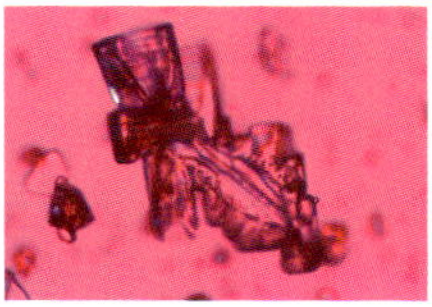
CP7g：多重菱形御幣

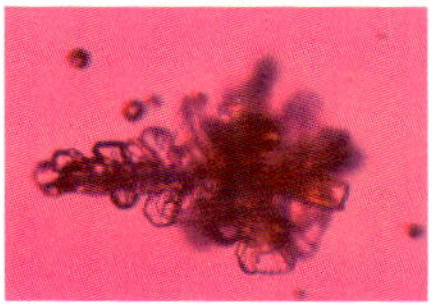
CP7g：多重菱形御幣

御幣状結晶に関連する人工雪

雪の結晶は、低温箱という機器を使って、人工的に成長させることができます。骸晶状、御幣状、矛先状の各結晶のいくつかは、すでにつくられていますが、鴎状(かもめじょう)結晶はまだ成功していません。

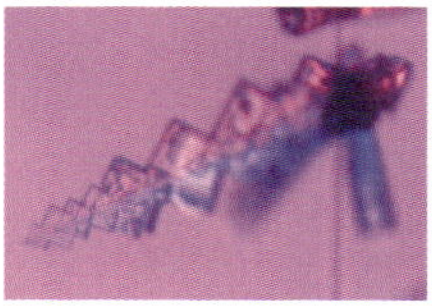
CP7：御幣状結晶（人工雪）

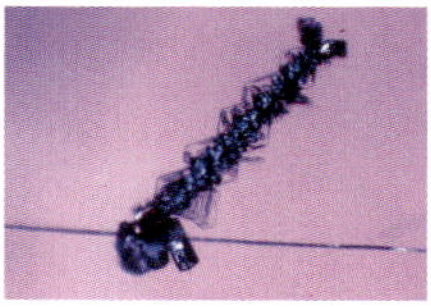
CP7：御幣状結晶（人工雪）

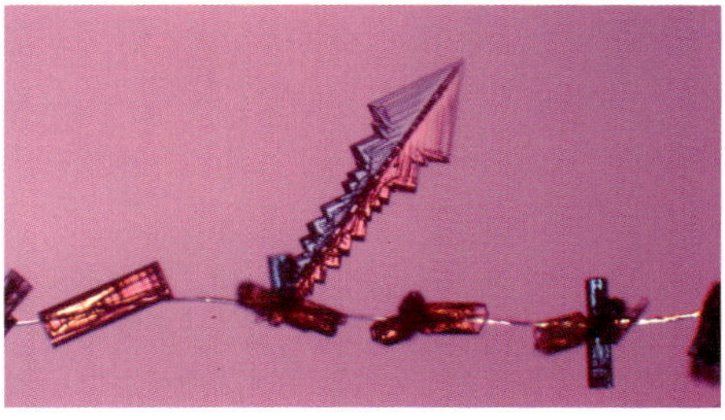
CP8：矛先状結晶（人工雪）

CP6：骸晶状結晶（人工雪）

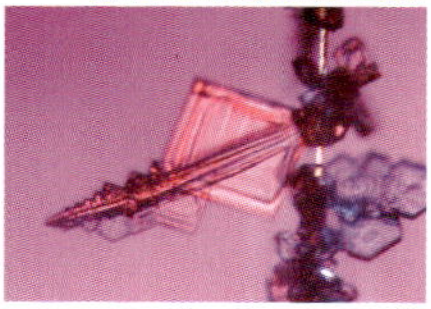
CP7：御幣状結晶（人工雪）

CP8：矛先状結晶／CP：柱状・板状結晶群

先端の形状が「矛先」に似ているところから、名付けました。「御幣」型に似ていますが、「矛先」型の先端の角度が「御幣」の約80度より狭く、約60度です。成長方向の左右の結晶が御幣型と同じく双晶からなる多結晶ですが、各段階で見られる「角柱」型や「砲弾」型の一柱面だけが成長したというには、柱面の外形がはっきりしません。また、左右対称の結晶の間の結晶境界に沿って、突起状の結晶が連なって見えるものが多いのも特徴です。結晶の大きさは御幣状結晶とほぼ同じですが、大きくて数mm以下、成長温度範囲も同じく−25℃以下です。「**CP8a：矛先**」型と、「御幣」型との違いは、先端の角度と、結晶の先端だけが飛び抜けて大きいことがあげられます。「**CP8b：砲弾集合付矛先**」型、「**CP8c：交差角板付矛先**」型は、「矛先」型の成長方向と反対側に「砲弾集合」型や「交差角板」型が成長しているもの。また、「**CP8d:多重矛先**」型は、成長する矛先の先端がいったん閉じたような状態から、2度、3度と矛先が複数あるように成長を繰り返している結晶です。

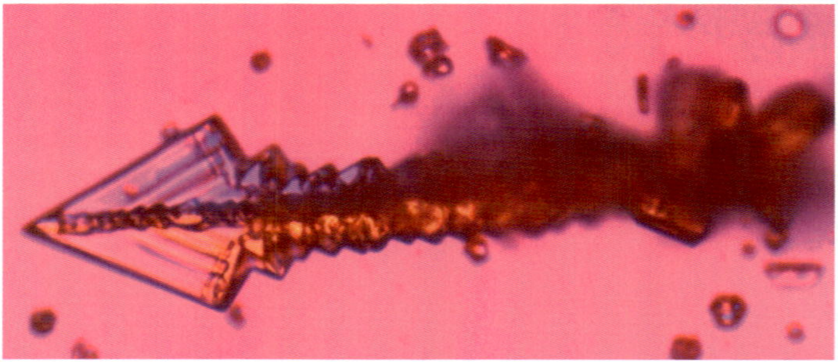
CP8a：矛先

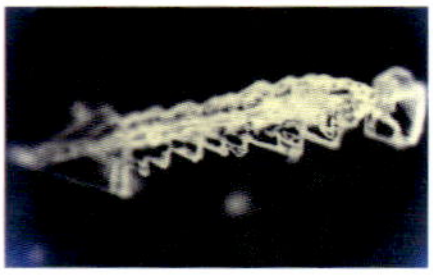
CP8a：矛先

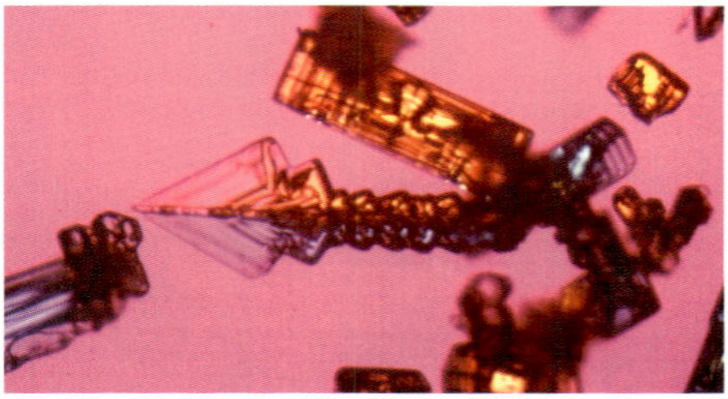
CP8a：矛先

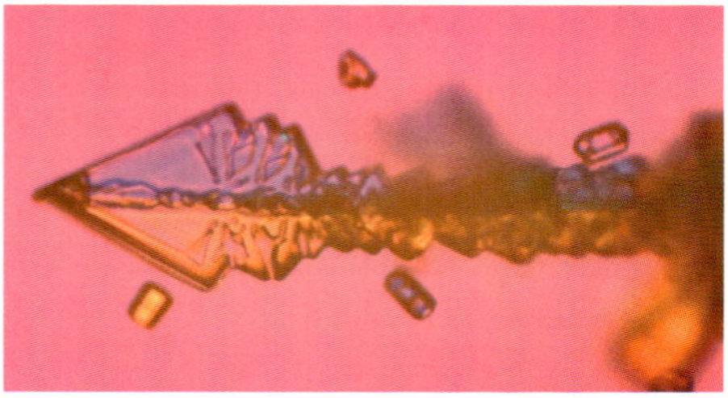
CP8a：矛先

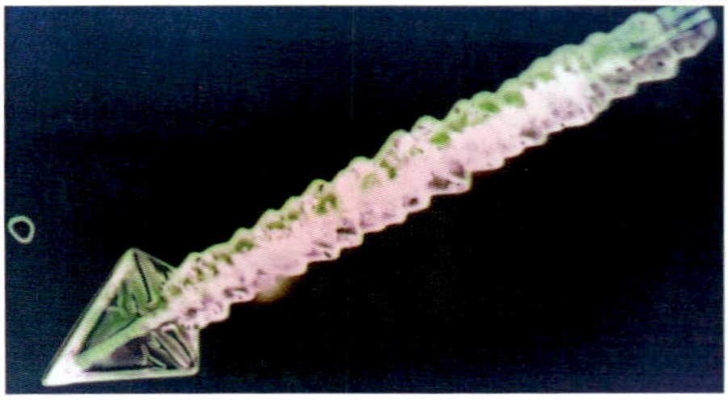
CP8a：矛先

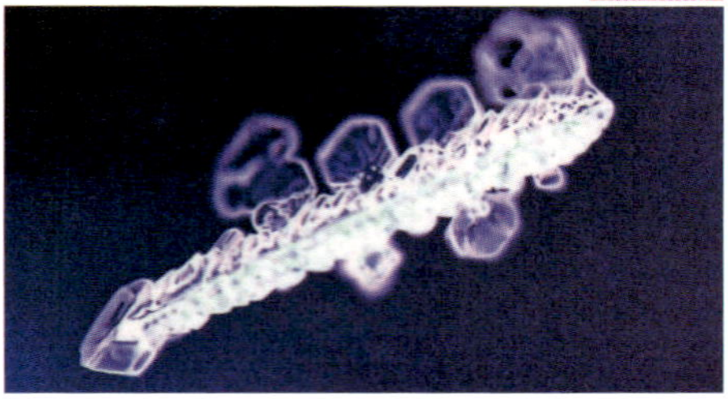
CP8a：矛先

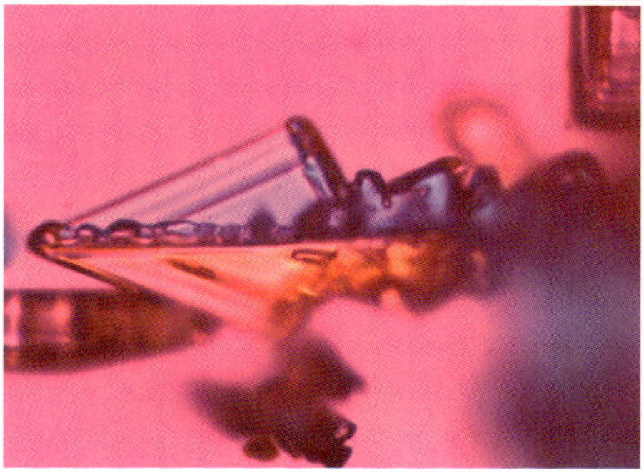
CP8b：砲弾集合付矛先

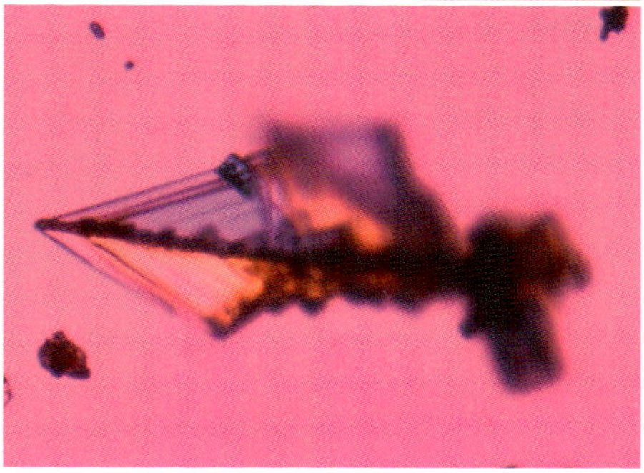
CP8b：砲弾集合付矛先

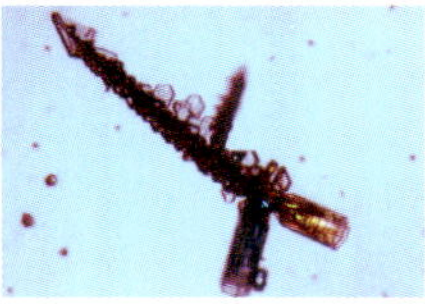
CP8b：砲弾集合付矛先

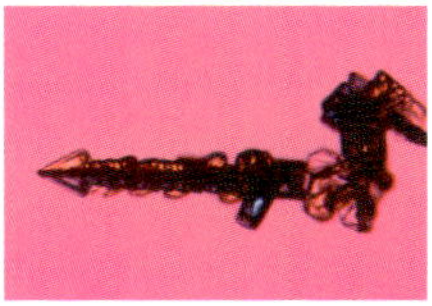
CP8b：砲弾集合付矛先

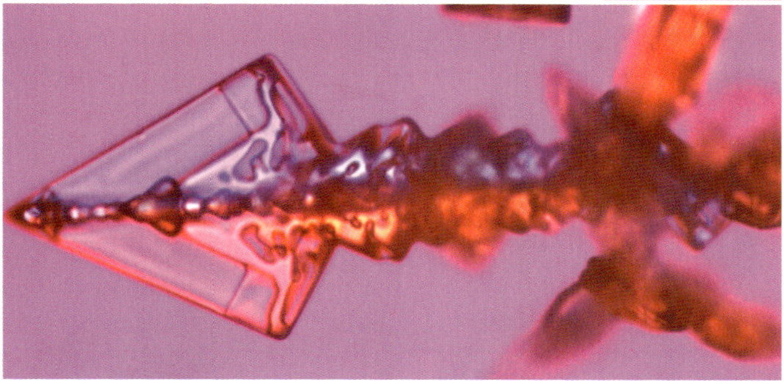
CP8b：砲弾集合付矛先

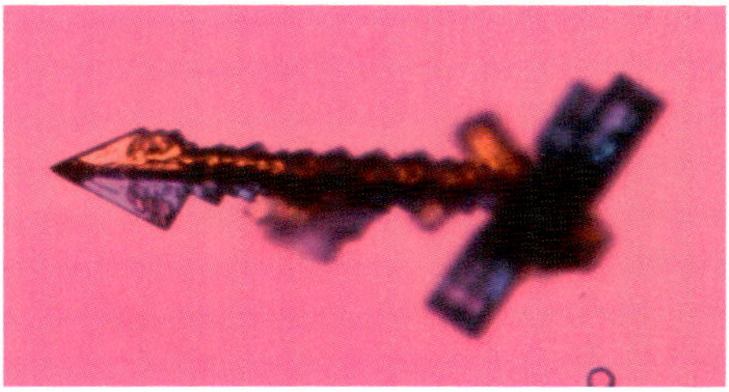
CP8b：砲弾集合付矛先

CP8b：砲弾集合付矛先

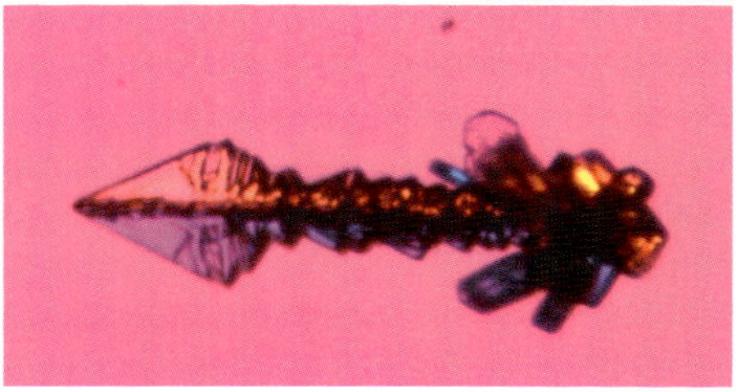
CP8b：砲弾集合付矛先

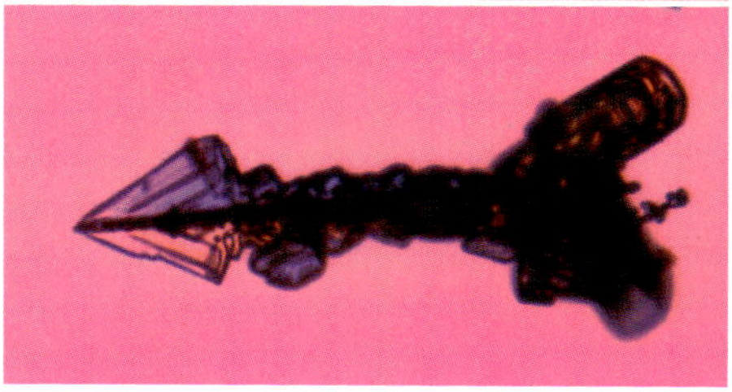
CP8b：砲弾集合付矛先

CP8：矛先（ほこさき）状（じょう）結晶／CP：柱状・板状結晶群

CP8b：砲弾集合付矛先

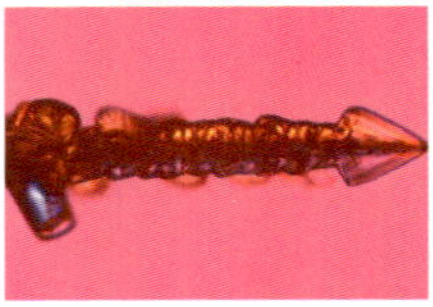

CP8b：砲弾集合付矛先

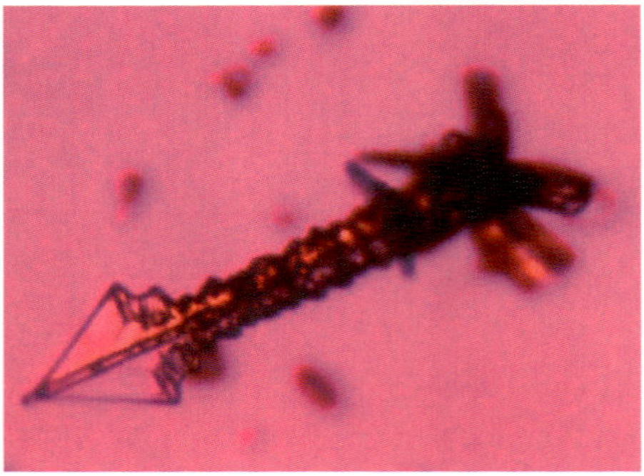

CP8b：砲弾集合付矛先

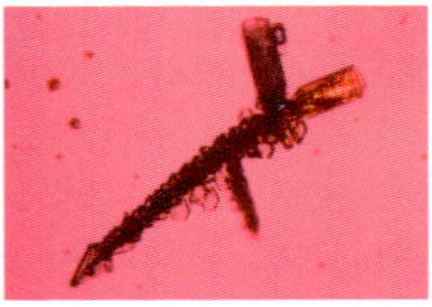

CP8b：砲弾集合付矛先

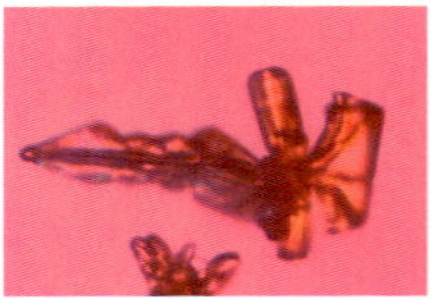

CP8c：交差角板付矛先

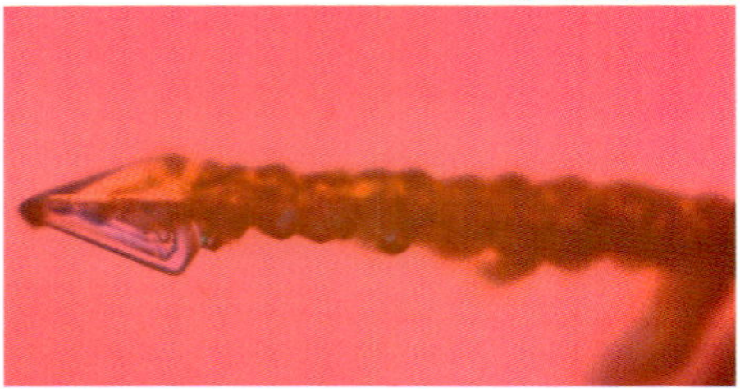

CP8c：交差角板付矛先

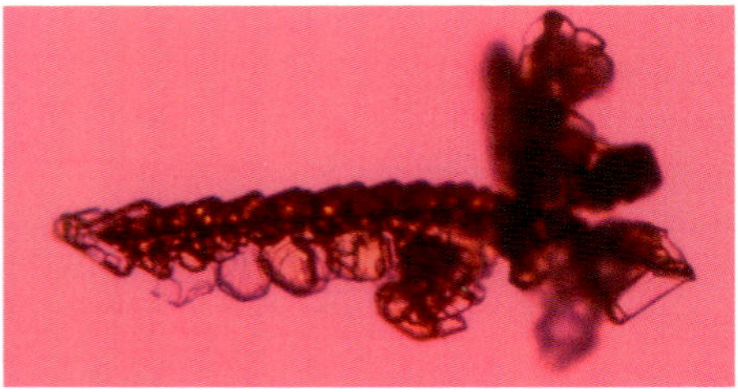

CP8c：交差角板付矛先

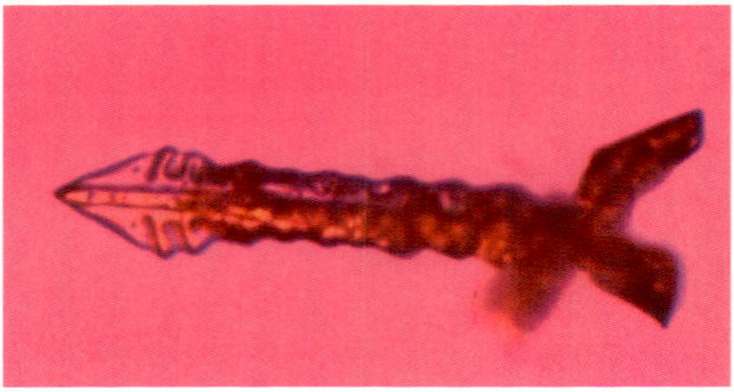

CP8c：交差角板付矛先

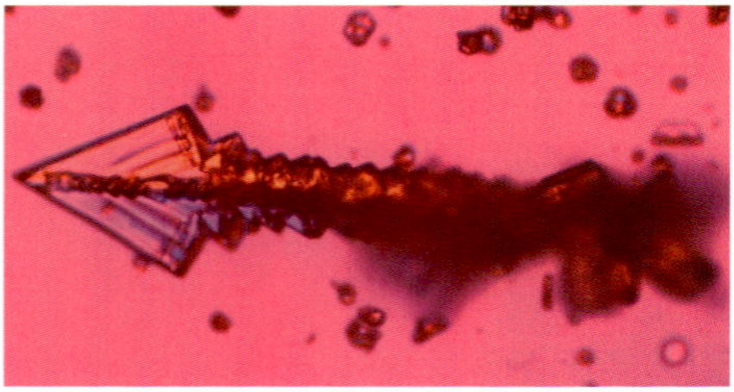

CP8c：交差角板付矛先

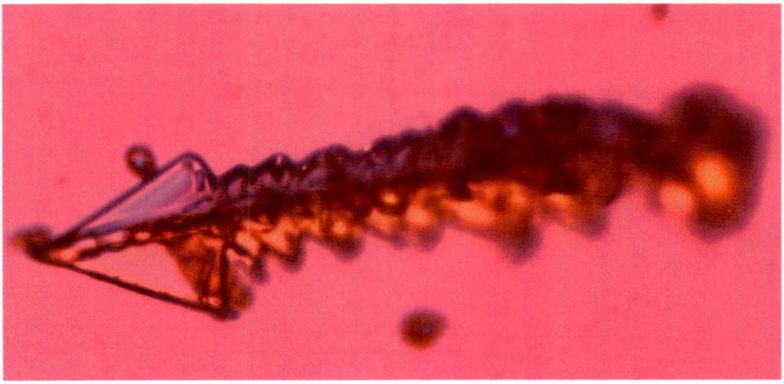

CP8c：交差角板付矛先

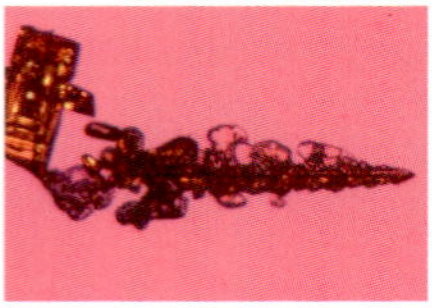

CP8c：交差角板付矛先

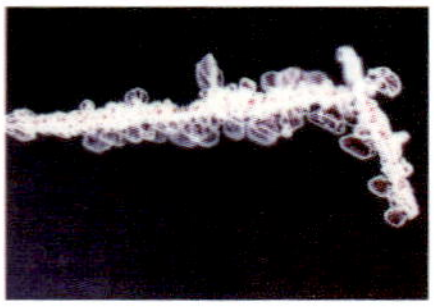

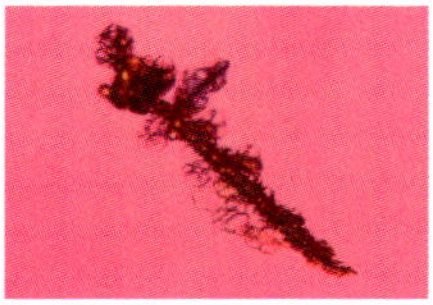
CP8c：交差角板付矛先

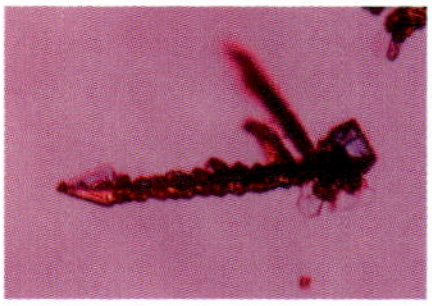
CP8c：交差角板付矛先

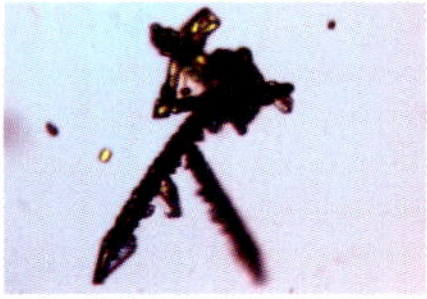
CP8c：交差角板付矛先

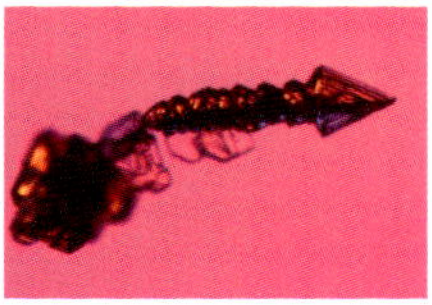
CP8c：交差角板付矛先

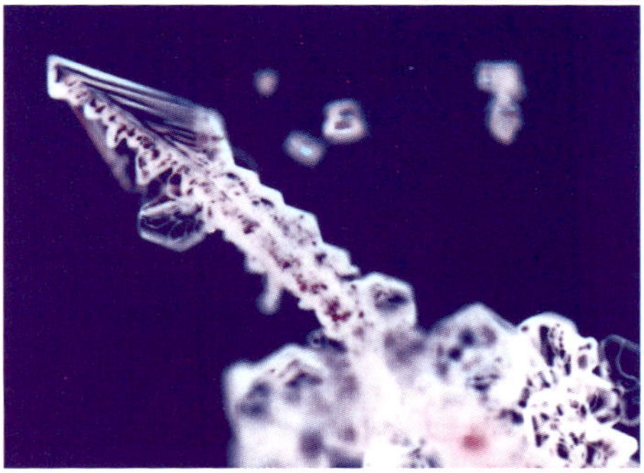
CP8c：交差角板付矛先

CP8d：多重矛先

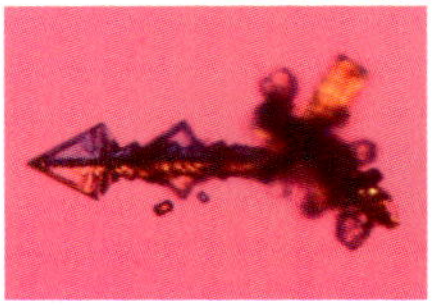
CP8d：多重矛先

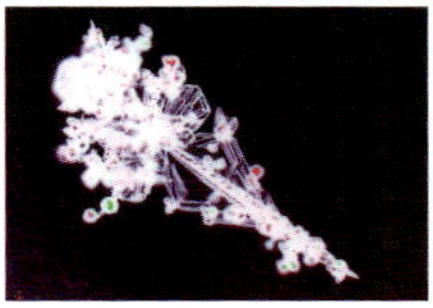
CP8d：多重矛先

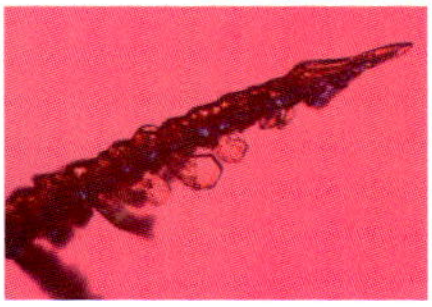
CP8d：多重矛先

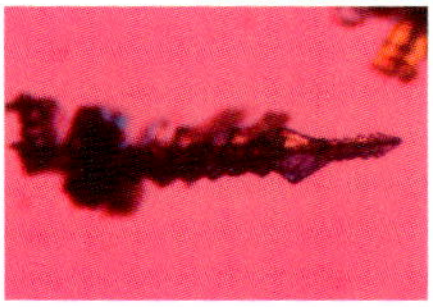
CP8d：多重矛先

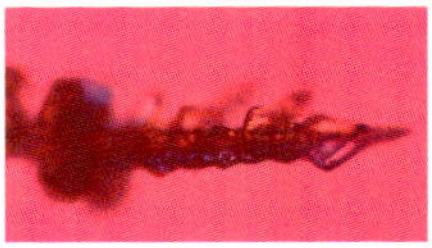
CP8d：多重矛先

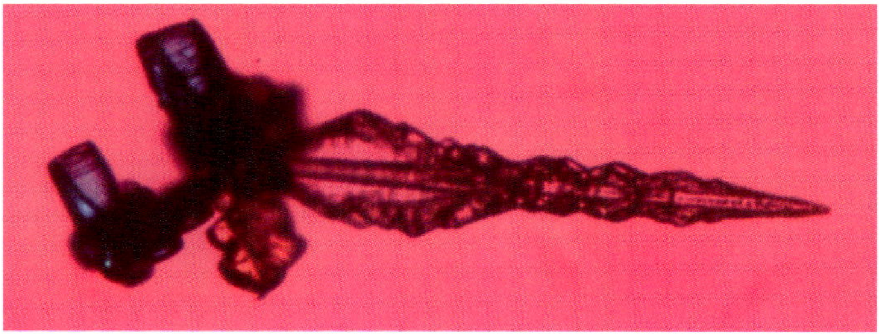
CP8d：多重矛先

CP8d：多重矛先

CP8d：多重矛先

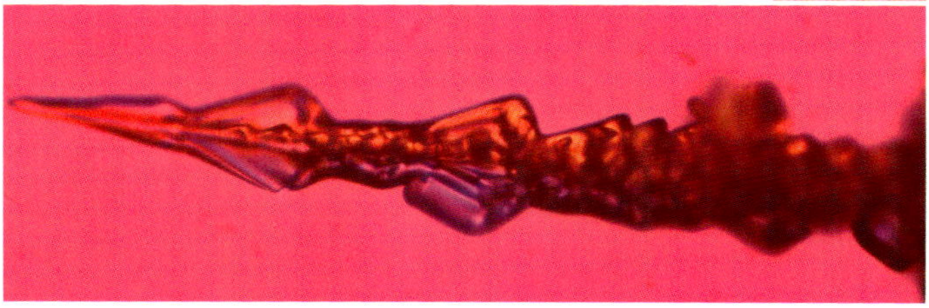
CP8d：多重矛先

CP9：鴎状結晶／CP：柱状・板状結晶群

両側に大きく羽根を広げて大空を滑空しているカモメ（鴎）に似ていることから付けた名称です。羽根の付け根の中央部はあたかも鴎の胴体と頭のように見えます。羽根の両先端までの幅は数mmあり、肉眼で容易に確認することができますし、つまようじでつり上げることも容易です。成長温度範囲は－25℃以下。CP6～CP9に分類される低温下で降る雪の結晶の頻度は、観測された総結晶数のせいぜい1～5%程度ですが、この鴎型は短時間にまとまって降る傾向があります。「**CP9a：内側角板付鴎**」型は、羽根と称される内側に「交差角板」のように主として「角板」が成長するもの、「**CP9b：外側角板付鴎**」型は、外側つまり胴体側に「角板」が成長するもの、「**CP9c：両側角板付鴎**」型は、羽根の内側と外側の両方に「角板」が成長するものです。これらに対して、「**CP9d：内側鋸歯付鴎**」型、「**CP9e：外側鋸歯付鴎**」型は、羽根から成長する「角板」型に代わり、鋸歯状の結晶が二次的に成長するのが特徴です。現在のところ両側鋸歯付鴎となるような結晶は見つかっていません。

CP9a：内側角板付鴎

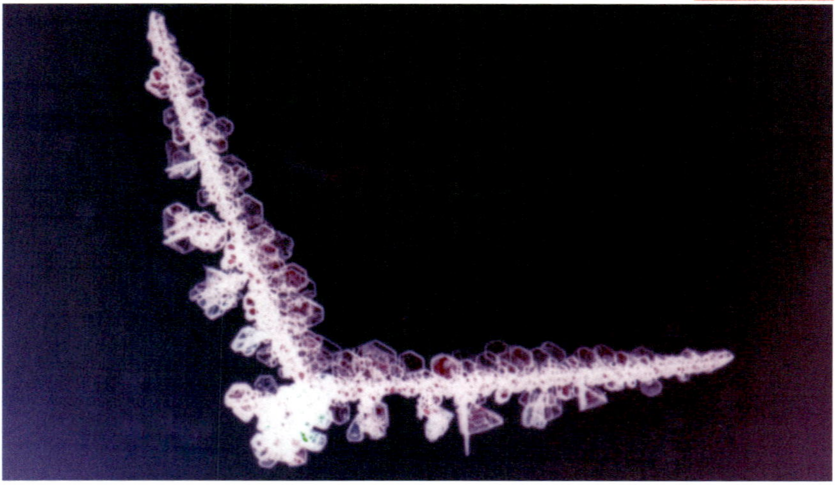

CP9a：内側角板付鴎

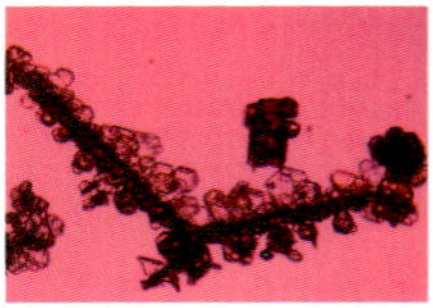

CP9a：内側角板付鴎

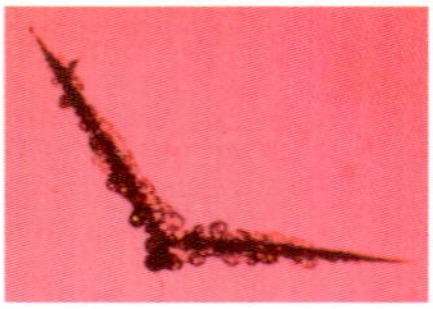

CP9a：内側角板付鴎

CP9a：内側角板付鴎

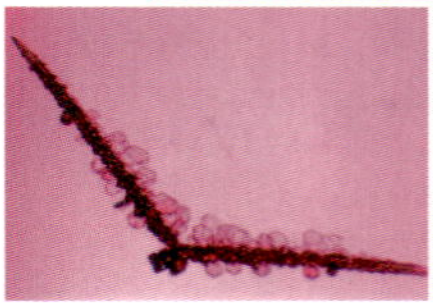

CP9a：内側角板付鴎

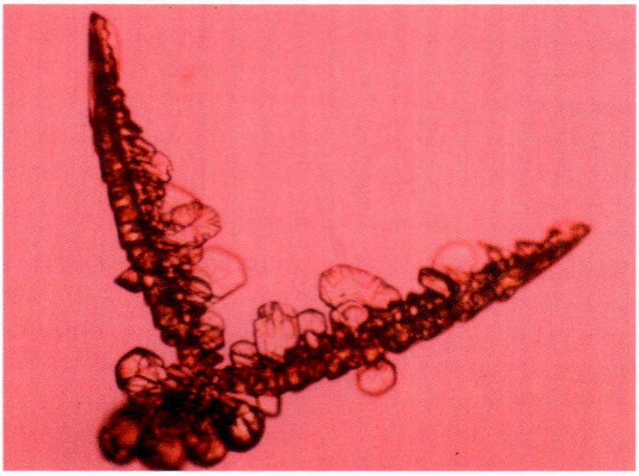

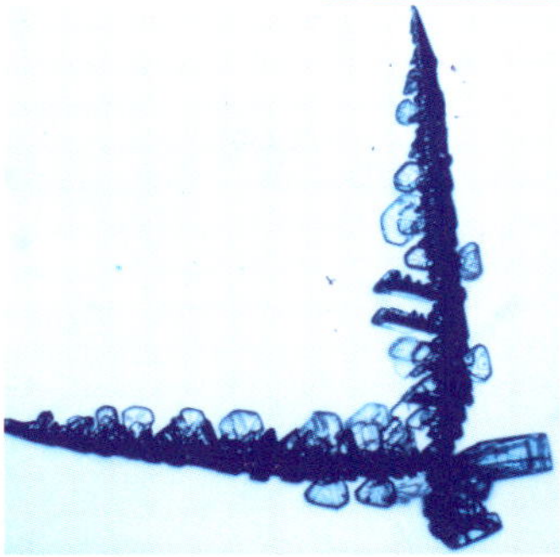

CP9a：内側角板付鴎

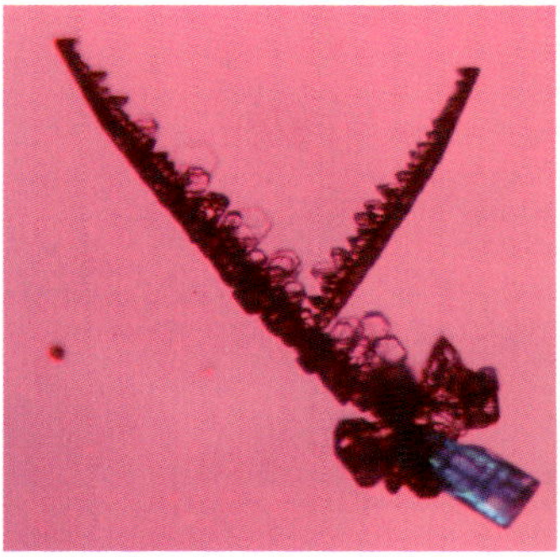

CP9a：内側角板付鴎

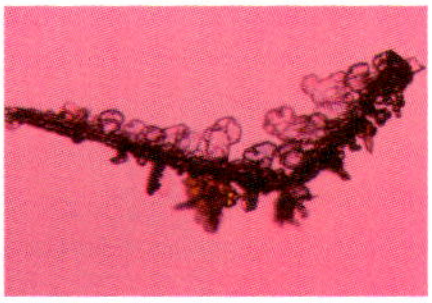

CP9a：内側角板付鴎

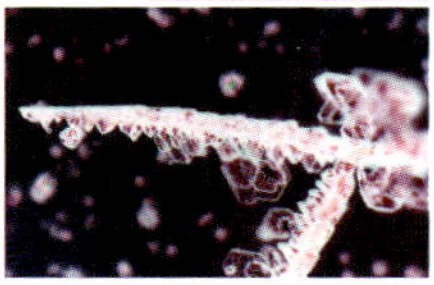

CP9a：内側角板付鴎

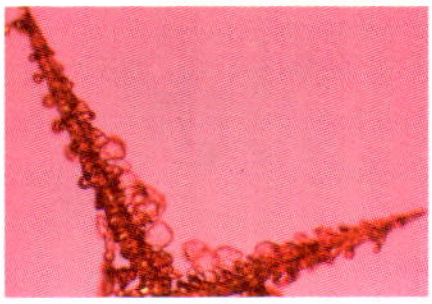

CP9a：内側角板付鴎

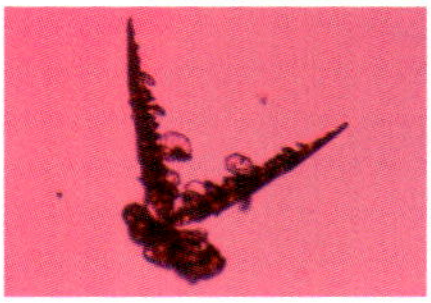

CP9a：内側角板付鴎

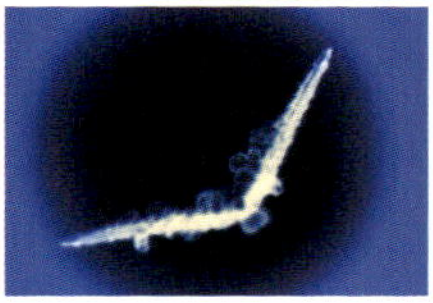

CP9a：内側角板付鴎

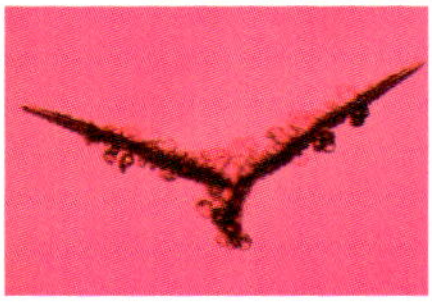

CP9a：内側角板付鴎

CP9b：外側角板付鴎

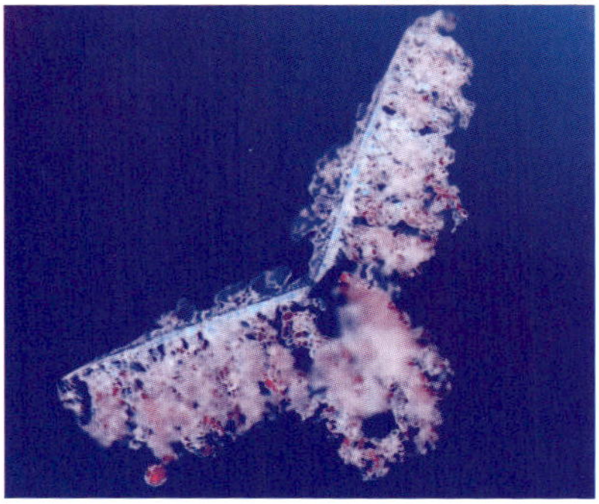

CP9b：外側角板付鴎

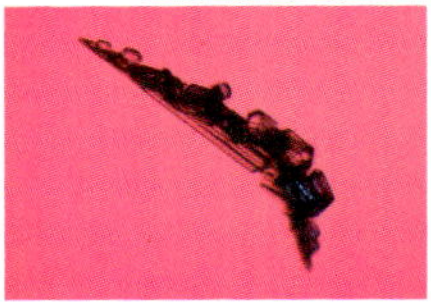

CP9b：外側角板付鴎

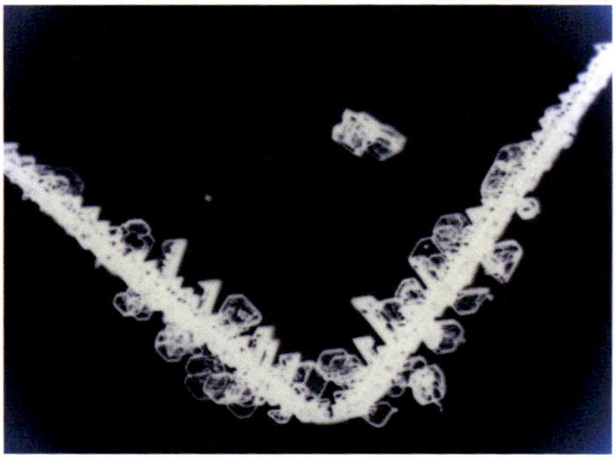

CP9c：両側角板付鴎

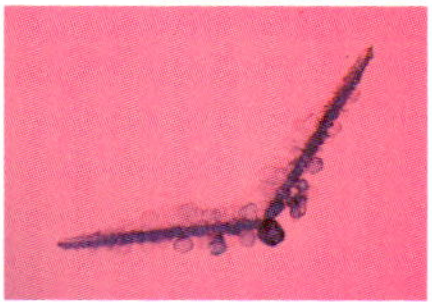

CP9c：両側角板付鴎

CP9c：両側角板付鴎

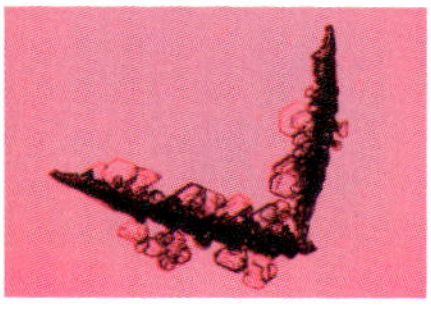

CP9c：両側角板付鴎

CP9：鴎状結晶（かもめじょう）／CP：柱状・板状結晶群

CP9c：両側角板付鴎

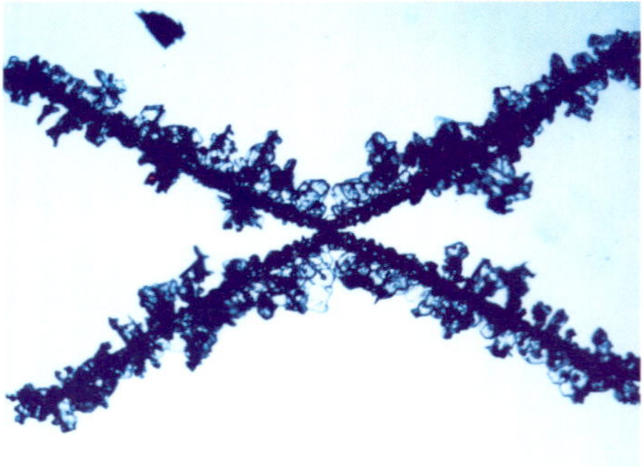

CP9c：両側角板付鴎

CP9c：両側角板付鴎

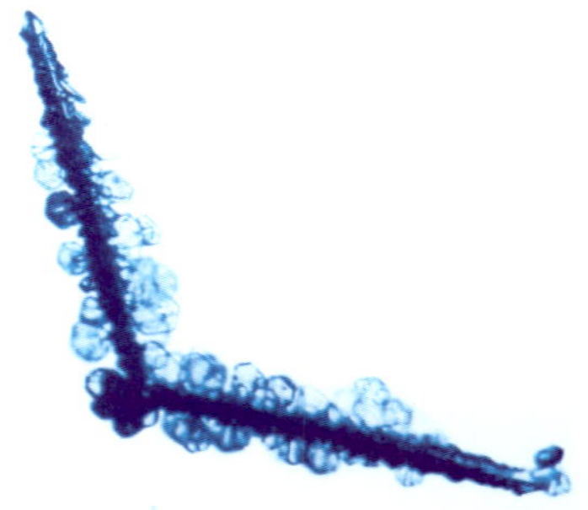

CP9c：両側角板付鴎

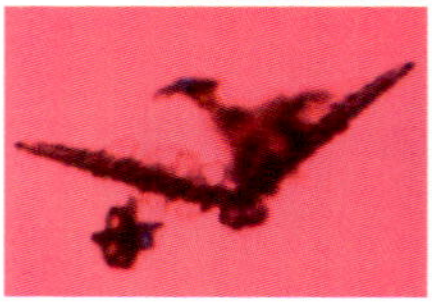

CP9c：両側角板付鴎

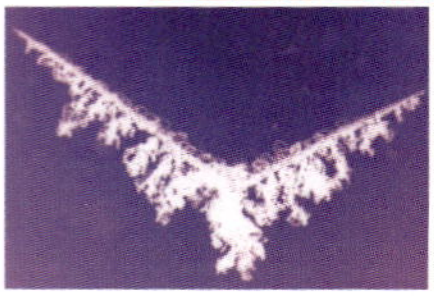

CP9c：両側角板付鴎

CP9c：両側角板付鴎

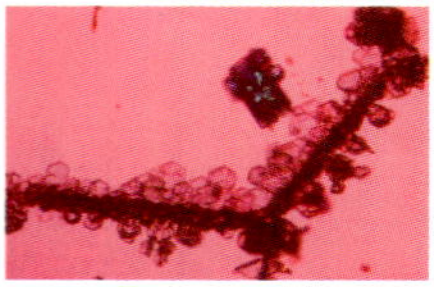

CP9c：両側角板付鴎

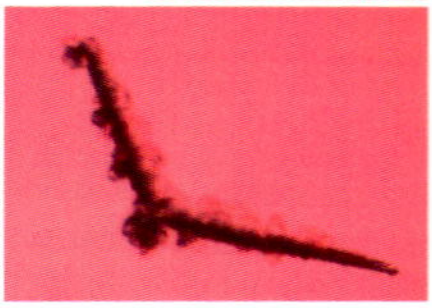

CP9d：内側鋸歯付鴎

CP9d：内側鋸歯付鴎

CP9d：内側鋸歯付鴎

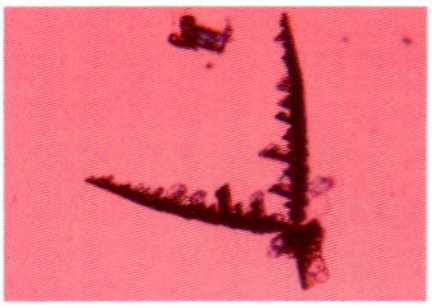

CP9d：内側鋸歯付鴎

CP9d：内側鋸歯付鴎

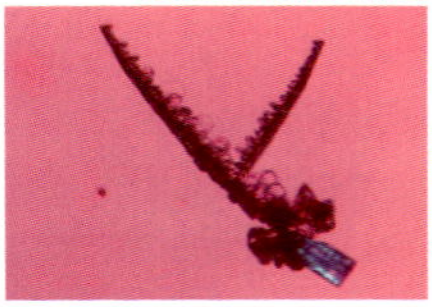

CP9d：内側鋸歯付鴎

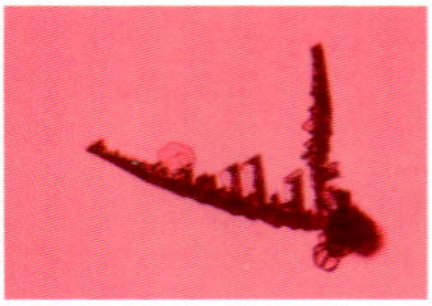

CP9d：内側鋸歯付鴎

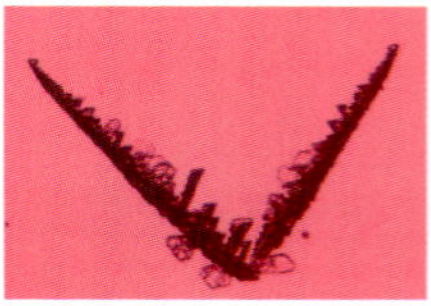

CP9d：内側鋸歯付鴎

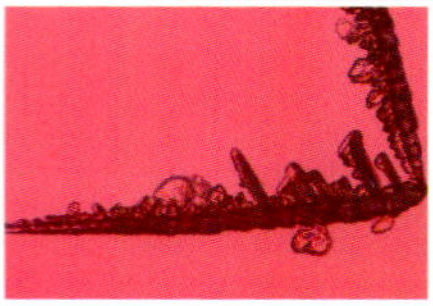

CP9d：内側鋸歯付鴎

CP9d：内側鋸歯付鴎

CP9d：内側鋸歯付鴎

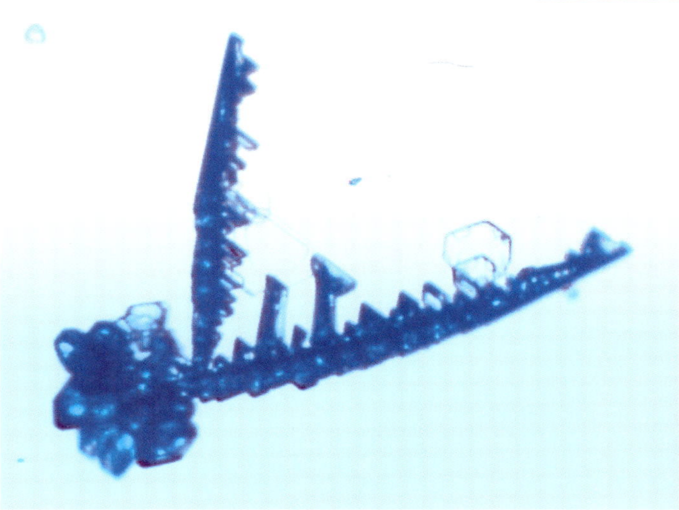

CP9d：内側鋸歯付鴎

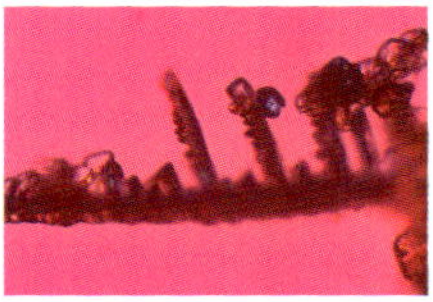

CP9d：内側鋸歯付鴎

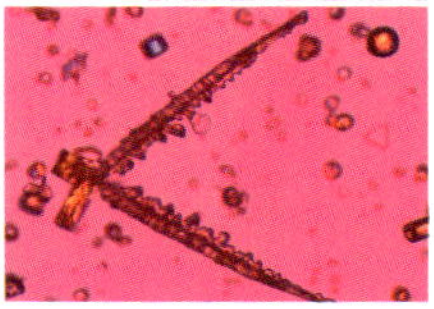

CP9d：内側鋸歯付鴎

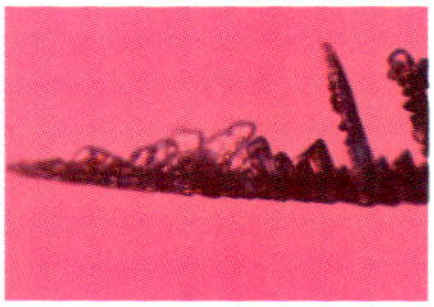

CP9d：内側鋸歯付鴎

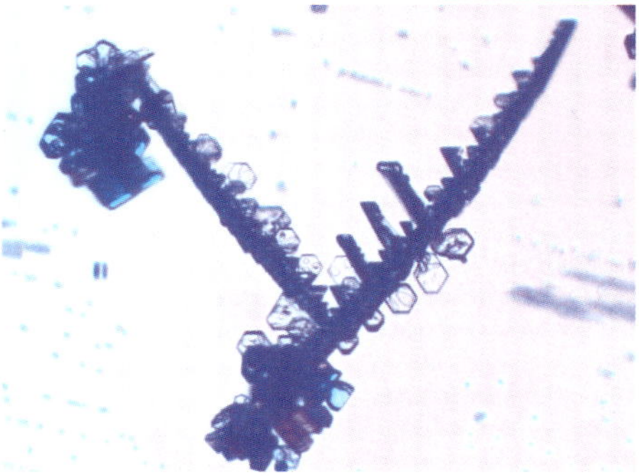

CP9d：内側鋸歯付鴎

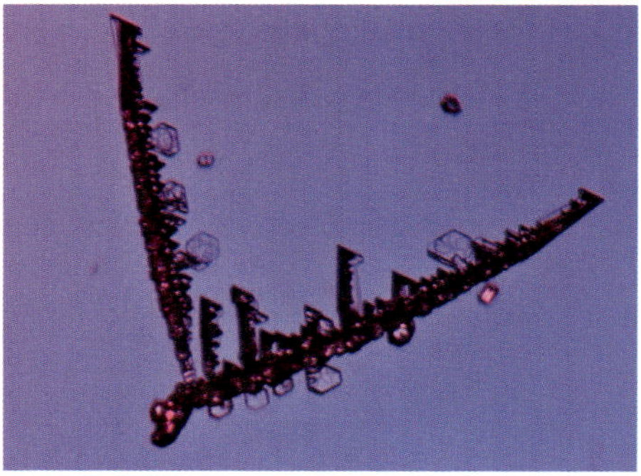

CP9：鴎(かもめじょう)状結晶／CP：柱状・板状結晶群

CP9e：外側鋸歯付鴎

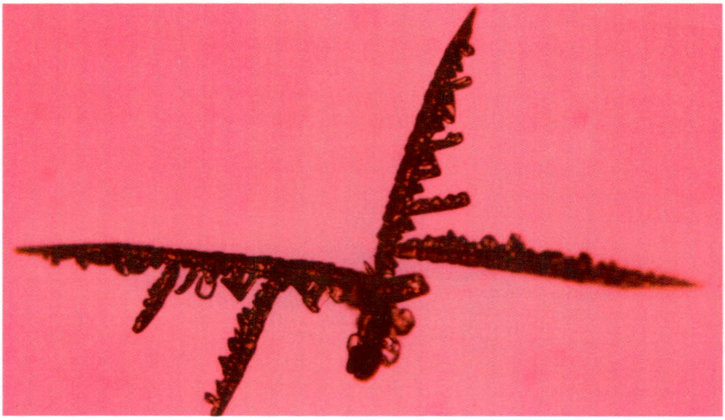

CP9d：内側鋸歯付鴎

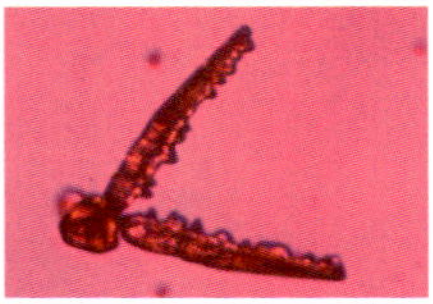

CP9d：内側鋸歯付鴎

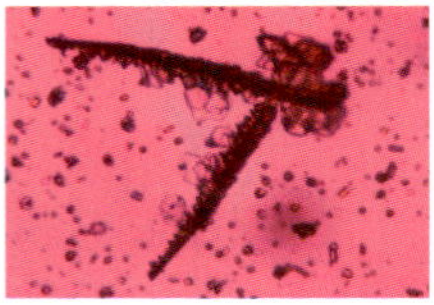

雪の結晶のなぜ？ なるほど！ ⑪

御幣状結晶や矛先状結晶は実験室でもつくられているの？

御幣状結晶も矛先状結晶も人工的に成長させることができます。図1は、カナダ北極域イヌビックで観測された「砲弾集合付矛先」(a)と「多重菱形御幣」(c)です。図2(b)(d)は北海道大学理学部地球物理学科気象学研究室で液体窒素を冷媒とする拡散型低温箱という特殊な人工雪生成装置で成長させた(a)(c)に対応する結晶です。成長条件としては、－25℃以下で水飽和が必要条件であることがわかっていますが、それ以上の細かな条件はわかっていません。もしかすると、－25℃以下での過冷却雲粒の凍結様式が関与しているかもしれません。（菊地）

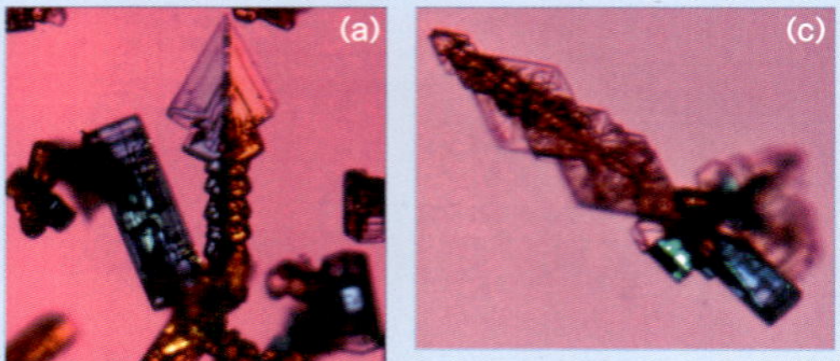

図1　カナダで観測した結晶　(a) 砲弾集合付矛先　(c) 多重菱形御幣

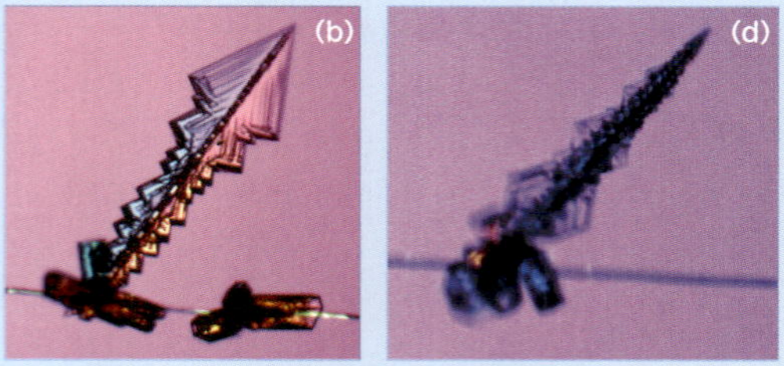

図2　実験室でつくった結晶　(b) 砲弾集合付矛先　(c) 多重菱形御幣

CP9d：内側鋸歯付鴎

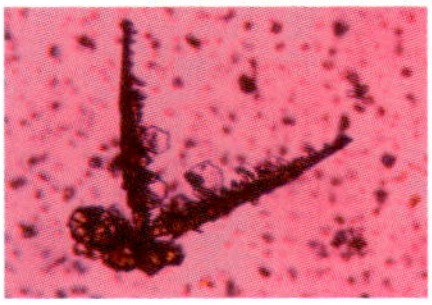

CP9d：内側鋸歯付鴎

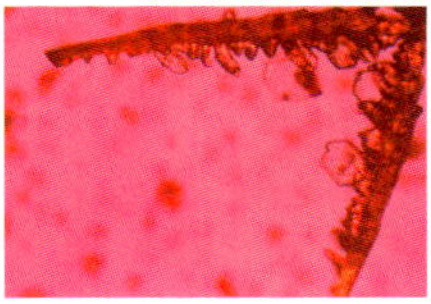

CP9d：内側鋸歯付鴎

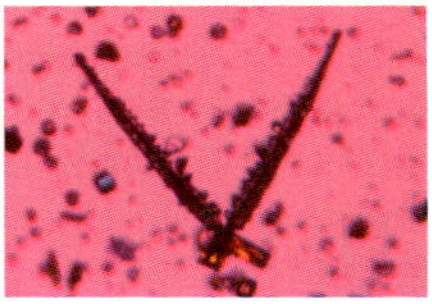

CP9d：内側鋸歯付鴎

骸晶とはどんな結晶のことなの?

通常の結晶はいくつかの平らな結晶面で囲まれた多面体の形をしています。しかし、雪の結晶の場合は、結晶が大きく成長し始めると多面体結晶の稜の部分が外側に向かって成長しているのに、それとともに成長するはずの面の部分の成長が同じように成長できずに、取り残された形になります。この傾向が進むと、図1の骸晶結晶のモデルのように結晶の中央部がくぼんだ蟻地獄のような形になります。骸晶角板の結晶を図のようにX－Xの方向で断面をつくってみると、骨組みだけが階段状に見えます。面のない空洞状の結晶、つまり骸骨だけの結晶（骸晶）の様相を示します。建築途中の家の構造を思い浮かべてください。柱を含む梁などだけの骨組みががっちりできているのに、外壁がまったくできていない建物というイメージです。特に「角柱」や「砲弾」のような柱状結晶が成長するときに顕著に現れます。図2は骸晶角柱ですが、特に外側の骨組みがよく理解できます。図3は同じく骸晶角柱ですが、特に内側の骨組みがよく見え、骸晶モデルの構造通りになっています。（菊地）

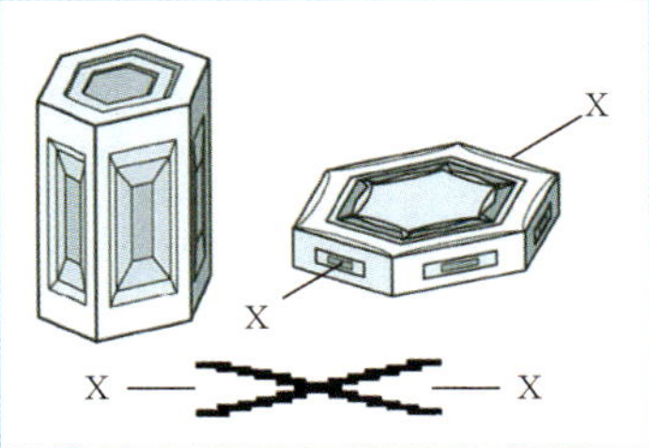

図1　骸晶結晶のモデル

図2　外側の骨組みがよく見える骸晶角柱

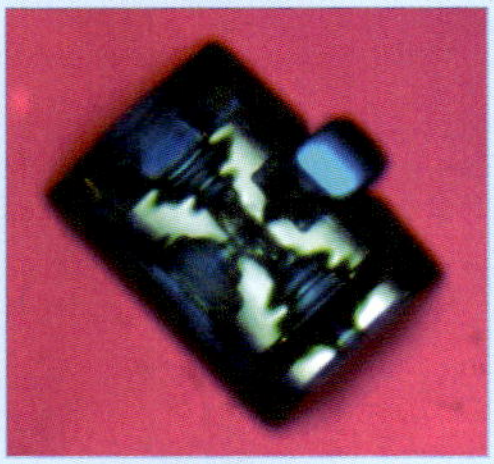

図3　内側の骨組みがよく見える骸晶角柱

A 付着（ふちゃく）・併合（へいごう）結晶群

A は Aggregation（集合）の A からとりました。併合は Coalescence をよく使いますが、その頭文字 C はすでに Column（柱状）で使っているので、混乱を避けるために単に A としました。この結晶群は、複数の結晶が数個から数十個がお互いに付着・併合して、いわゆる雪片（せっぺん）とか牡丹雪（ぼたんゆき）のかたちで降る結晶の総称です。それらを、柱状、板状、柱状・板状結晶群ごとに分けて付着・併合結晶群としたものです。単体で単結晶のきれいな雪の結晶が降るのは、海岸から遠く離れた山あいで、静穏で、雲粒も付かない、枝も折れたりしない——といった条件がそろったときに限られます。

1／柱状結晶の併合

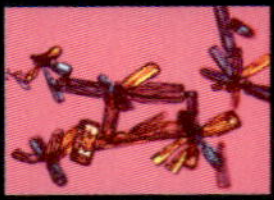

a:角柱・砲弾集合等の併合

2／板状結晶の併合

a:角板・樹枝状等の併合

3／柱状・板状結晶の併合

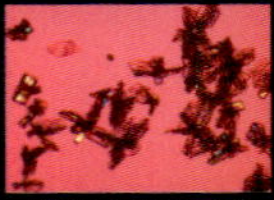

a:柱状・板状・交差角板等の併合

A2a：角板・樹枝状等の併合

A1：柱状結晶の併合（ちゅうじょう）／A：付着・併合結晶群

A1a：角柱・砲弾集合等の併合

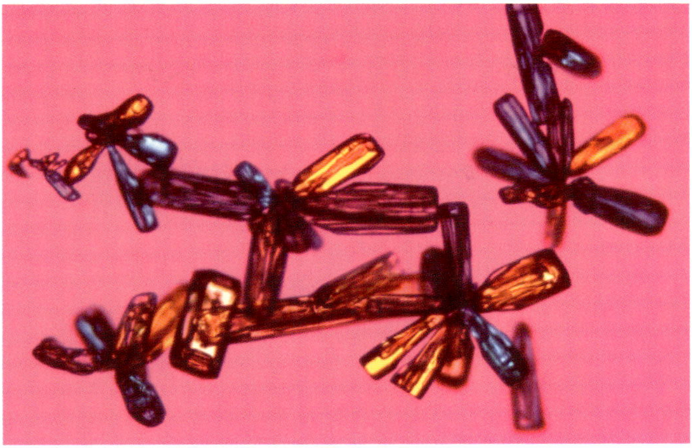

柱状結晶である針状、鞘状、角柱状、砲弾状結晶は、同じ結晶同士で併合したり、針状−鞘状、角柱状−砲弾状のように成長温度条件がほぼ同じ結晶同士で併合したりするのが一般的です。大きさは単体としてのそれぞれの結晶の数倍と考えてよいでしょう。「**A1a：角柱・砲弾集合等の併合**」型は、柱状結晶群の併合の総称です。

A1a：角柱・砲弾集合等の併合

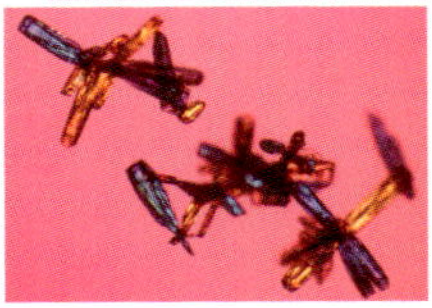

A1a：角柱・砲弾集合等の併合

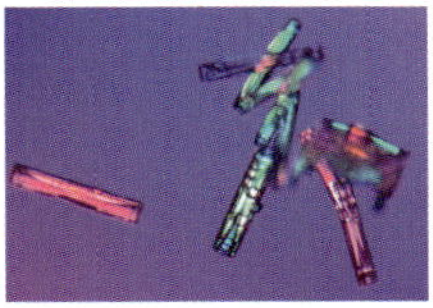

A1a：角柱・砲弾集合等の併合

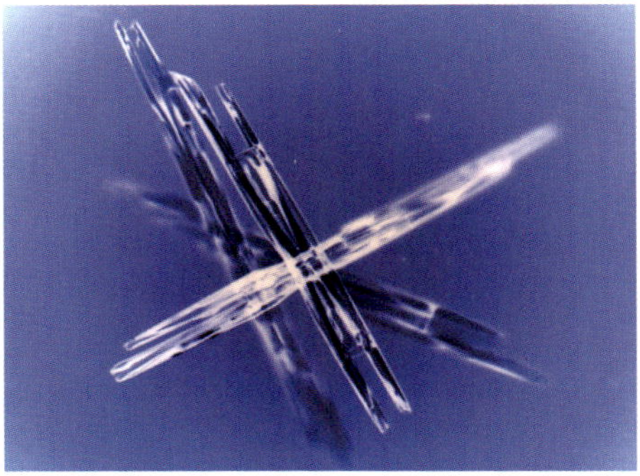

A1a：角柱・砲弾集合等の併合

A1a：角柱・砲弾集合等の併合

A1a：角柱・砲弾集合等の併合

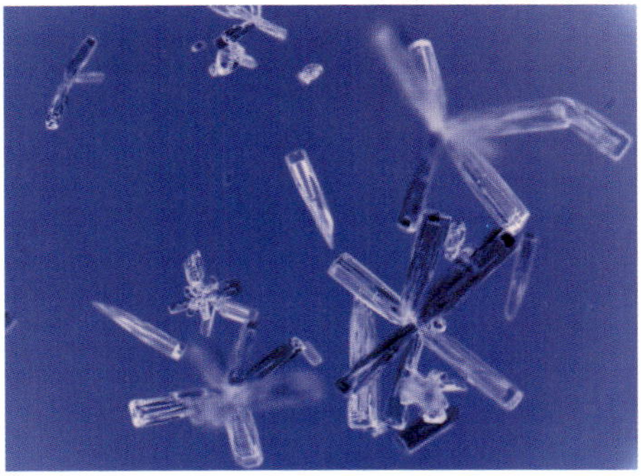

A1a：角柱・砲弾集合等の併合

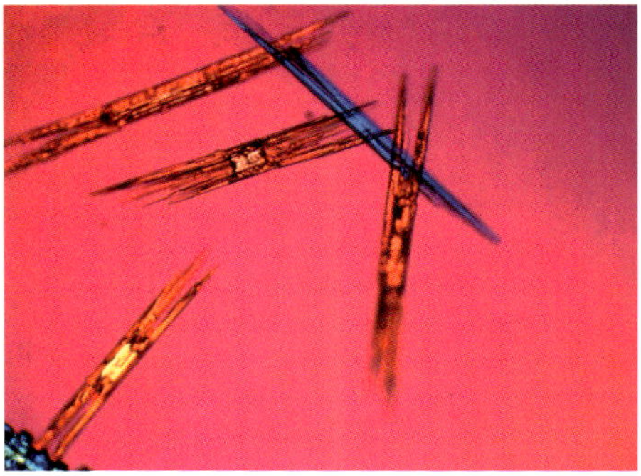

A1：柱状結晶の併合 ／A：付着・併合結晶群

A1a：角柱・砲弾集合等の併合

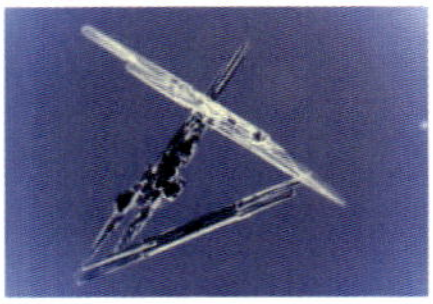

A1a：角柱・砲弾集合等の併合

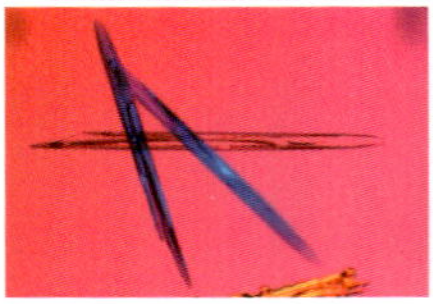

A1a：角柱・砲弾集合等の併合

A1a：角柱・砲弾集合等の併合

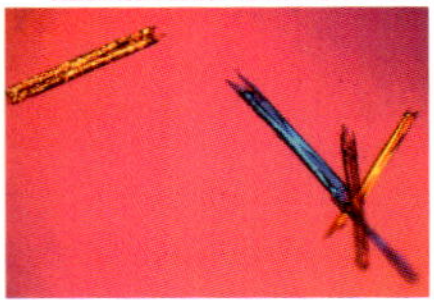

A1a：角柱・砲弾集合等の併合

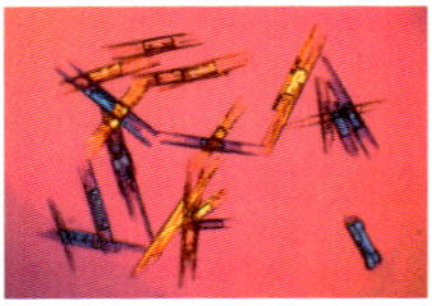

A1a：角柱・砲弾集合等の併合

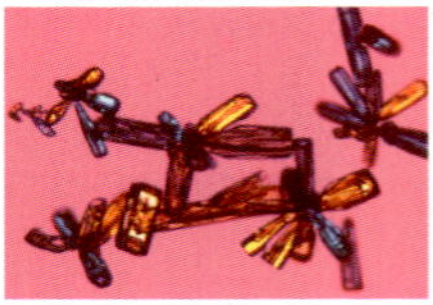

雪の結晶のなぜ？なるほど！⑬

雪の結晶が降ってくる温度は？　落下に規則性はあるの？

雪の結晶や雪片の温度は、そのときの気温だけでなく湿度にも関係しています。たとえば、気温が＋2℃といった氷点より高い状況でも、湿度が80%なら雪として降ってくることが多くあります。結晶の表面から水分が蒸発するときに結晶が冷えるので、プラスの気温でもとけないためです。普通に雪が降っているときには、雪の結晶や雪片の温度は、気温よりわずかに低い程度です。雨と雪が交じって降る霙（みぞれ）は、雪がとけて水になっている最中なので、ほぼ0℃と考えられます。

では、雪の降り方には規則性があるのでしょうか。降ってくる雪をジーッと見ていると、どれもまったくでたらめな運動をしていて、とても規則性があるとは思えません。これは風が吹いていて空気の動きが大きく乱れていることによります。空気の乱れのない、静止した空気中に雪の結晶を落としてみると、落下の仕方（落下運動）に規則性のあることがわかります。雪の結晶の落下運動は、大別すると「非回転」「スウィング（ジグザグ）」「螺旋（らせん）（回転と渦状）」に分けられます。ごく小さいものを除くと、「樹枝六花」型の落下運動は上に挙げた順に28%、43%、30%ほどの割合で、それほど大きな差はありません。しかし、できはじめの小さな雪片になると、その割合は大きく変わって10%、10%、80%ほどになり、80%が螺旋運動をしながら落下します。このような落下運動は雪片の成長速度に関係していると思われます。（梶川）

A2：板状結晶の併合

板状結晶の「P1：角板状」から「P8：非対称板状結晶」までの同じ結晶同士、または扇状、樹枝状、複合板状のように成長条件がほぼ同じ結晶同士の併合です。「**A2a：角板・樹枝状等の併合**」型は、板状結晶の併合の総称です。ただ、併合したものとしては、角板状と樹枝状という併合はほとんどなく、どちらかというと扇状と樹枝状、また立体状と放射状の併合が多く観測されます。

A2a：角板・樹枝状等の併合

A2a：角板・樹枝状等の併合

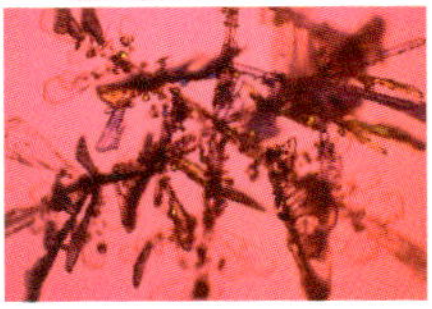

A2a：角板・樹枝状等の併合

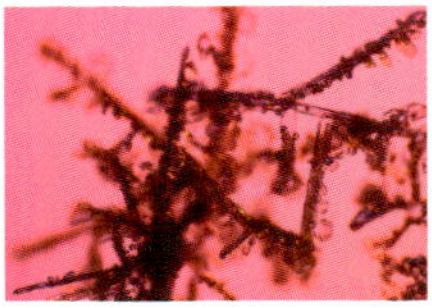

A2a：角板・樹枝状等の併合

A2a：角板・樹枝状等の併合

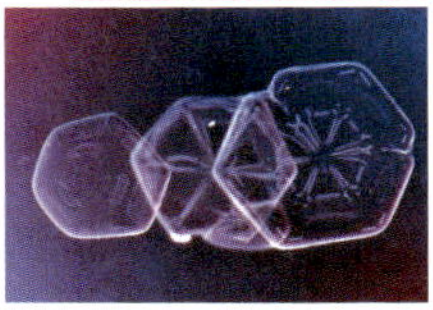

A2a：角板・樹枝状等の併合

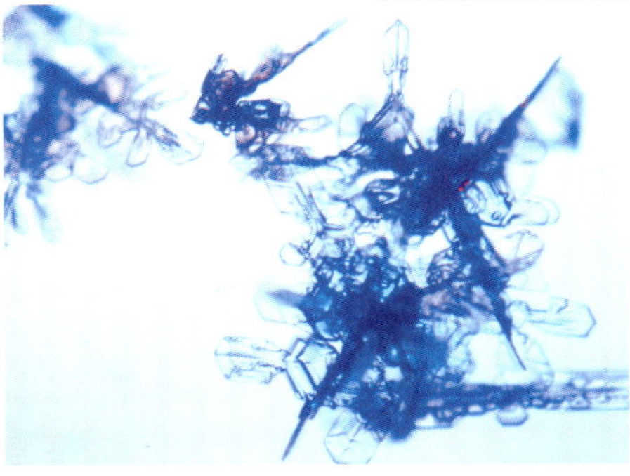

A2a：角板・樹枝状等の併合

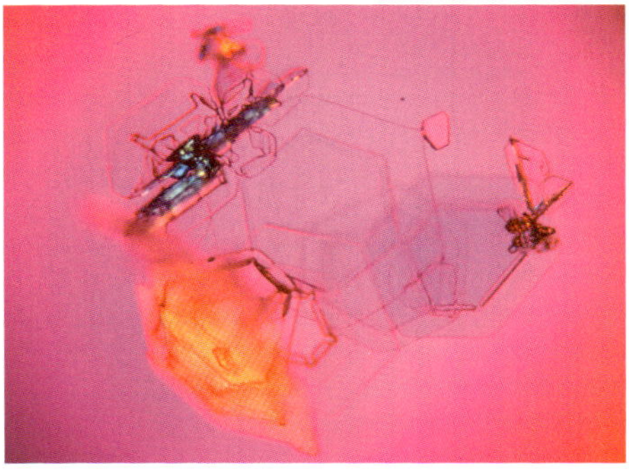

A2：板状結晶の併合／A：付着・併合結晶群

A2a：角板・樹枝状等の併合

A2a：角板・樹枝状等の併合

A2a：角板・樹枝状等の併合

A2a：角板・樹枝状等の併合

A2a：角板・樹枝状等の併合

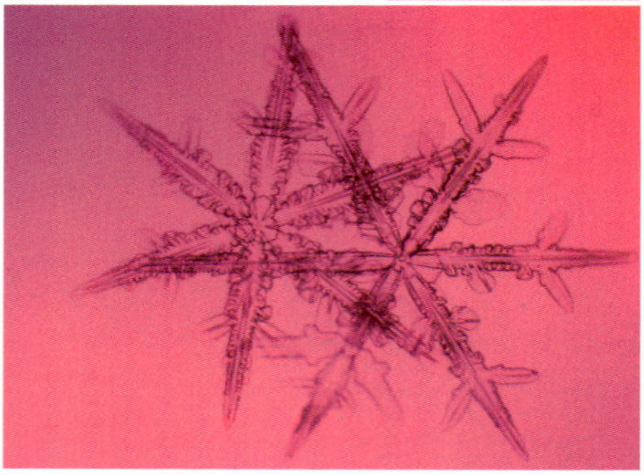

A2a：角板・樹枝状等の併合

A2a：角板・樹枝状等の併合

A2a：角板・樹枝状等の併合

A2a：角板・樹枝状等の併合

A2a：角板・樹枝状等の併合

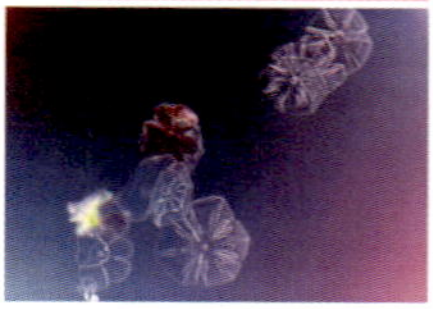

A2a：角板・樹枝状等の併合

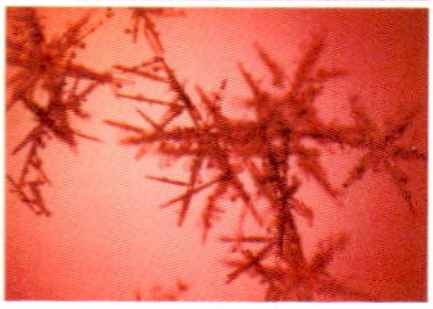

A2a：角板・樹枝状等の併合

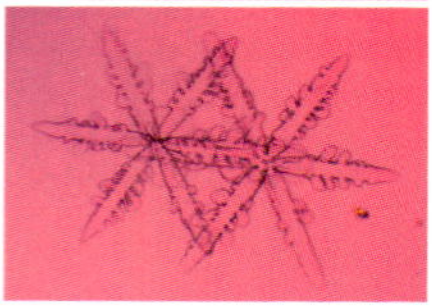

A3：柱状・板状結晶の併合 ／A：付着・併合結晶群

柱状・板状結晶は、「CP1：鼓状結晶」から「CP9：鴎状結晶」まで多種にわたっていますが、これらが同時に併合することはほとんどありません。「**A3a：柱状・板状・交差角板等の併合**」型は、「CP2：砲弾・板状結晶」「CP3：柱状・板状結晶」「CP4：交差角板状結晶」など、それぞれ同じ結晶同士の併合が多く、「CP6：骸晶状結晶」から「CP9：鴎状結晶」などの併合はほとんど見られません。これらの結晶は、結晶の数が極端に少ないことのほか、初期結晶が降っているときに多く見られることによると考えられます。

A3a：柱状・板状・交差角板等の併合

A3a：柱状・板状・交差角板等の併合

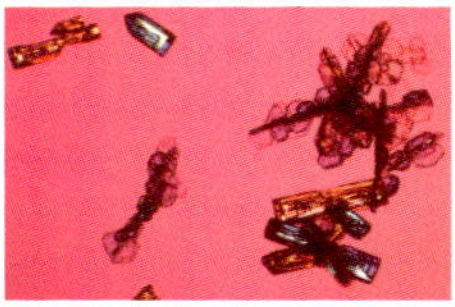

A3a：柱状・板状・交差角板等の併合

A3a：柱状・板状・交差角板等の併合

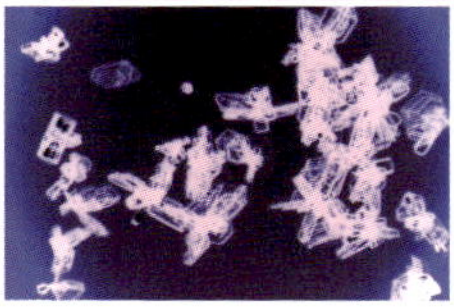

A3a：柱状・板状・交差角板等の併合

A3a：柱状・板状・交差角板等の併合

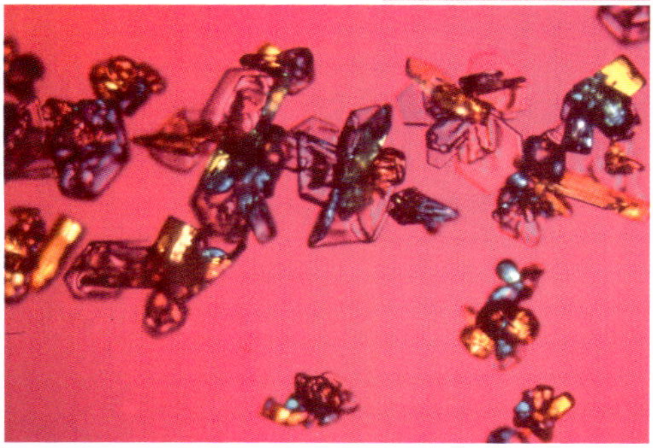

R 雲粒付結晶群

Rは中谷博士が用いたRimed crystalのRを使いました。雪の結晶の代表的な形といえば、六花で代表される「樹枝六花」型、「羊歯六花」型、「星六花」型でしょうが、冬期間で最も頻繁に降ってくるのは雲粒付結晶です。日本列島の日本海側で、北西の季節風によって降る雪は、付着する雲粒の量の多寡はあれ、ほとんど雲粒付結晶となります。雲粒付は結晶への雲粒の付着量によって4種に分類しています。結晶の大きさは、その母体となっている結晶によって異なりますが、大きくても直径5mmくらい、平均的には3mmくらい、落下速度は毎秒1mくらいです。

1／雲粒付結晶

a:雲粒付柱状

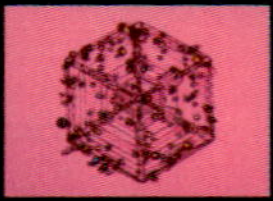
b:雲粒付角板

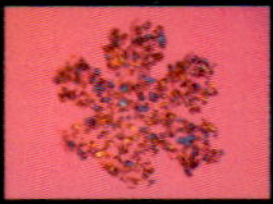
c:雲粒付六花

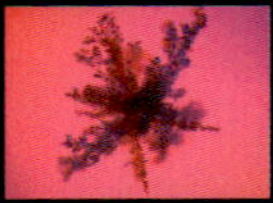
d:雲粒付立体

2／濃密雲粒付結晶

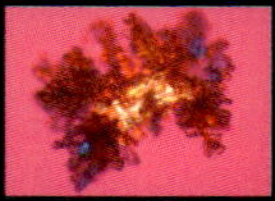
a:濃密雲粒付柱状

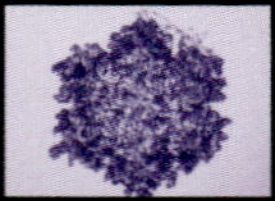
b:濃密雲粒付角板

c:濃密雲粒付六花

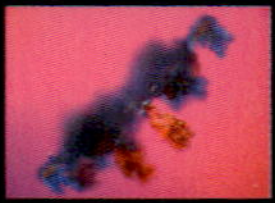
d:濃密雲粒付立体

3／霰状雪

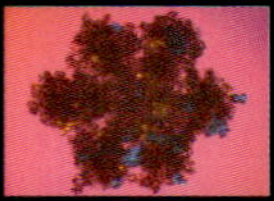
a:六花霰状雪

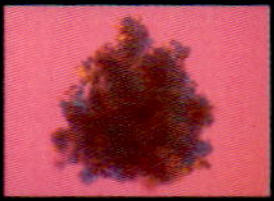
b:塊霰状雪

c:枝付霰状雪

4／霰

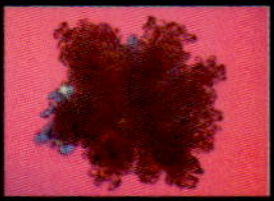
a:六花霰

b:塊霰

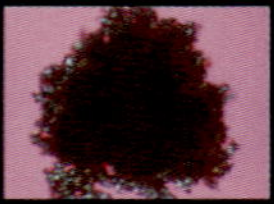
c:紡錘霰

R1:雲粒付結晶／R:雲粒付結晶群

R1：雲粒付結晶は母体となっている結晶が柱状、板状、六花、立体かによって分け、次いで付着している雲粒の量によって分類しています。「**R1a:雲粒付柱状**」型は、針状、鞘状、角柱状、砲弾状結晶に雲粒が付着したものです。「**R1b：雲粒付角板**」型は角板状に雲粒が付着したものに限定しました。同じ板状でも樹枝状に雲粒が付いたものは「**R1c:雲粒付六花**」型です。「**R1d:雲粒付立体**」型は「P6：立体状結晶」や「P7：放射状結晶」に雲粒が付着したものです。

R1a：雲粒付柱状

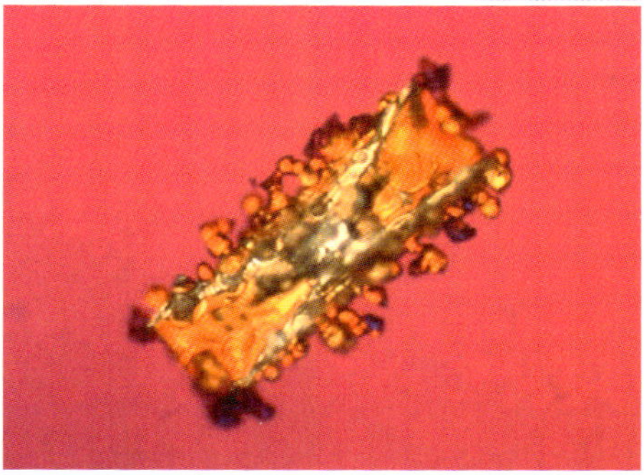

R1a：雲粒付柱状

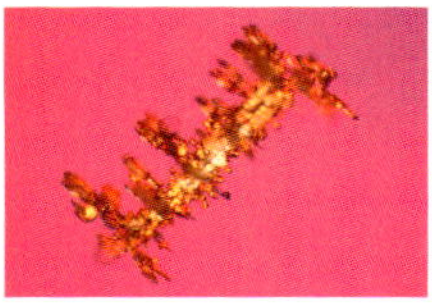

R1a：雲粒付柱状

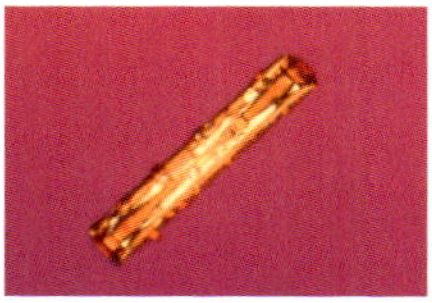

R1a：雲粒付柱状

R1a：雲粒付柱状

R1a：雲粒付柱状

R1a：雲粒付柱状

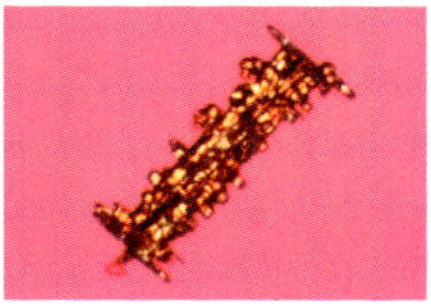

R1a：雲粒付柱状

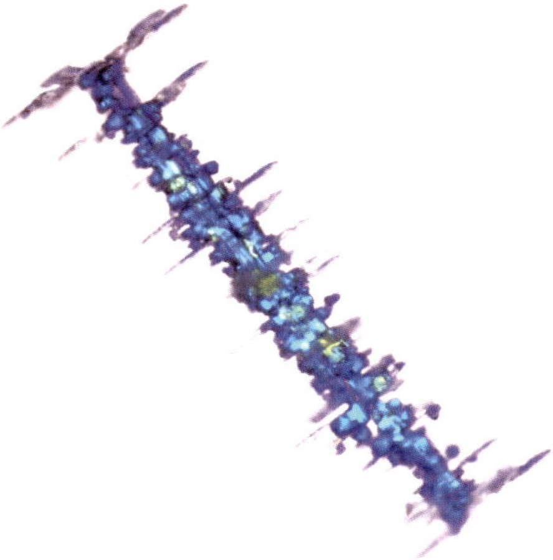

R1a：雲粒付柱状

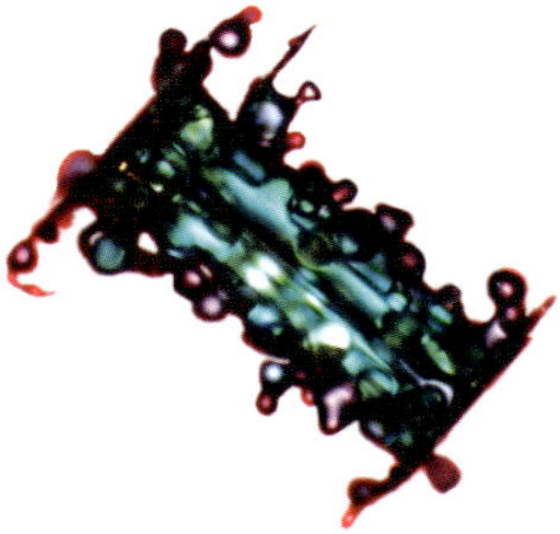

R1a：雲粒付柱状

R1a：雲粒付柱状

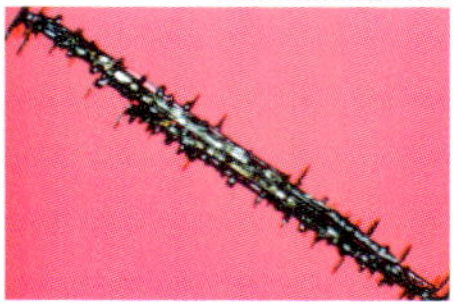

R1a：雲粒付柱状

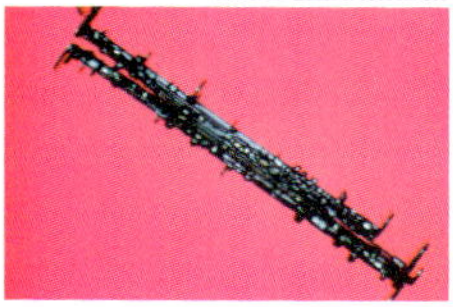

R1：雲粒付結晶／R：雲粒付結晶群

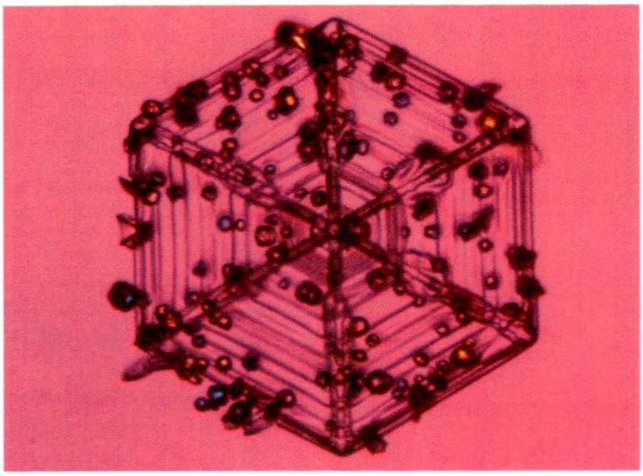
R1b：雲粒付角板

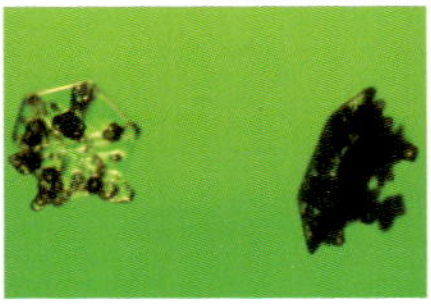
R1b：雲粒付角板

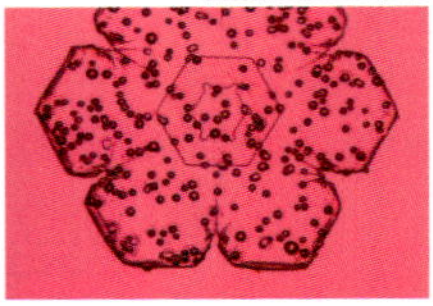
R1b：雲粒付角板

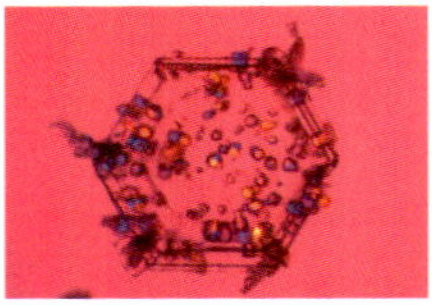
R1b：雲粒付角板

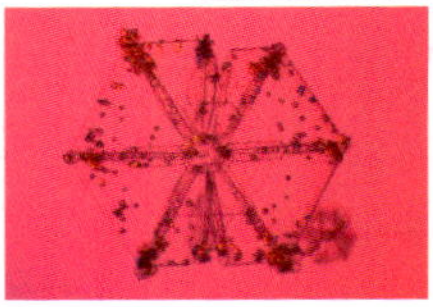
R1b：雲粒付角板

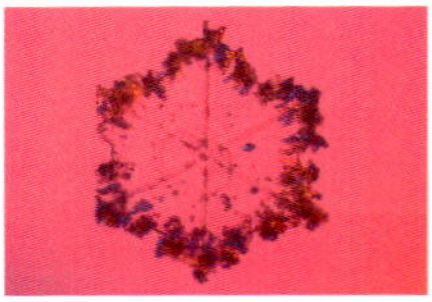
R1b：雲粒付角板

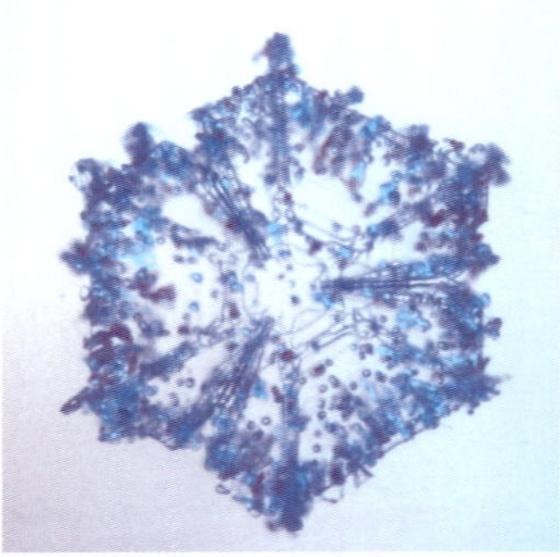
R1b：雲粒付角板

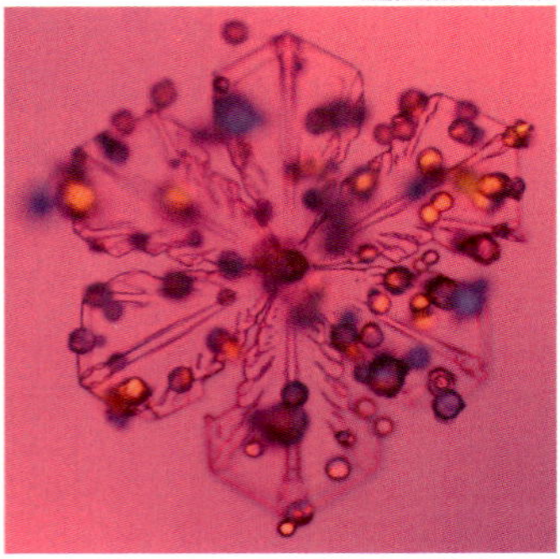
R1c：雲粒付六花

R1b：雲粒付角板

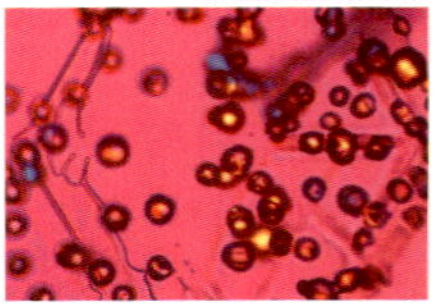
R1b：雲粒付角板

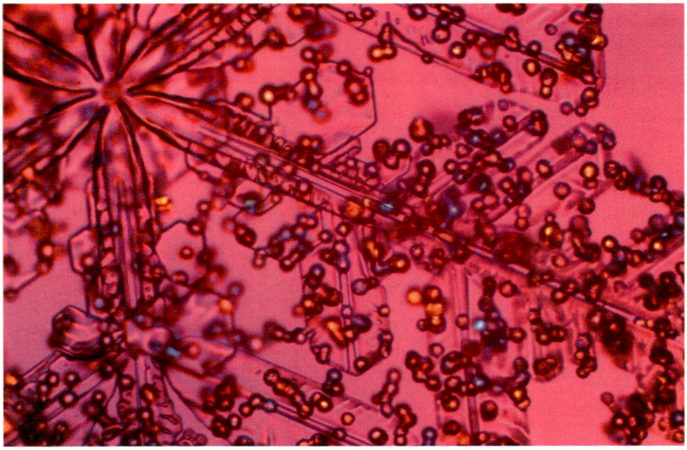
R1c：雲粒付六花

R1c：雲粒付六花

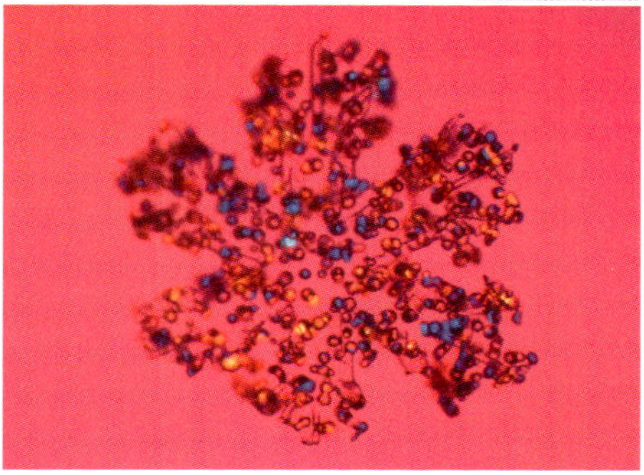

R1c：雲粒付六花

R1c：雲粒付六花

R1c：雲粒付六花

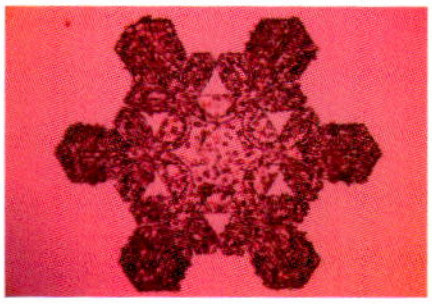

R1c：雲粒付六花

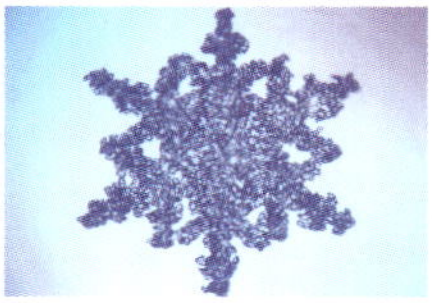

R1c：雲粒付六花

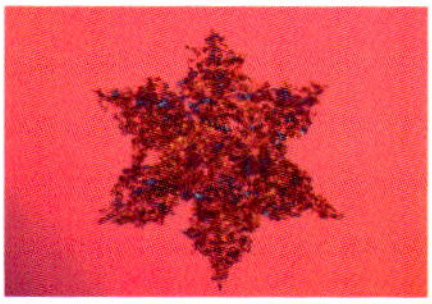

R1c：雲粒付六花

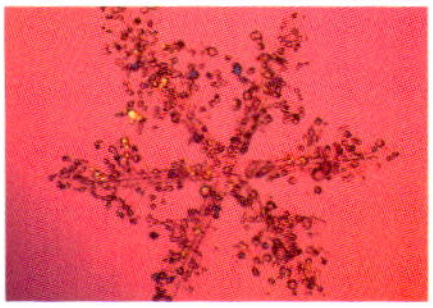

R1c：雲粒付六花

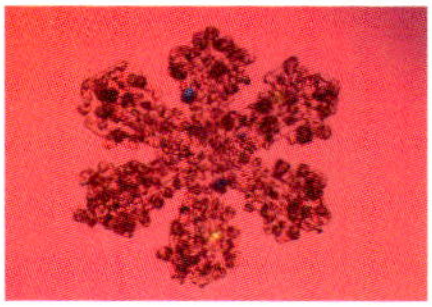

R1c：雲粒付六花

R1c：雲粒付六花

R1c：雲粒付六花

R1c：雲粒付六花

R1c：雲粒付六花

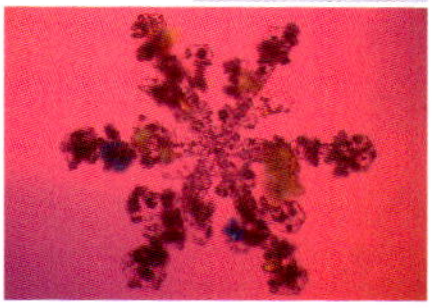

R1c：雲粒付六花

R1c：雲粒付六花

R1c：雲粒付六花

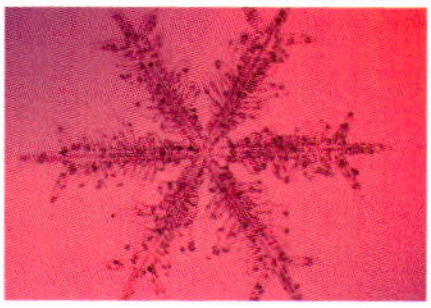

R1c：雲粒付六花

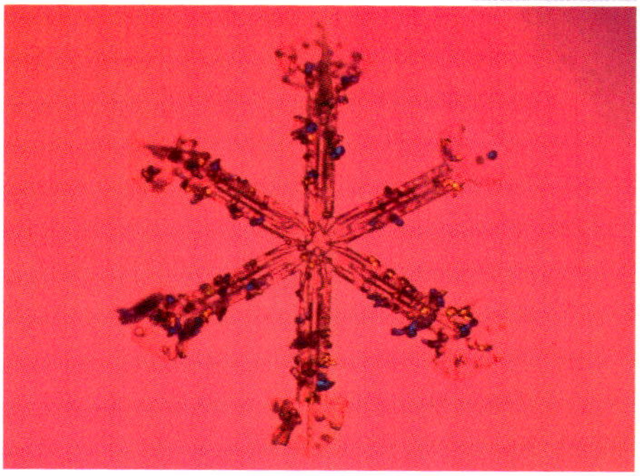

R1c：雲粒付六花

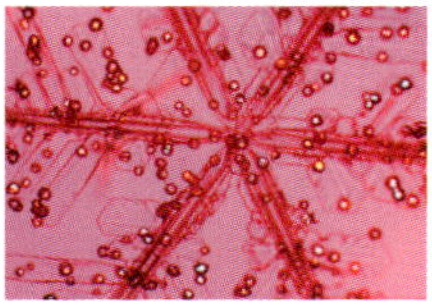

R1：雲粒付結晶／R：雲粒付結晶群

R1d：雲粒付立体

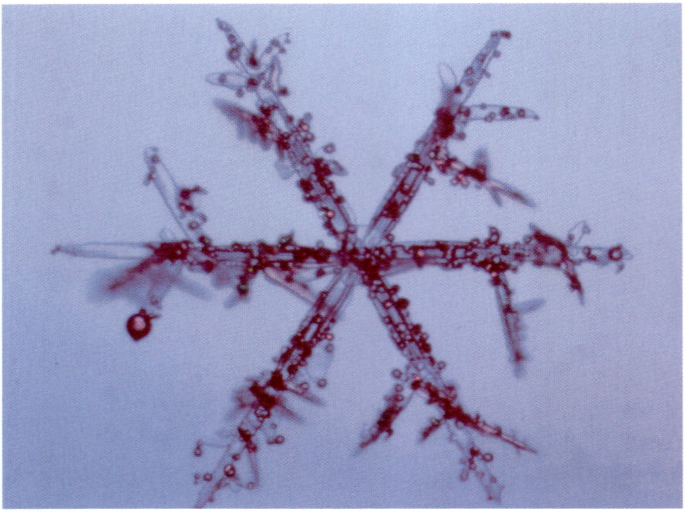

R1d：雲粒付立体

R1d：雲粒付立体

R1d：雲粒付立体

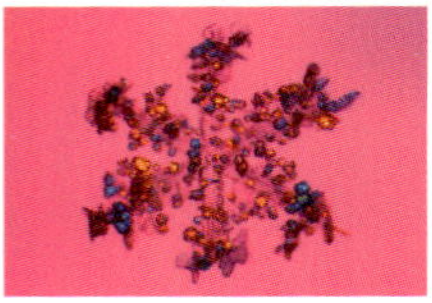

R1d：雲粒付立体

R1d：雲粒付立体

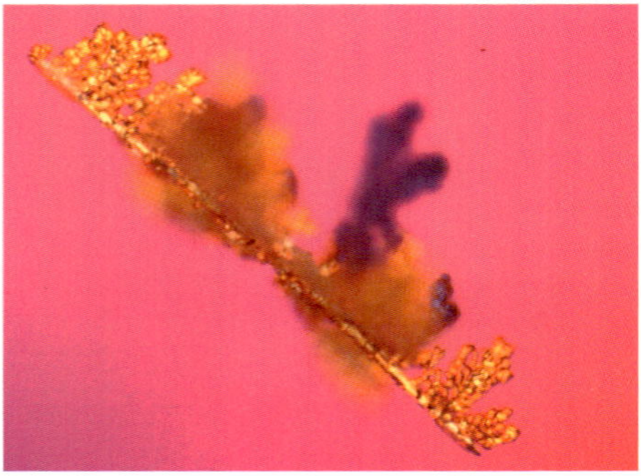

R1d：雲粒付立体

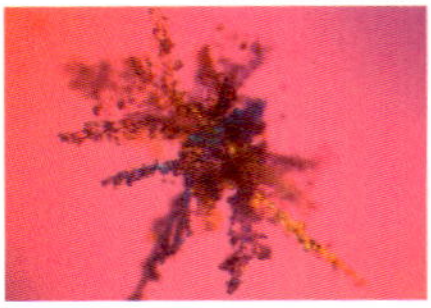

R1d：雲粒付立体

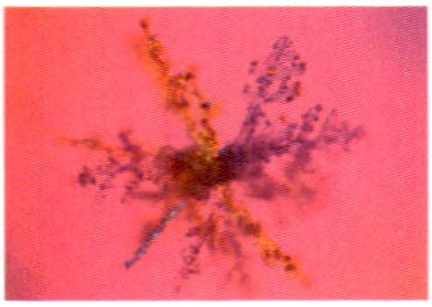

R1d：雲粒付立体

R1d：雲粒付立体

R1d：雲粒付立体

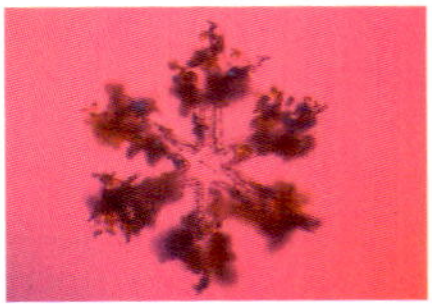

R1d：雲粒付立体

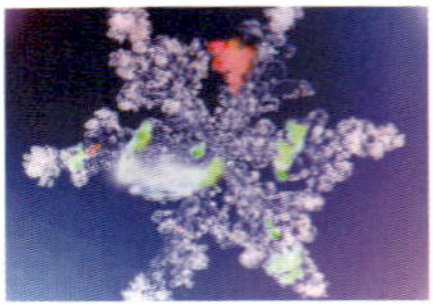

R1d：雲粒付立体

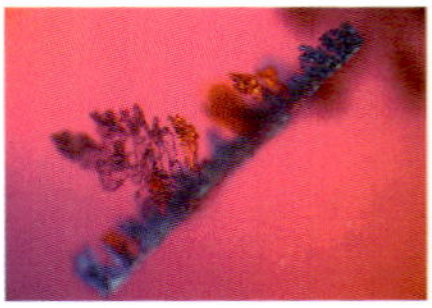

R1d：雲粒付立体

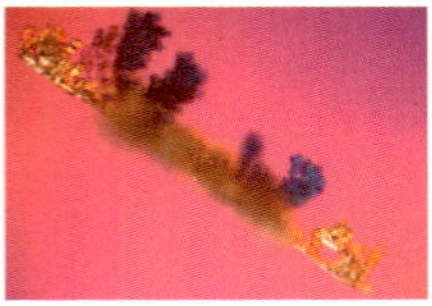

R2：濃密雲粒付結晶

R2：濃密雲粒付結晶は「R1：雲粒付結晶」よりも付着雲粒量がかなり多くなった状態ですが、母体となっている結晶本体が十分区別できる結晶です。「**R2a：濃密雲粒付柱状**」型、「**R2b:濃密雲粒付角板**」型、「**R2c:濃密雲粒付六花**」型、「**R2d：濃密雲粒付立体**」型の4種に分類しています。

R2a：濃密雲粒付柱状

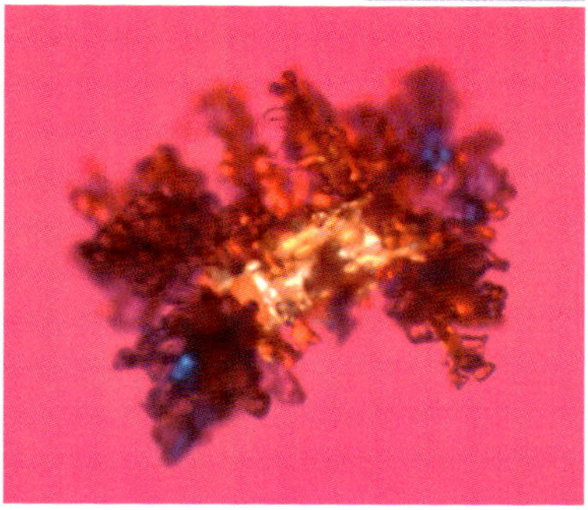

R2a：濃密雲粒付柱状

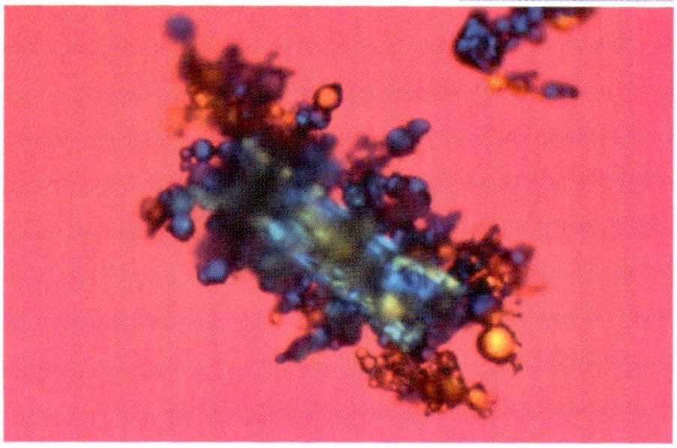

R2a：濃密雲粒付柱状

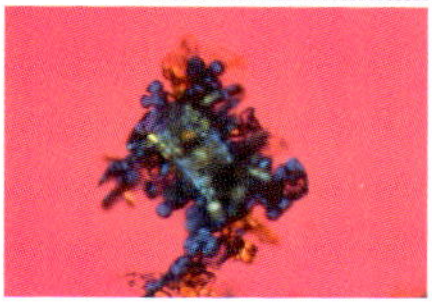

R2a：濃密雲粒付柱状

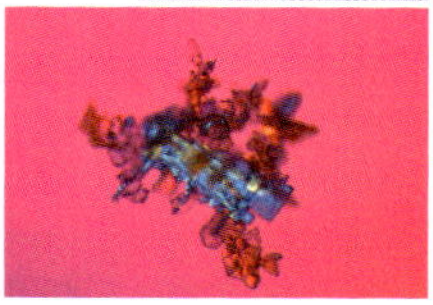

R2b：濃密雲粒付角板

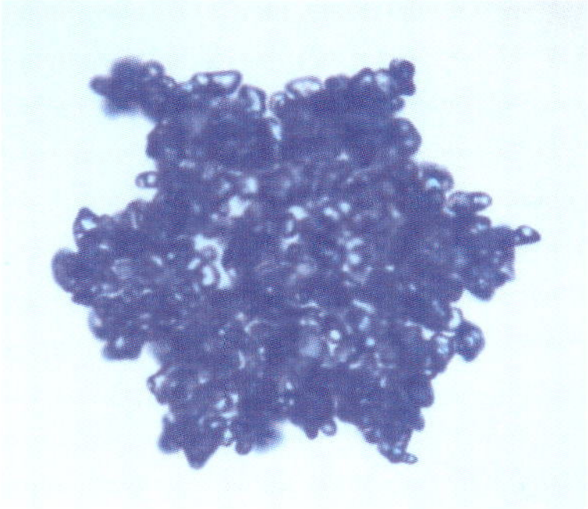

R2b：濃密雲粒付角板

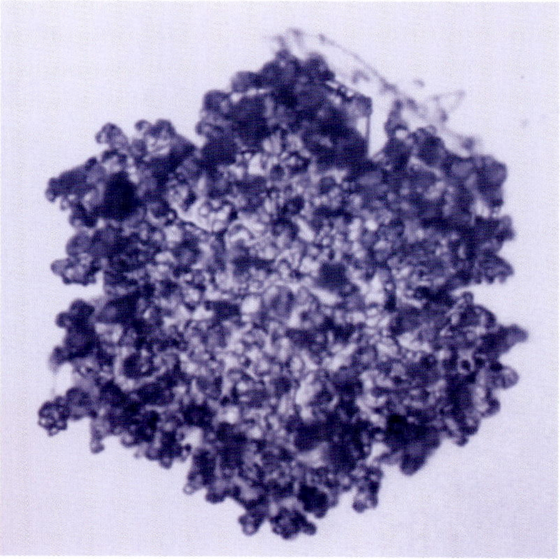

R2b：濃密雲粒付角板

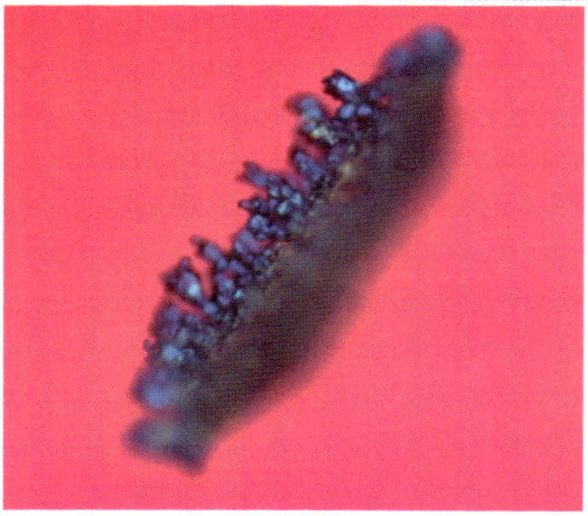

R2b：濃密雲粒付角板

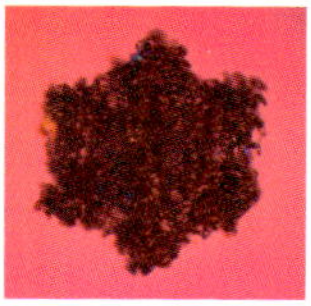

R2b：濃密雲粒付角板

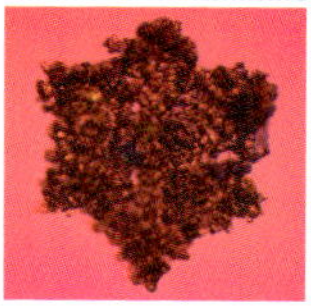

R2b：濃密雲粒付角板

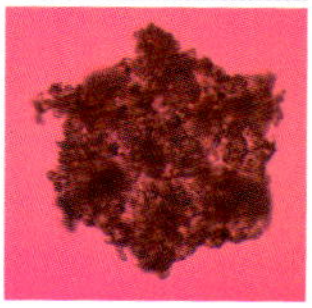

R2：濃密雲粒付結晶（のうみつうんりゅうつき）／R：雲粒付結晶群

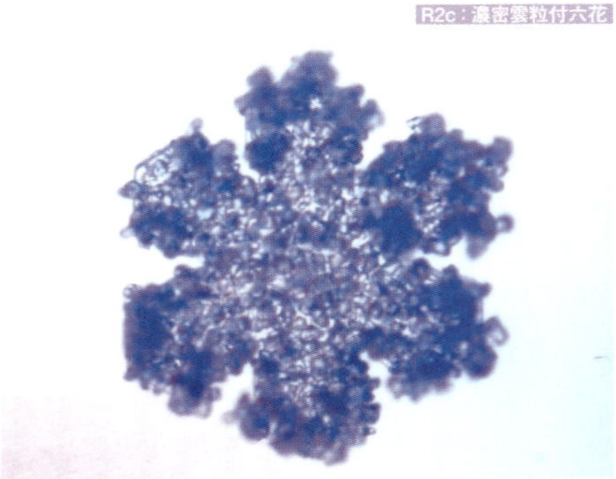
R2c：濃密雲粒付六花

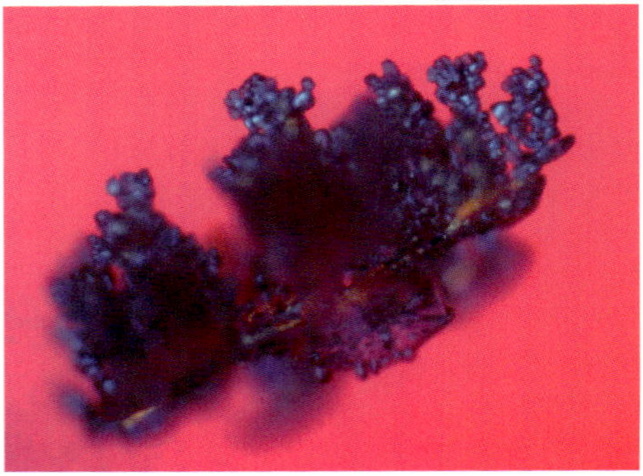
R2c：濃密雲粒付六花

R2c：濃密雲粒付六花

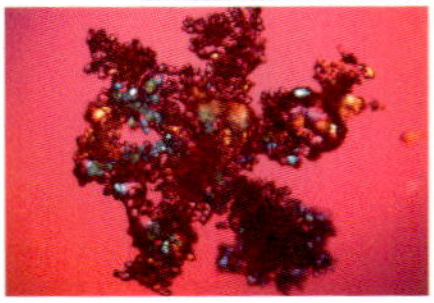
R2c：濃密雲粒付六花

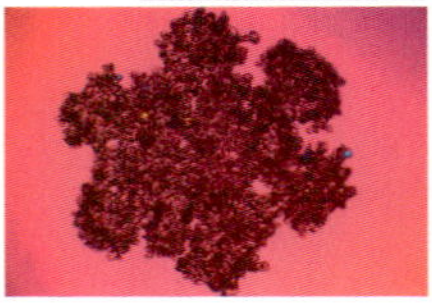
R2c：濃密雲粒付六花

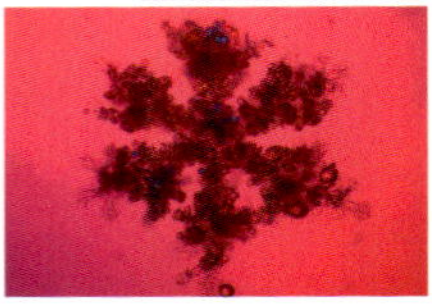
R2c：濃密雲粒付六花

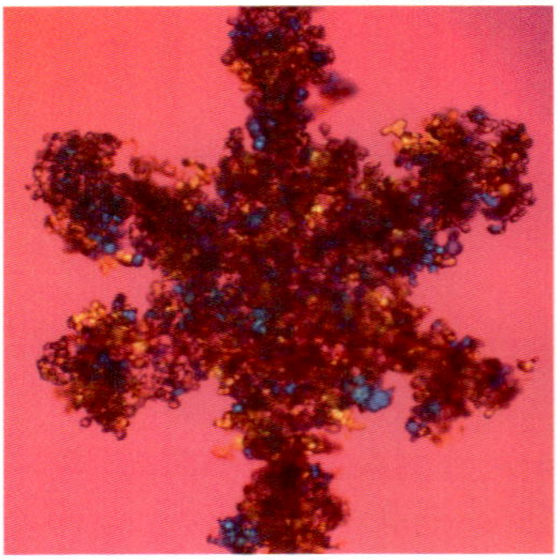
R2c：濃密雲粒付六花

R2c：濃密雲粒付六花

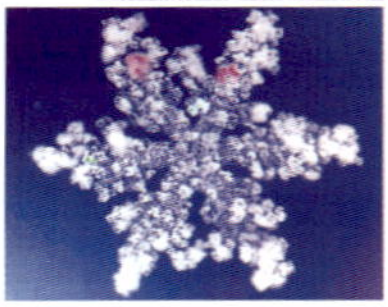
R2c：濃密雲粒付六花

R2d：濃密雲粒付立体

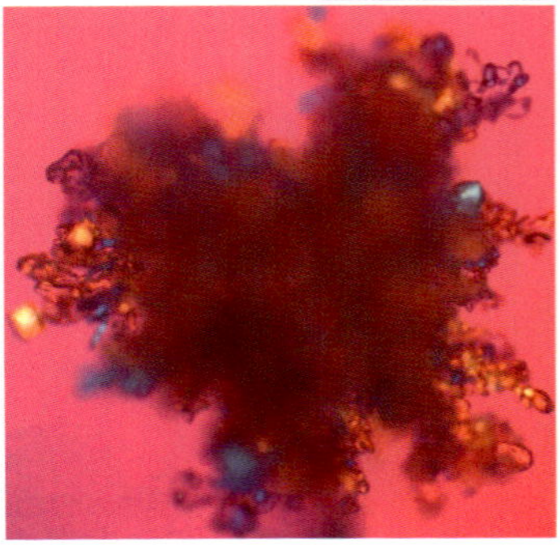
R2d：濃密雲粒付立体

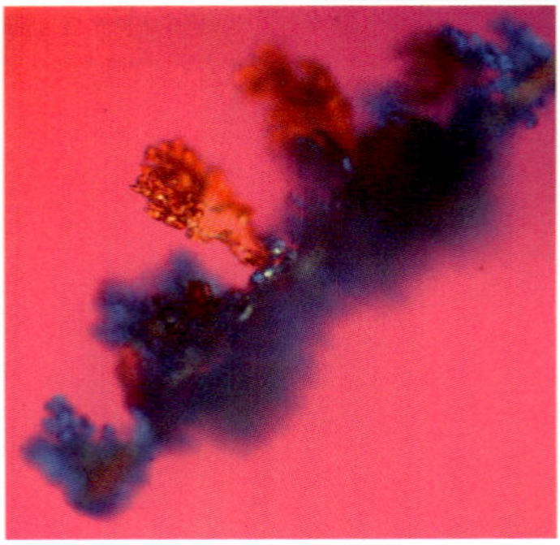
R2d：濃密雲粒付立体

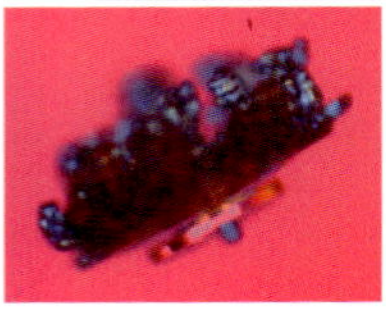
R2d：濃密雲粒付立体

R3：霰状雪 ／R：雲粒付結晶群

R3：霰状雪は「R2：濃密雲粒付結晶」より、さらに付着雲粒量が多くなっているものの、まだ完全な霰になっていない状態です。「**R3a：六花霰状雪**」は、それぞれ母体の六花がまだ何とか確認できる状態、「**R3b：塊霰状雪**」は、母体の結晶がはっきりせず、単に塊状になった状態、「**R3c：枝付霰状雪**」は、立体状の先端の枝の部分のみがちょっぴり見える状態です。

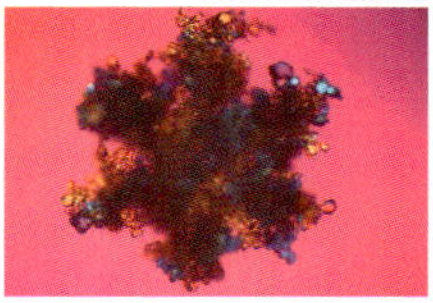
R3a：六花霰状雪

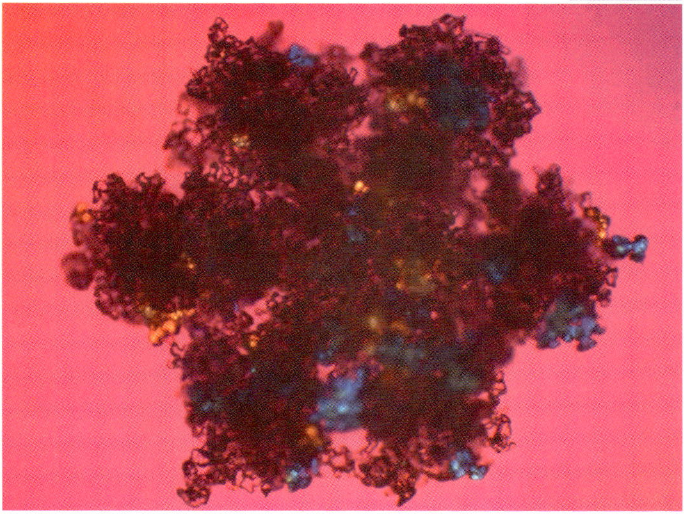
R3a：六花霰状雪

R3a：六花霰状雪

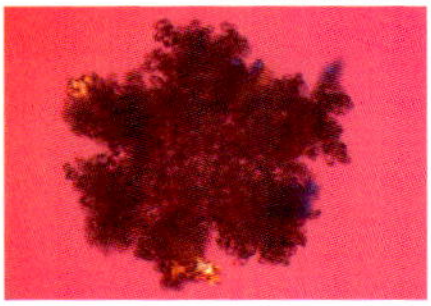
R3a：六花霰状雪

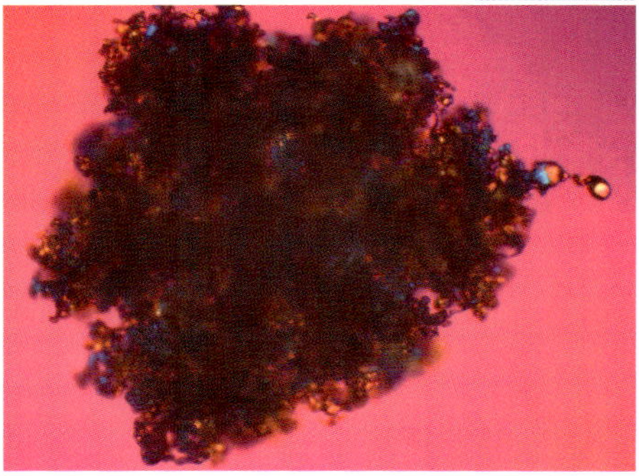
R3a：六花霰状雪

R3a：六花霰状雪

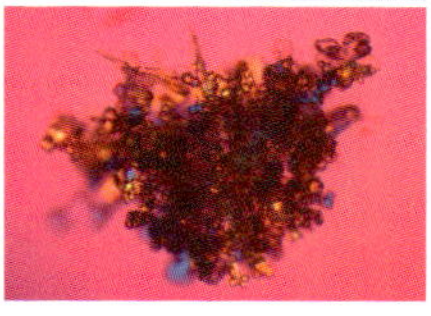
R3b：塊霰状雪

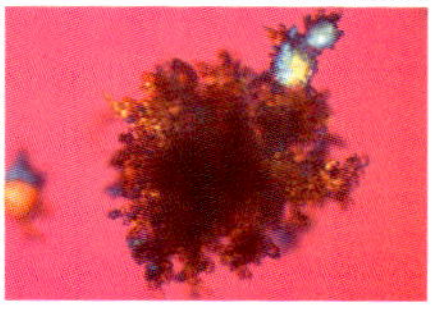
R3b：塊霰状雪

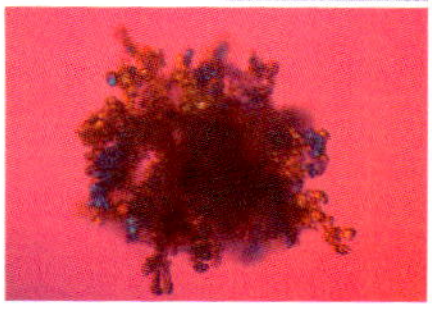
R3b：塊霰状雪

R3：霰状雪（あられじょうゆき）／R：雲粒付結晶群

R3b：塊霰状雪

R3b：塊霰状雪

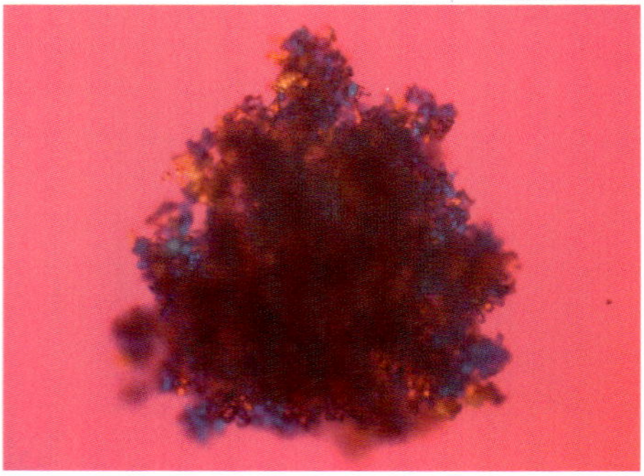

R3c：枝付霰状雪

R3c：枝付霰状雪

R3c：枝付霰状雪

R3c：枝付霰状雪

R3c：枝付霰状雪

R3c：枝付霰状雪

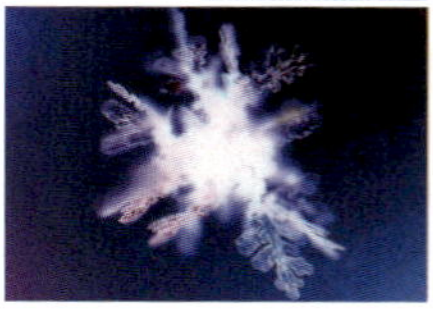

R3c：枝付霰状雪

R4：霰／R：雲粒付結晶群

R4：霰は付着雲粒量がさらに多くなった状態です。「**R4a：六花霰**」は、ぼんやりと内部に黒く六花がわかります。「**R4b：塊霰**」は、単に丸い塊状になった状態。霰のなかで最も多く見られるかたちです。「**R4c：紡錘霰**」は、おむすびのような紡錘状に見える霰です。

R4a：六花霰

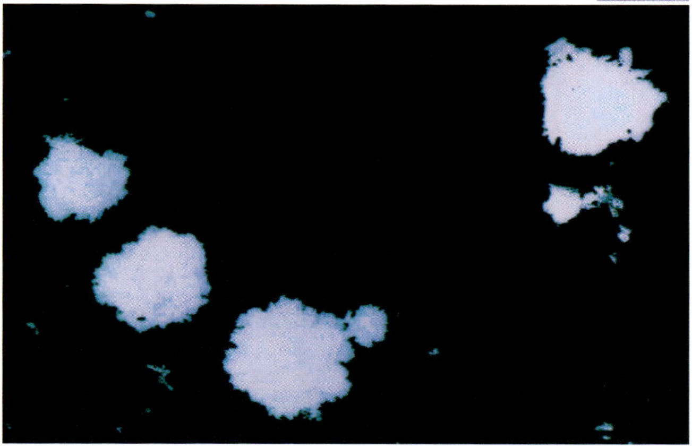

R4a：六花霰

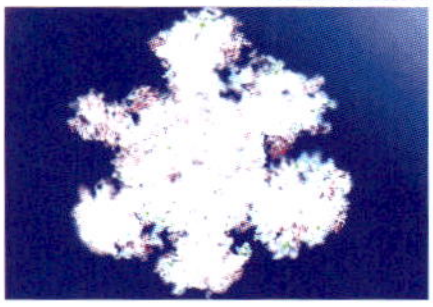

R4a：六花霰

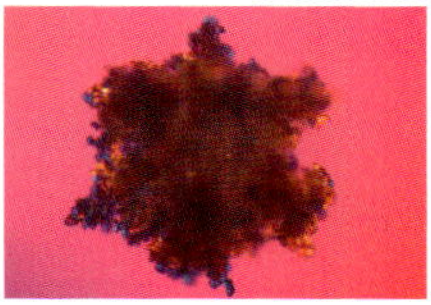

R4a：六花霰

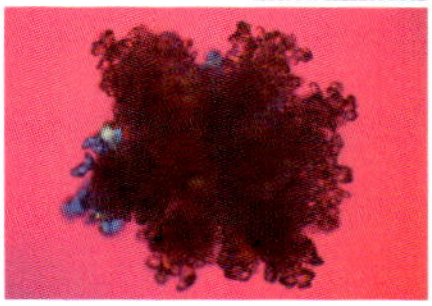

R4b：塊霰

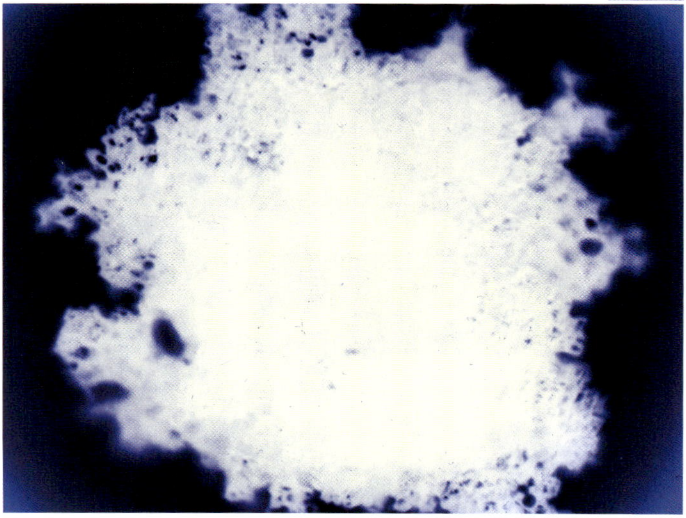

R4b：塊霰

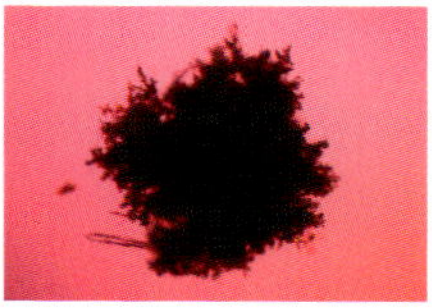

R4b：塊霰

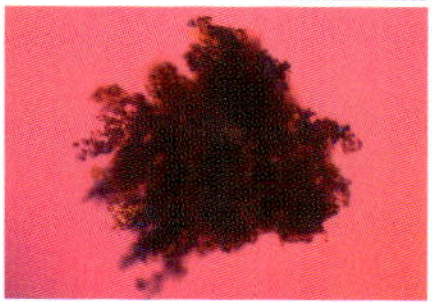

R4b：塊霰

R4:霰（あられ）／R:雲粒付結晶群

R4b：塊霰

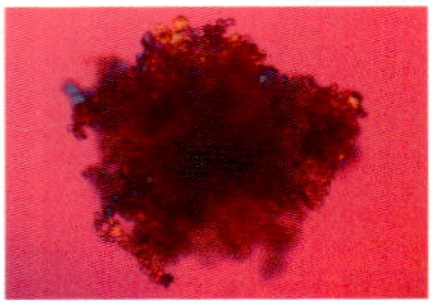

R4b：塊霰

R4b：塊霰

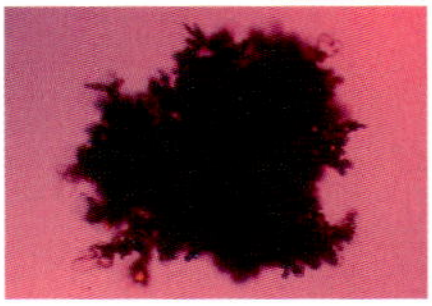

R4b：塊霰

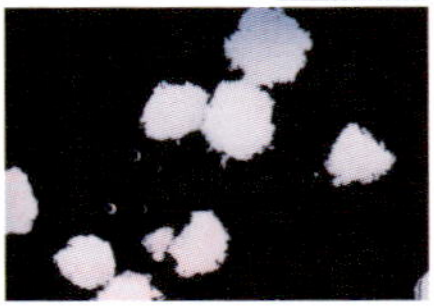

R4b：塊霰

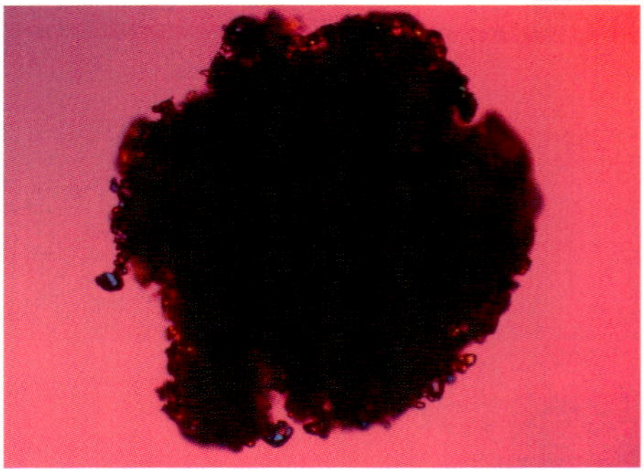

R4c：紡錘霰

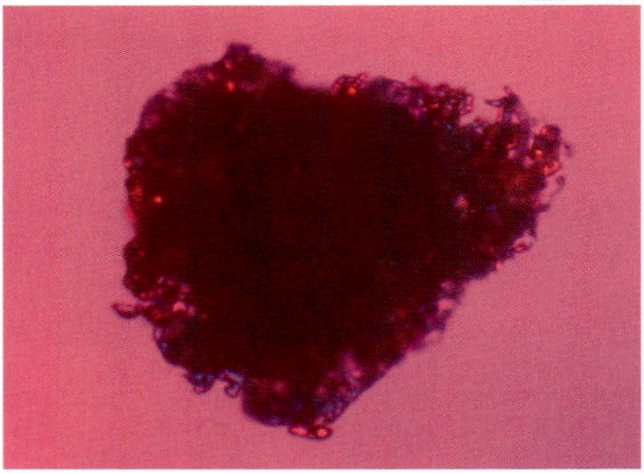

R4c：紡錘霰

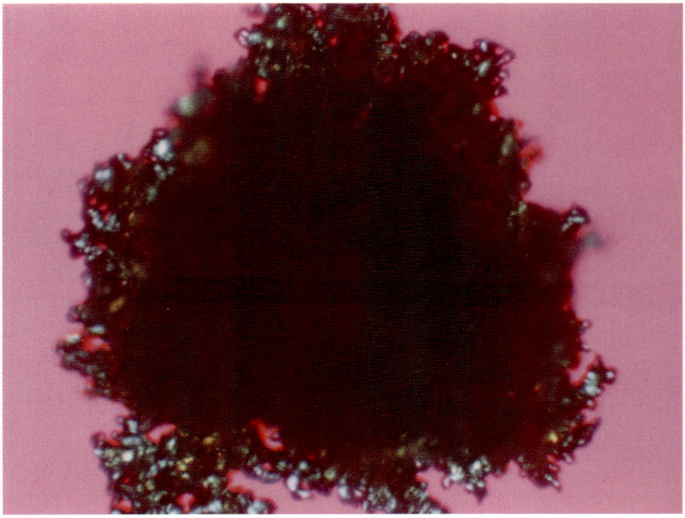

R4c：紡錘霰

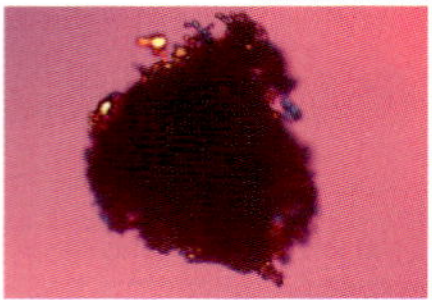

R4c：紡錘霰

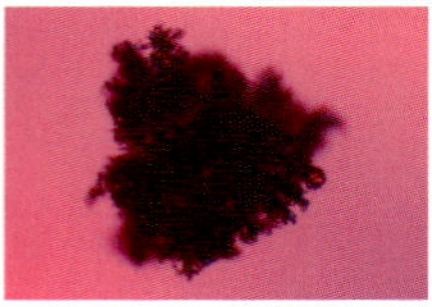

R4c：紡錘霰

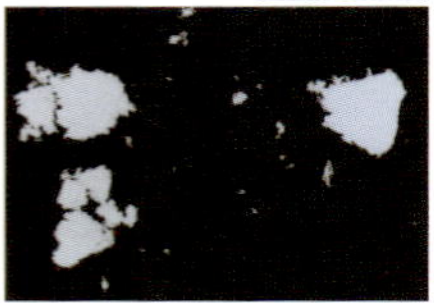

R4c：紡錘霰

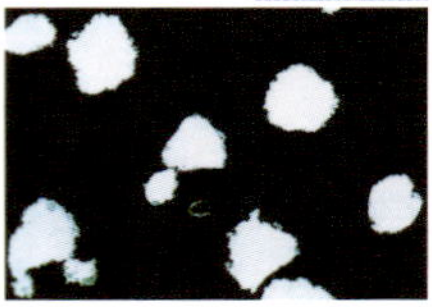

霰（あられ）と雹（ひょう）はどう違う？

英語で霰（あられ）はSoft hail（柔らかい雹）、雹（ひょう）はHailと言います。霰と雹の違いは指でつまんだときの硬さの違いです。霰は雲粒の凍ったものが集まってできているので、指で簡単につぶすことができますが、雹は霰の表面がとけて水膜ができ、それが凍ってできた表面が硬い大きさが5mm以上の氷の粒子なのでつぶすのが困難です。地上気象観測法では、霰は「雪霰」と「氷霰」に分けられています。雪霰は、中心の氷晶に雲粒が付着して急速に凍った雲粒におおわれています。中心の氷晶と凍りついた雲粒の間に隙間があるので雪霰の比重は一般に小さく0.8未満です。一方、雹は雪霰や氷霰のような構造で、透明な氷、または透明な層と半透明な層が交互に重なってできているものや、透明や半透明な氷そのものです。

図1　塊霰（左の三つ）と紡錘霰（右）

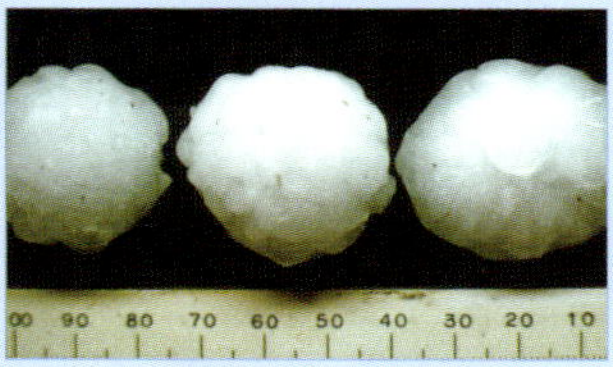

図2　雹（直径約3.5cm）

霰（図1）は、雪が降ってくる途中で過冷却の雲粒を捕捉して凍らせ、そのままとけることなく地上に到達した粒子です。それで、霰は雲粒付結晶、濃密雲粒付結晶、霰状雪（あられじょうゆき）、霰、のように雲粒の付着量によって、その成長過程を表すことができます。

一方、雹（図2）は、過冷却雲粒が雪の結晶に付着して雪霰や氷霰のようになるところまでは同じですが、地上に到達するまでに融解層（0℃層）を通過して表面がとけ、その後上昇気流に乗って上空に運ばれて凍結し、落下して融解、上昇して凍結することを何度も繰り返してついに地上に到達した氷の粒（図3）です。このため、表面が少しとけて水膜で覆われている粒子になります。日本で見られる霰の多くは、冬の背の低い雪雲である積乱雲から降ってくる降水粒子であるのに対して、雹は夏と秋に多くみられる、背の高い積乱雲からの降水粒子であることが特徴です。（菊地）

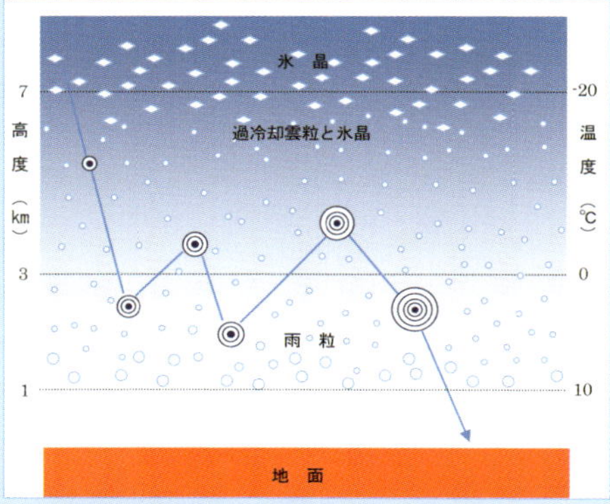

図3　雹のできる過程の模式図

G 初期結晶群

Gは孫野博士らが使ったGerm of snow crystalのGerm（胚、芽の意）のGを使いました。この結晶群は、氷晶とか初期氷晶といわれる、いわば「雪の結晶の赤ちゃん」のことです。多くは、柱状氷晶か板状氷晶です。顕微鏡で見ると、発生初期の初期結晶は、すべての結晶が柱状または板状だけということはありません。多面体結晶や多結晶氷晶を含めて混在しているのが普通です。

1／柱状氷晶

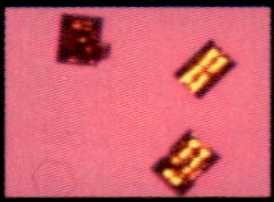

a:角柱氷晶

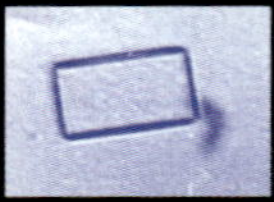

b:扁平角柱氷晶

2／板状氷晶

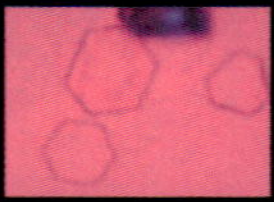

a:角板氷晶

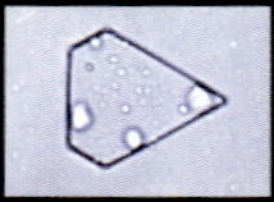

b:非六角板氷晶

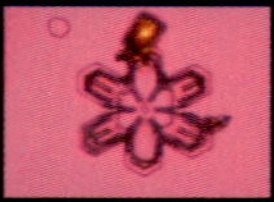

c:六花氷晶

3／多面体氷晶

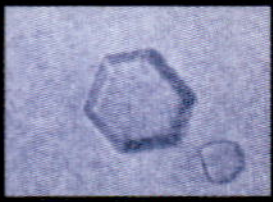

a:十四面体氷晶

b:二十面体氷晶

4／多結晶氷晶

a:角板氷晶集合

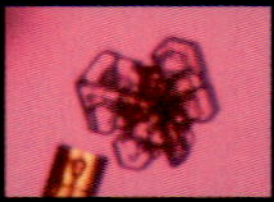

b:複雑交差角板氷晶

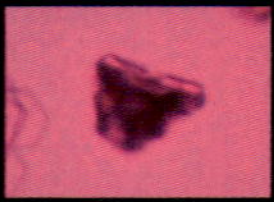

c:不規則氷晶

G1：柱状氷晶／G：初期結晶群

氷晶の多くが、微小な凍結雲粒から成長したものであることから、柱状氷晶が圧倒的に多くなります。この氷晶の大きさは、角柱の長さを（Lc）、幅を（La）とすると、Lc / La ≧ 1（角柱の長さの方が幅より長い）で、長さは数十μｍから100μｍ程度です。成長温度範囲は－25℃以下で、温帯地方で厳冬期に見られるダイヤモンドダストの代表的なものです。「**G1a：角柱氷晶**」は、最も頻繁に見られる結晶ですが、骸晶構造のものが一般的です。ときどき、結晶主軸に直交して中央に細くて浅い溝があるものもあります。「**G1b：扁平角柱氷晶**」は、四角形に見えることから四角形の氷晶の成長と思われたこともありましたが、角柱の相対する柱面の二つの面だけが大きく成長して、他の四つの面が極端に薄くなったことで、見かけ上は四角形、つまり扁平な角柱となったことがわかりました。

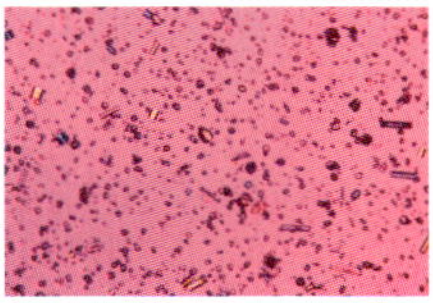
G1a：角柱氷晶

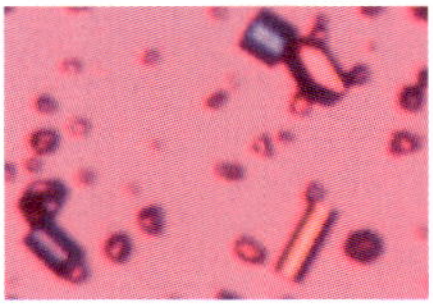
G1a：角柱氷晶

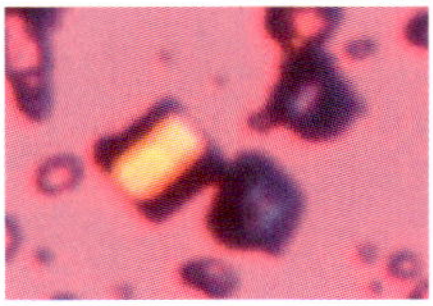
G1a：角柱氷晶

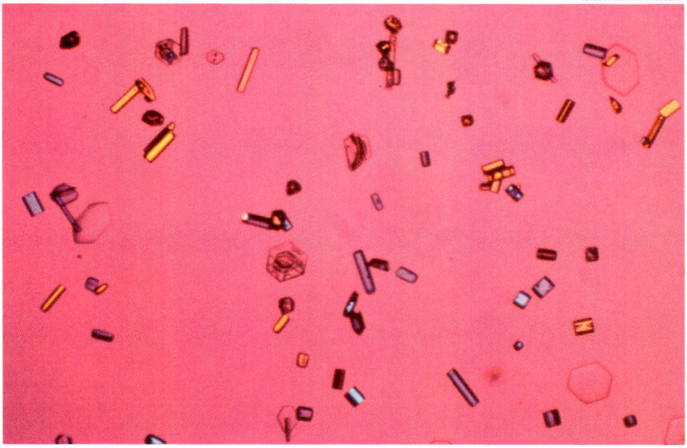
G1a：角柱氷晶

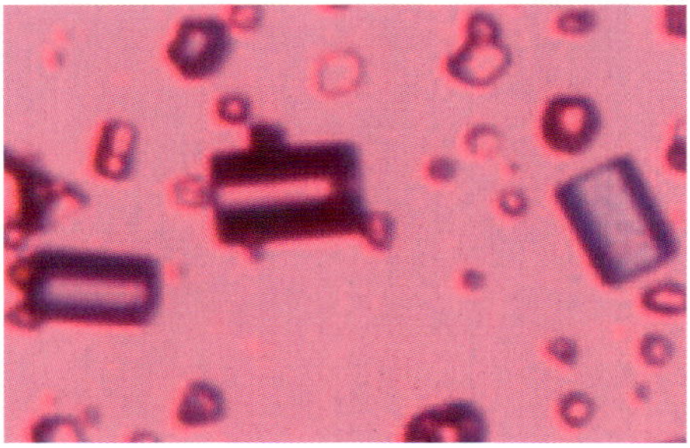
G1a：角柱氷晶

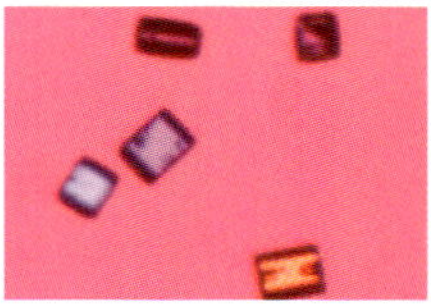
G1a：角柱氷晶

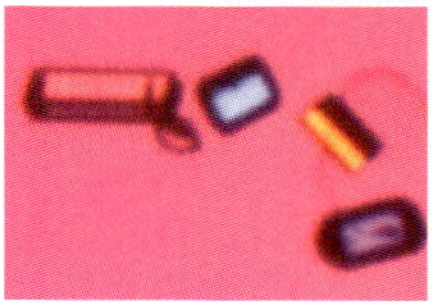
G1a：角柱氷晶

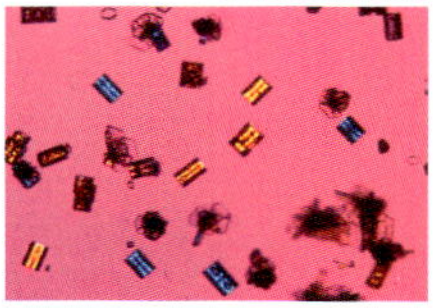
G1a：角柱氷晶

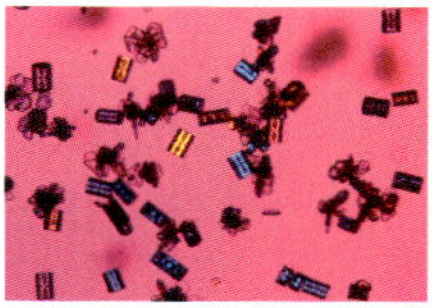
G1a：角柱氷晶

G1：柱状氷晶（ちゅうじょうひょうしょう）／G：初期結晶群

G1a：角柱氷晶

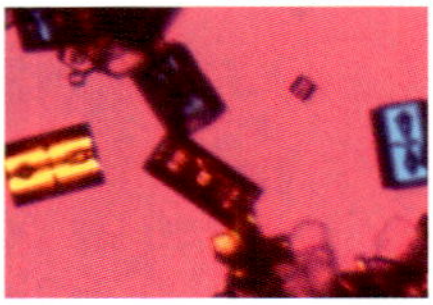

G1a：角柱氷晶

G1a：角柱氷晶

G1a：角柱氷晶

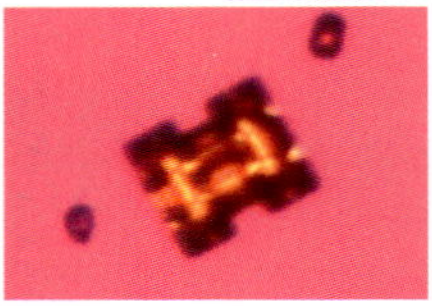

G1a：角柱氷晶

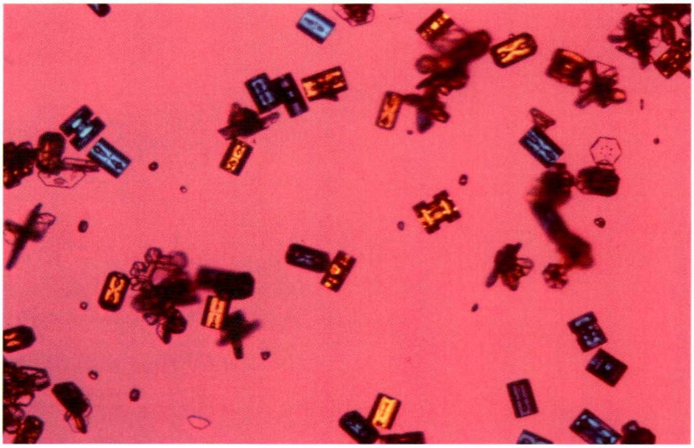

G1a：角柱氷晶

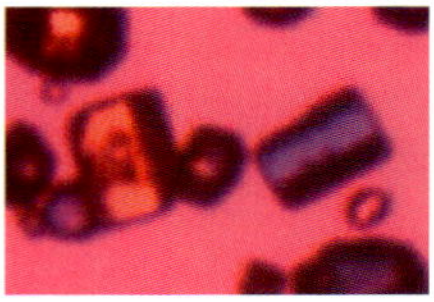

G1a：角柱氷晶

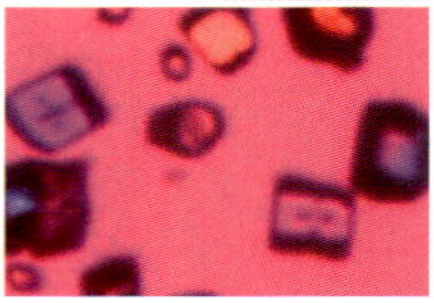

G1a：角柱氷晶

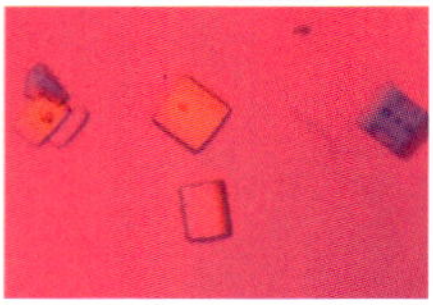

G1b：扁平角柱氷晶

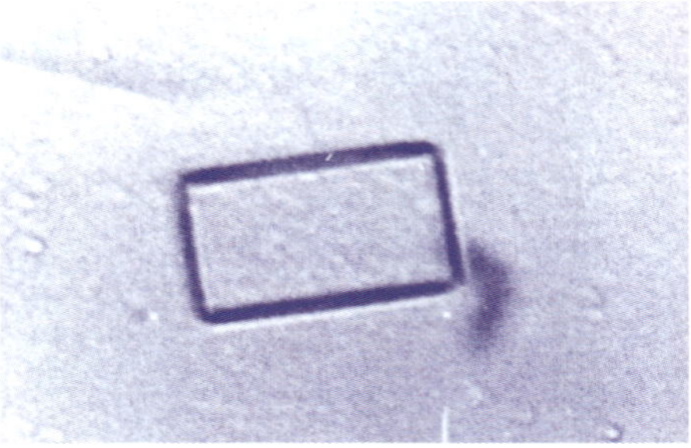

G1b：扁平角柱氷晶

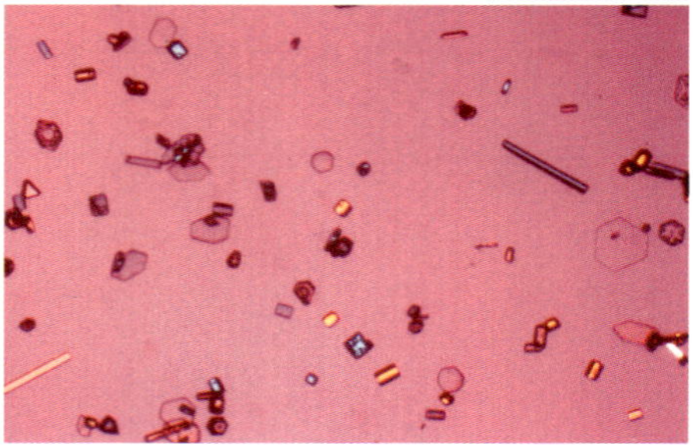

G1b：扁平角柱氷晶

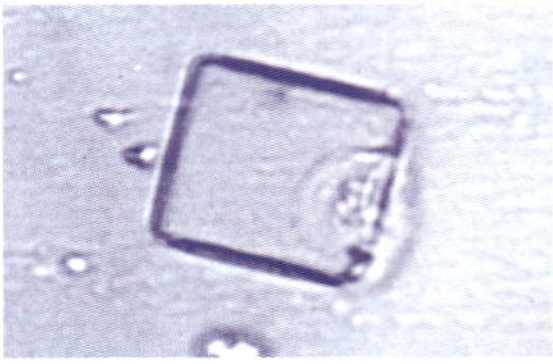

G2：板状氷晶（ばんじょうひょうしょう）／G：初期結晶群

「G1：柱状氷晶」に次いで出現頻度が高いのがこの「G2：板状氷晶」です。「**G2a：角板氷晶**」は表面にまったく模様のない無垢の角板より、何らかの骸晶構造を示すものが多いようです。「**G2b：非六角板氷晶**」は、三角形、四角形、五角形および変形六角形の氷晶で、これらのほとんどは無垢の板状です。「**G2c：六花氷晶**」は、板状氷晶の一種ですが、こんなに小さい段階から立派に六花に成長することから、あえて別の種類にしました。

G2a：角板氷晶

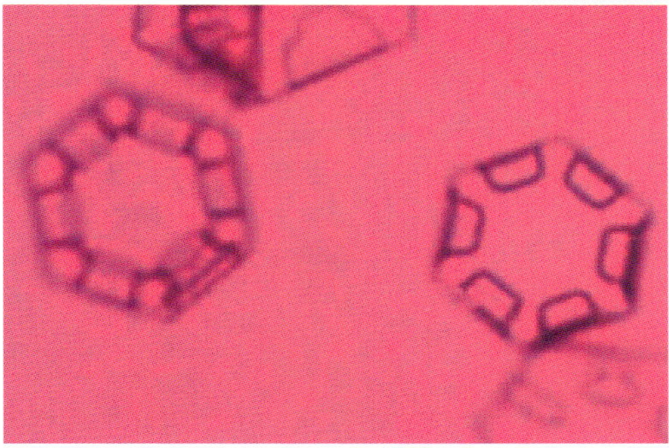

G2a：角板氷晶

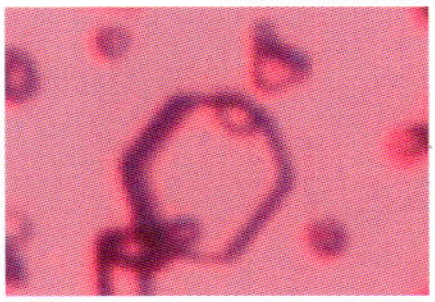

G2a：角板氷晶

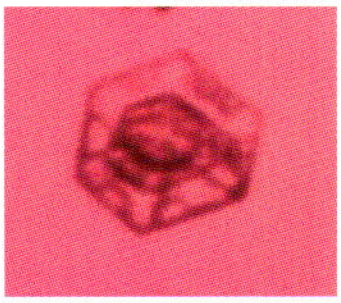

G2a：角板氷晶

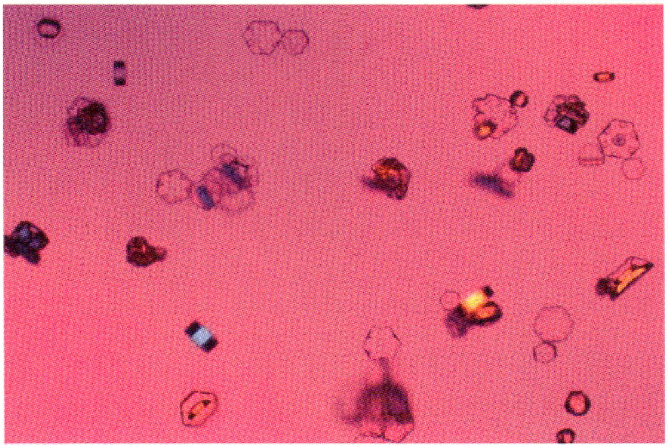

G2a：角板氷晶

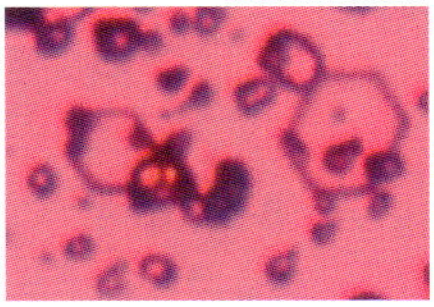

G2a：角板氷晶

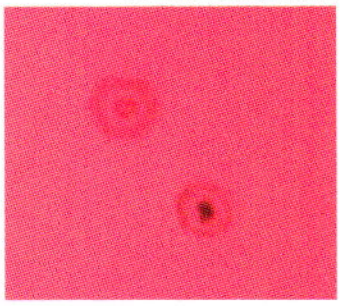

G2a：角板氷晶

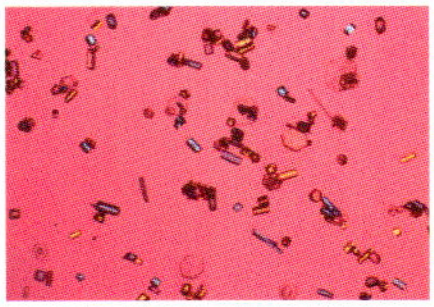

G2a：角板氷晶

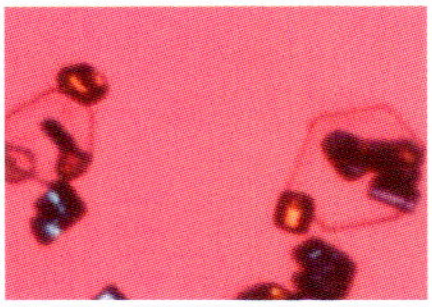

G2a：角板氷晶

G2a：角板氷晶

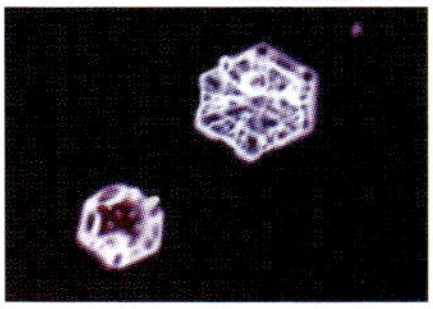

G2a：角板氷晶

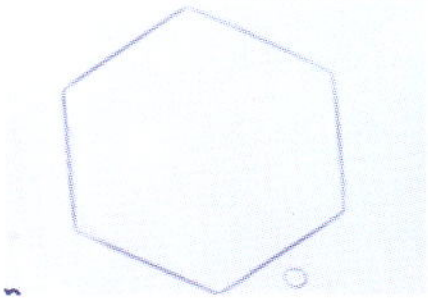

G2a：角板氷晶

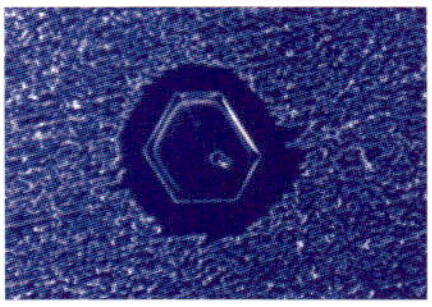

G2a：角板氷晶

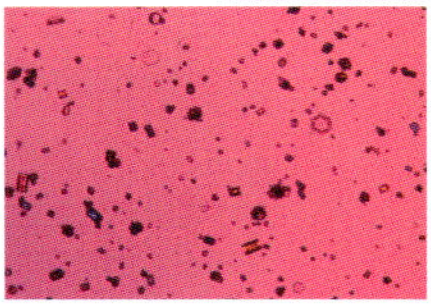

G2a：角板氷晶

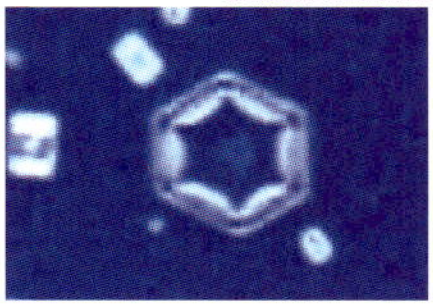

G2a：角板氷晶

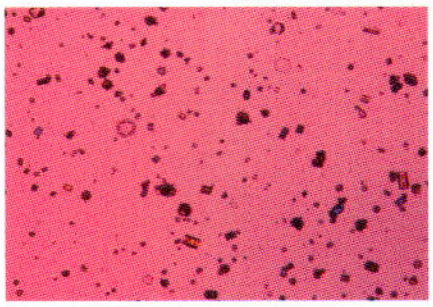

G2a：角板氷晶

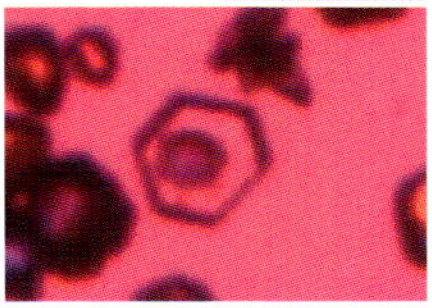

G2a：角板氷晶

G2a：角板氷晶

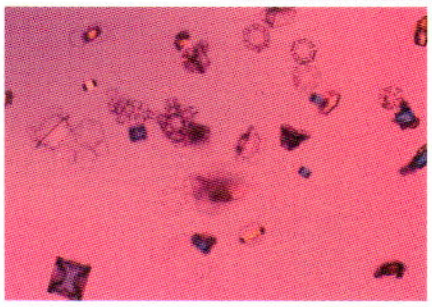

G2：板状氷晶（ばんじょうひょうしょう）／G：初期結晶群

G2a：角板氷晶

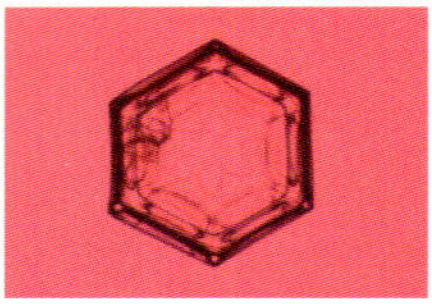

G2a：角板氷晶

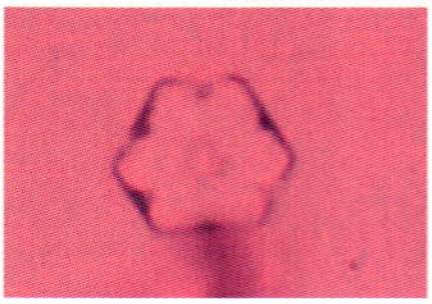

G2a：角板氷晶

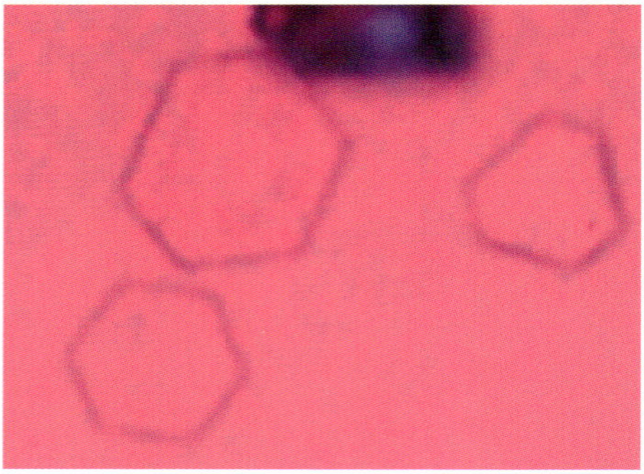

G2a：角板氷晶

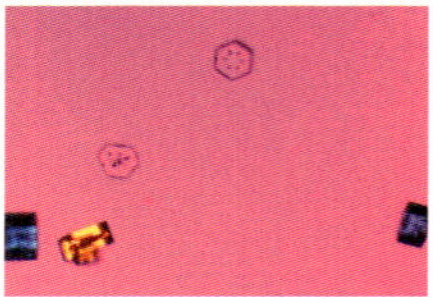

G2a：角板氷晶

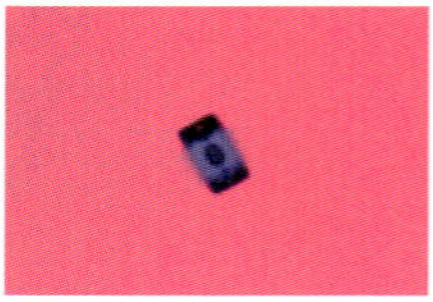

G2b：非六角板氷晶

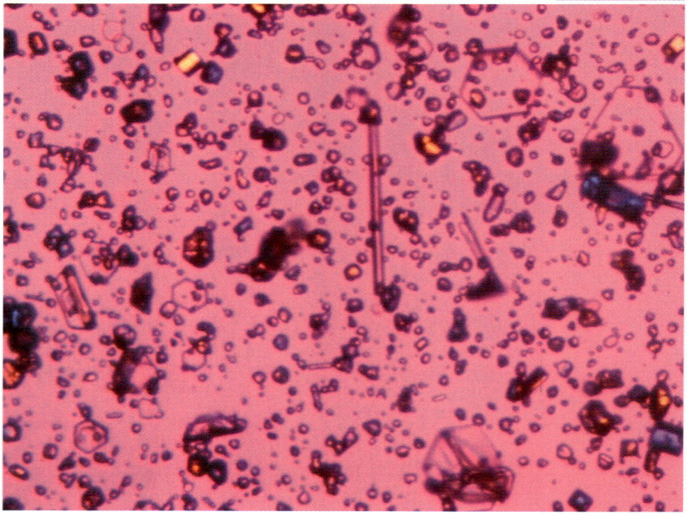

G2b：非六角板氷晶

G2b：非六角板氷晶

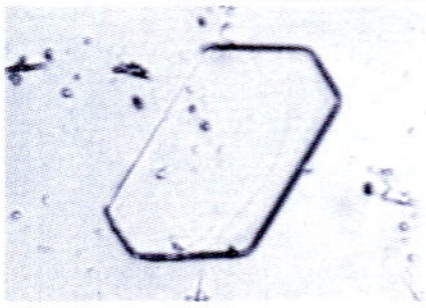

G2b：非六角板氷晶

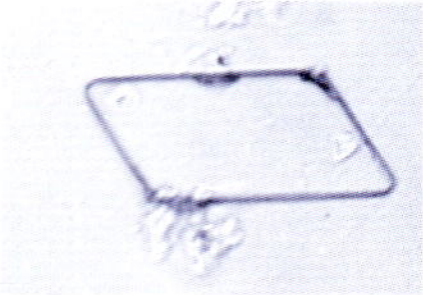

G2b：非六角板氷晶

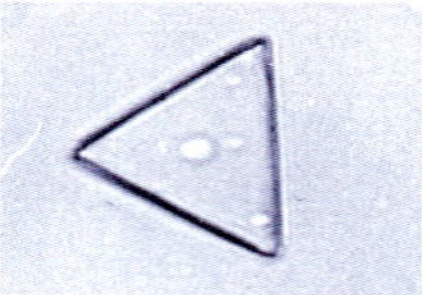

G2b：非六角板氷晶

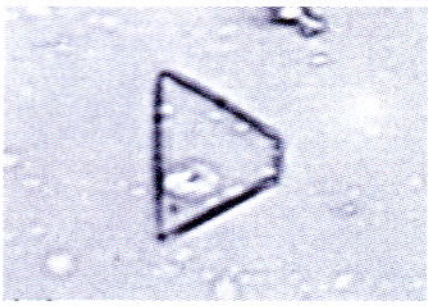

G2b：非六角板氷晶

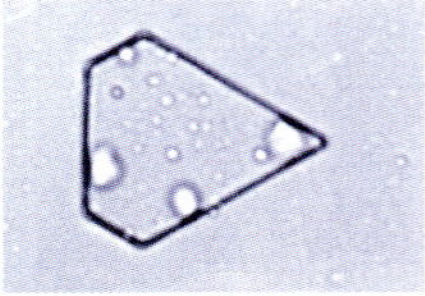

G2b：非六角板氷晶

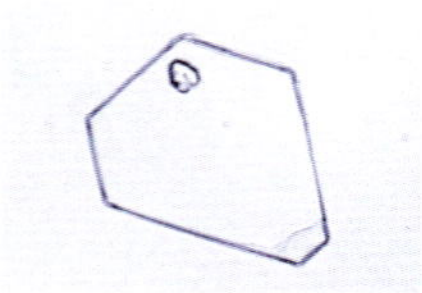

G2b：非六角板氷晶

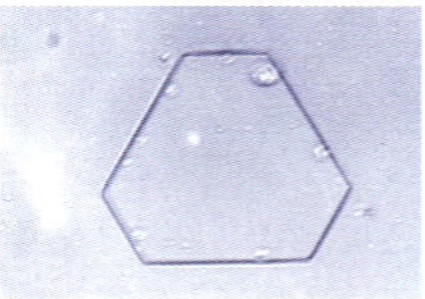

G2b：非六角板氷晶

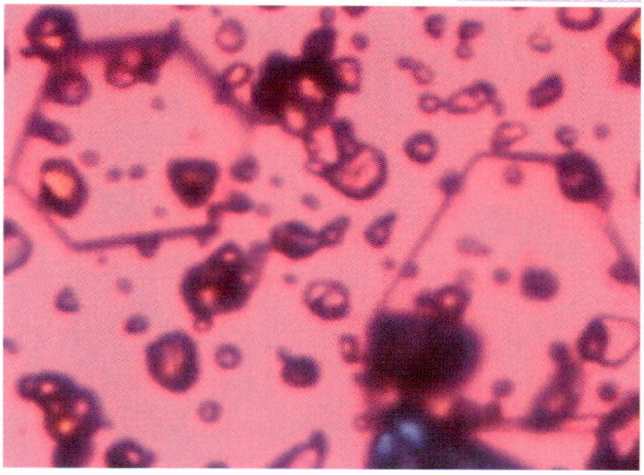

G2b：非六角板氷晶

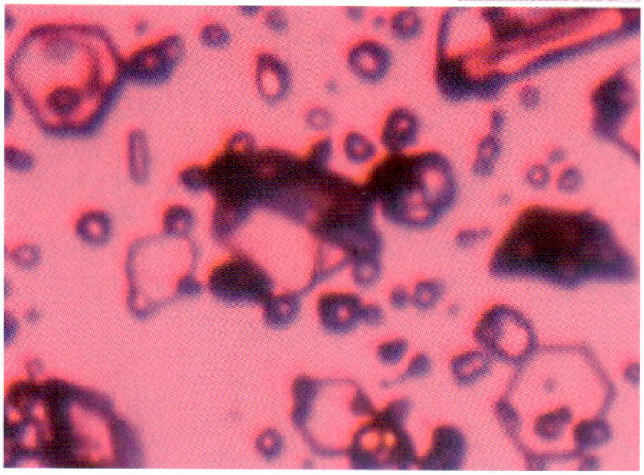

G2c：六花氷晶

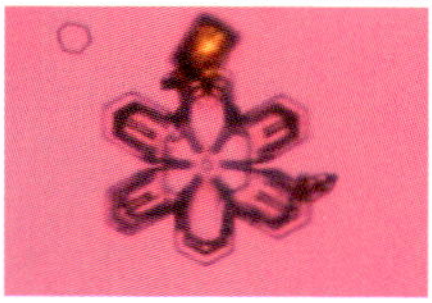

G2c：六花氷晶

G2c：六花氷晶

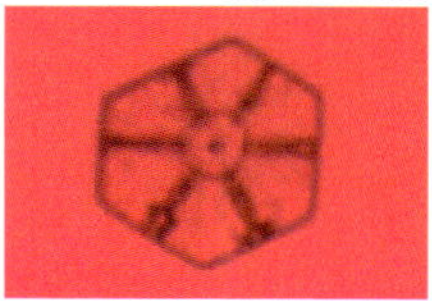

G2c：六花氷晶

G2c：六花氷晶

G2c：六花氷晶

G3：多面体氷晶（たためんたいひょうしょう）／G：初期結晶群

「角柱」型は、底面２面と柱面６面の八面体からなっていますが、「角板」は底面２面が主で、柱面は「厚角板」や「骸晶角板」でなければなかなか認識することはできません。初期結晶のなかには、非常にまれに、これらとは異なった面（角錐型に見られるピラミッド面）を含んだ結晶が見られます。これが多面体氷晶です。平均的な大きさは数十μｍで、大きくても100μｍ以下です。**「G3a：十四面体氷晶」**は底面２面と上下のピラミッド面12面からなるものです。一方、**「G3b：二十面体氷晶」**は、底面２面と上下のピラミッド面12面に、それらに挟まれた柱面６面の20面で囲まれた氷晶です。

G3a：十四面体氷晶

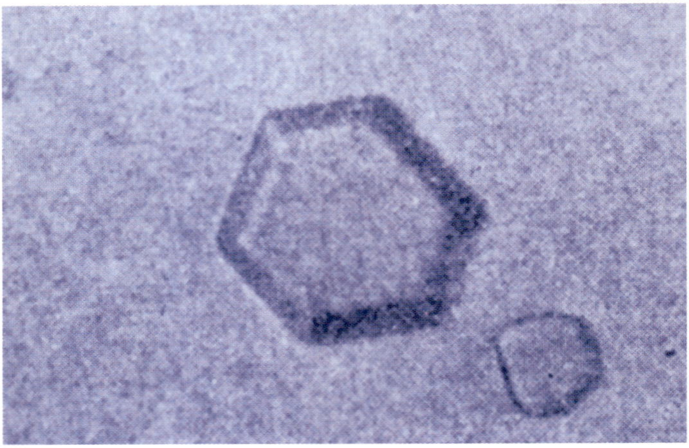

G3b：二十面体氷晶

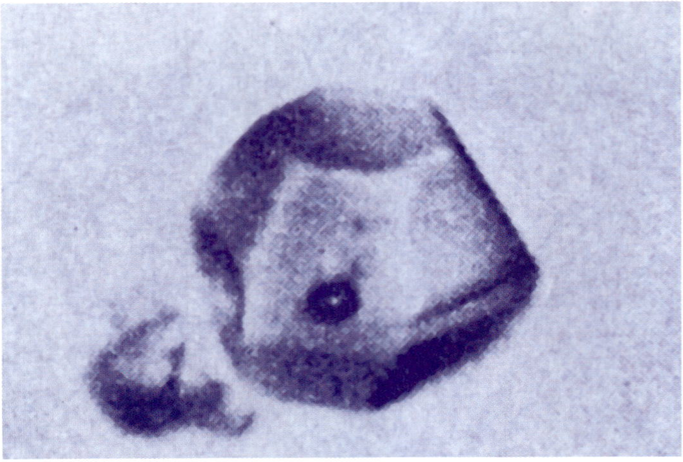

（G3a、G3bは大竹武・アラスカ大学名誉教授提供）

G4：多結晶氷晶／G：初期結晶群

初期結晶は、微小な凍結雲粒から面の成長が始まったばかりなので、「G1：柱状氷晶」から「G3：多面体氷晶」まで氷晶は単結晶です。しかし、この氷晶だけは多結晶です。平均的な大きさは先の３種と比べてやや大きめです。「**G4a：角板氷晶集合**」は、角板型が数個集合しているもの、「**G4b：複雑交差角板氷晶**」は、さらに多くの角板型が交差したもので、「**G4c：不規則氷晶**」は不規則な結晶の集まりです。

G4a：角板氷晶集合

G4a：角板氷晶集合

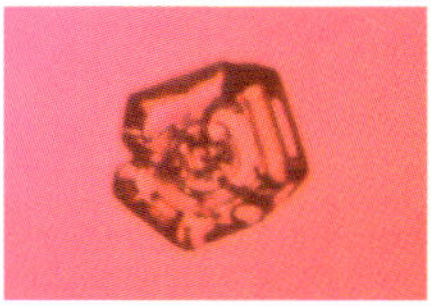

G4a：角板氷晶集合

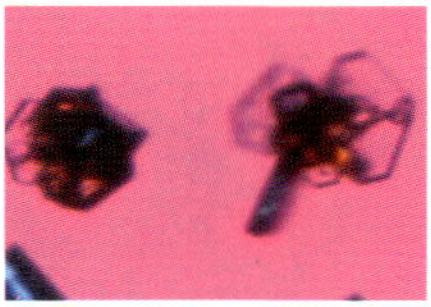

G4a：角板氷晶集合

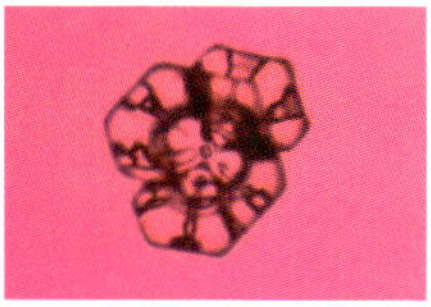

G4b：複雑交差角板氷晶

G4b：複雑交差角板氷晶

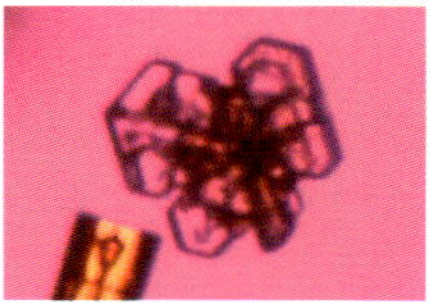

G4b：複雑交差角板氷晶

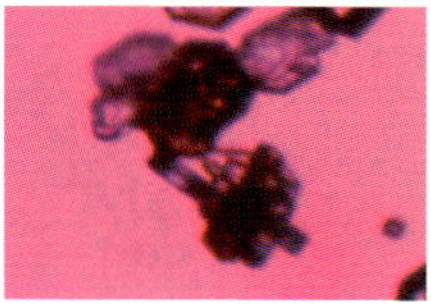

G4b：複雑交差角板氷晶

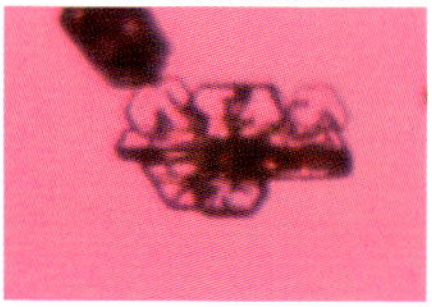

G4b：複雑交差角板氷晶

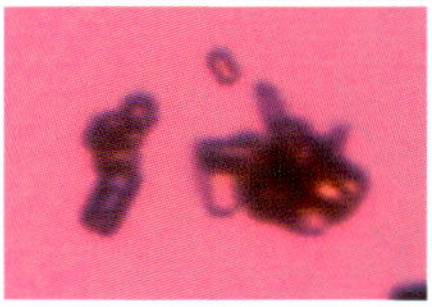

G4b：複雑交差角板氷晶

G4b：複雑交差角板氷晶

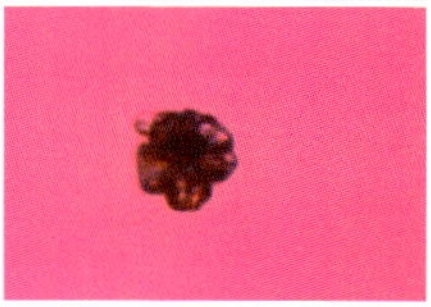

G4b：複雑交差角板氷晶

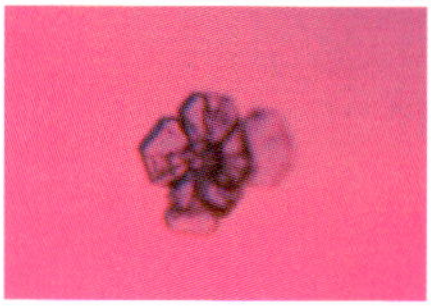

G4b：複雑交差角板氷晶

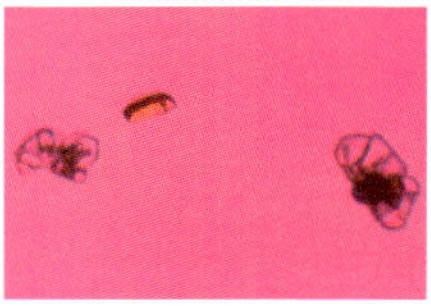

G4b：複雑交差角板氷晶

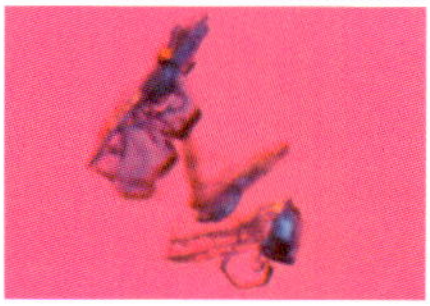

G4b：複雑交差角板氷晶

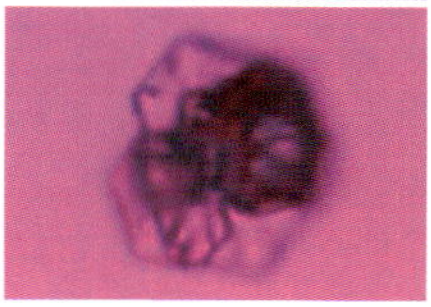

G4b：複雑交差角板氷晶

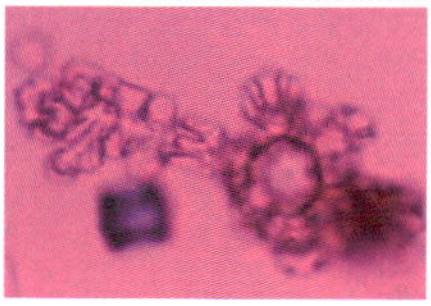

G4：多結晶氷晶（たけっしょうひょうしょう）／G：初期結晶群

G：初期結晶群

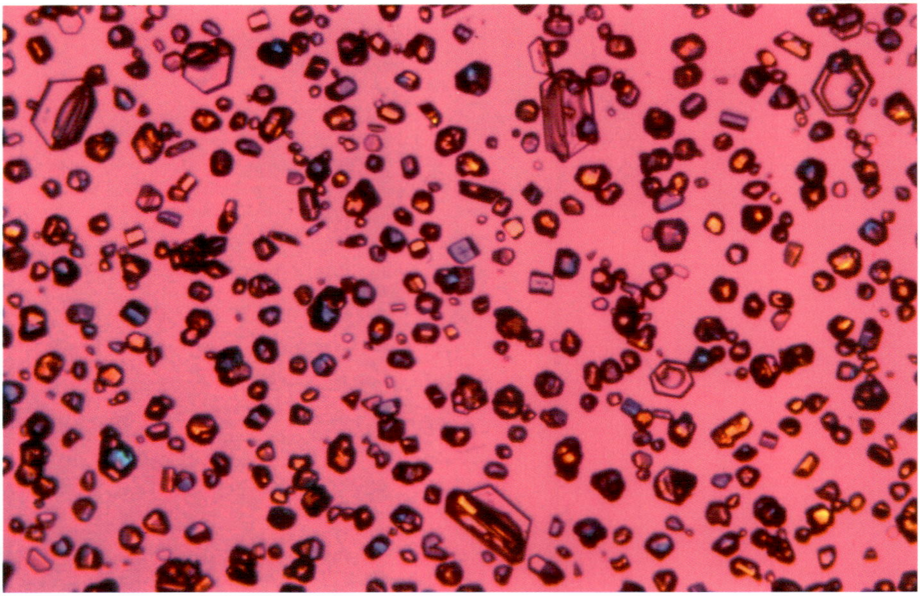

G：初期結晶群

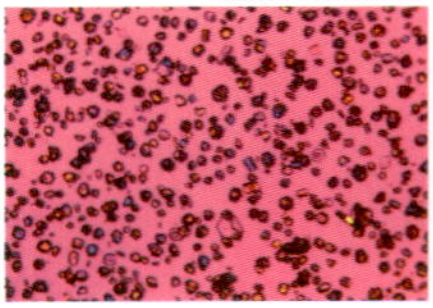

G4c：不規則氷晶

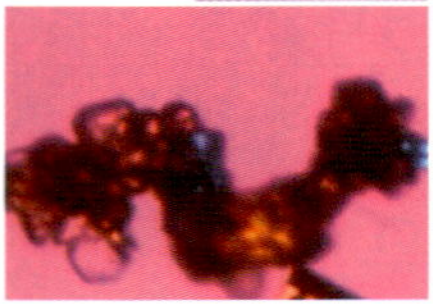

G4c：不規則氷晶

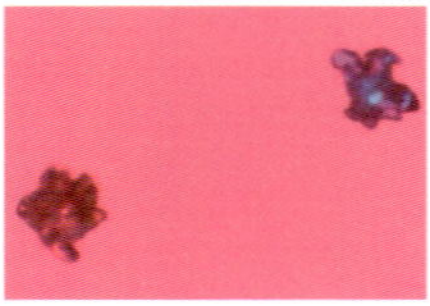

G4c：不規則氷晶

G4c：不規則氷晶

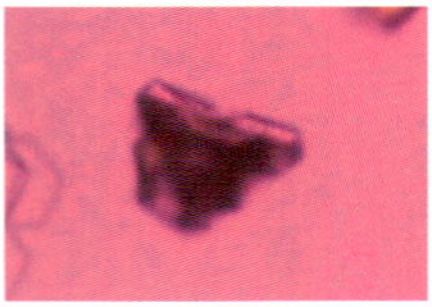

G4c：不規則氷晶

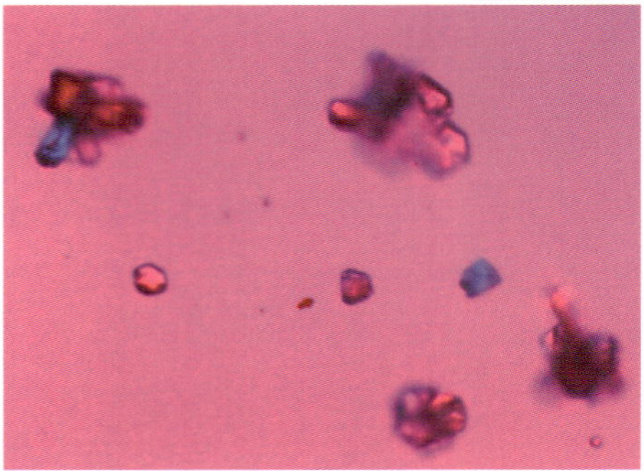

G4c：不規則氷晶

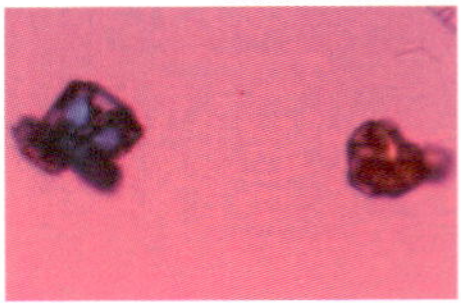

人工的につくられた多様な氷晶

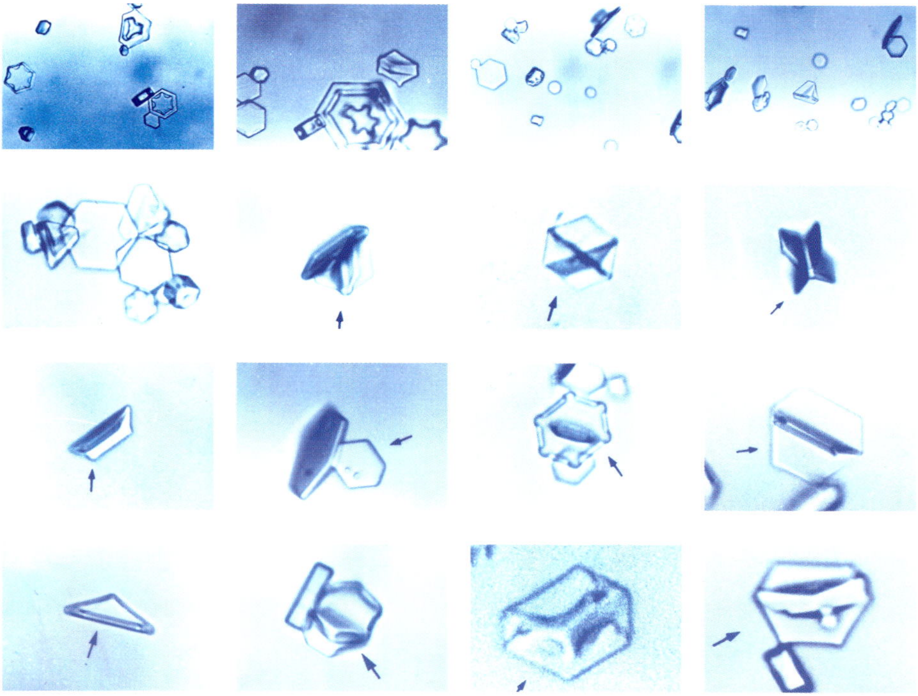

「種まき」によって氷晶をつくる！

雪の結晶の赤ちゃんである「G:初期結晶群」（氷晶）を人工的につくることはそれほど難しいことではありません。既製の小型のアイス・ストッカーがあればよいのですが、手作りの低温箱でも氷晶を発生させることができます。

装置内の温度を－15℃以下に保ち、装置の上部に水を浸したガーゼを置いて装置内に水蒸気を供給し、過冷却水滴をつくります。その後に上部からドライアイスを投入するか、冷却された金属棒などを差し込むか、ヨウ化銀の煙を入れて種まき（過冷却水滴を凍結させることを種まきといいます）すると、水滴は一気に凍結し、懐中電灯を照射するとキラキラと輝いて、ダイヤモンドダストのように単結晶の氷晶が発生したことがわかります。装置内の温度が低いほど多結晶氷晶の発生する割合が高くなります。上の写真の矢印のついた結晶が多結晶氷晶です。

I 不定形群

Iは孫野博士らのIrregular snow crystalのIrregular（不定の）のIを使いました。これは明らかにどの結晶群にも属さないもので、多くは積雪表面から風で吹き上げられたものが多いのです。

1／氷粒

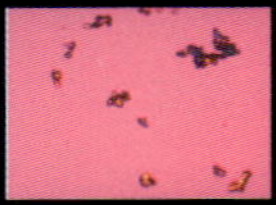

a:氷粒

2／雲粒付雪粒

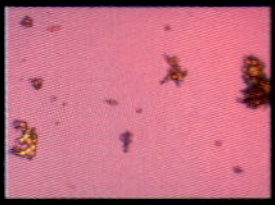

a:雲粒付雪粒

3／結晶破片

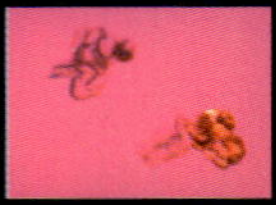

a:結晶破片

I1：氷粒／I：不定形群

「I1a：氷粒」の多くは、積雪表面から風によって舞い上げられたものです。

I1a：氷粒

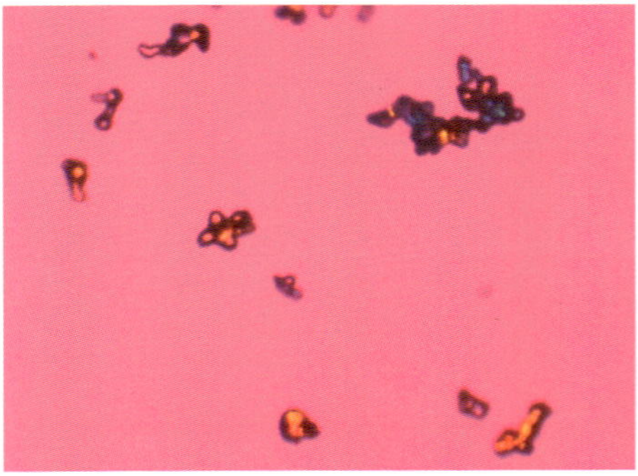

I1a：氷粒

I1a：氷粒

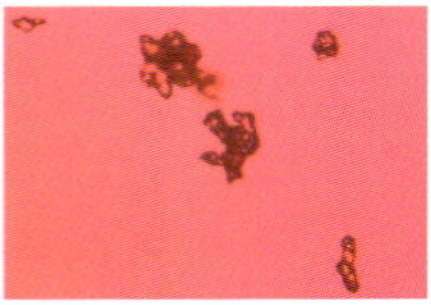

I1a：氷粒

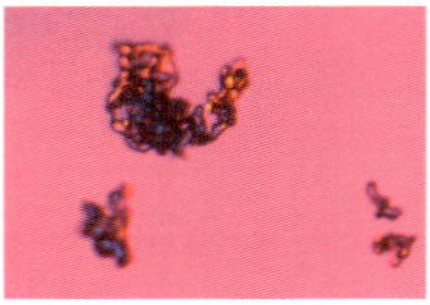

I2：雲粒付雪粒／I：不定形群

「**I2a：雲粒付雪粒**」は「R1：雲粒付結晶」が強い風によってちぎれて変形したものです。

I2a：雲粒付雪粒

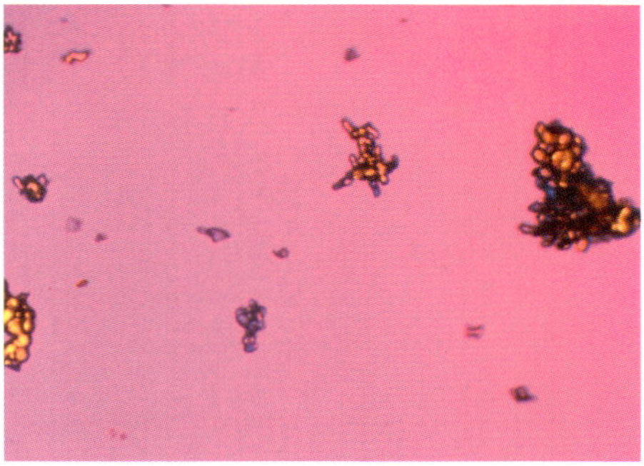

I2a：雲粒付雪粒

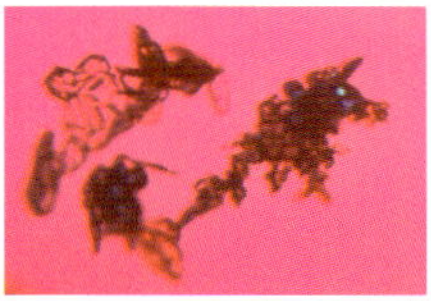

I2a：雲粒付雪粒

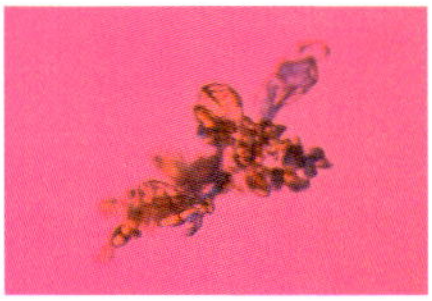

I2a：雲粒付雪粒

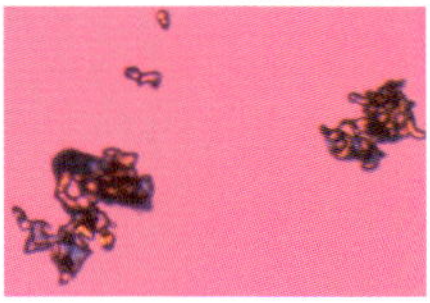

I3：結晶破片／I：不定形群

「**I3a：結晶破片**」は雪粒の破片に結晶の一部が確認できるものです。

I3a：結晶破片

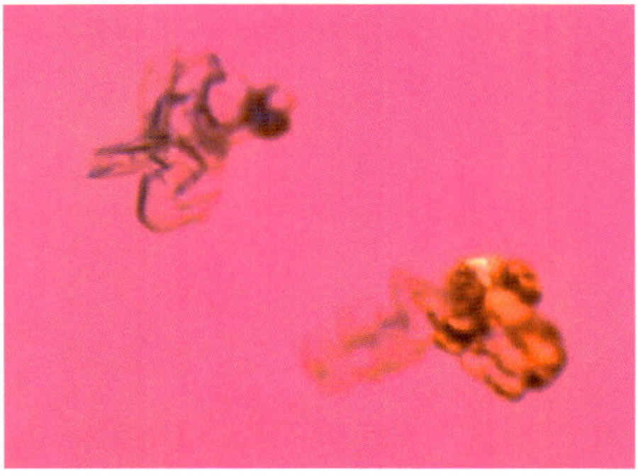

I3a：結晶破片

H　その他の固体降水群

Hは Other solid hydrometeor の Hydrometeor（降水）の H を使いました。その他の固体降水は、降水粒子のうち、雪の結晶以外の固体のものと定義づけました。

1／凍結降水

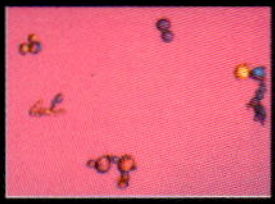

a：凍結雲粒

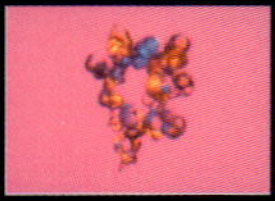

b：連鎖凍結雲粒

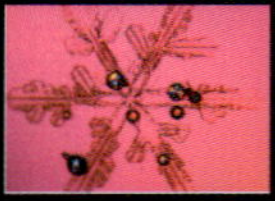

c：凍結小雨滴

2／霙

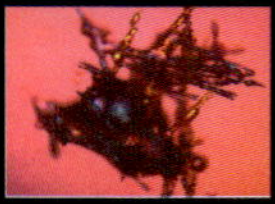

a：霙

3／凍雨

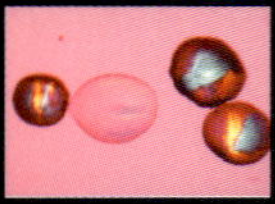

a：凍雨

4／雹

a：雹

（雹の薄片——内部構造がわかる）

H1：凍結降水／H：その他の固体降水群

温帯域で雪の結晶以外の固体降水といえば、霙を含め、凍雨、雹があげられますが、極域では、その低温な条件からしばしば凍結した雲粒や小さな凍結雨滴が観測されることがあります。「**H1a：凍結雲粒**」は、雲粒の凍結したもので、大きさは通常 10 μm 以上 50 μm 以下です。「**H1b：連鎖凍結雲粒**」は、その名のとおり、凍結雲粒が鎖状になったものです。単独の凍結雲粒よりも連鎖状の方が多く見られます。「**H1c：凍結小雨滴**」は、小さい雨滴が雪の結晶に付着したものです。結晶の上で凍結したと思われる小雨滴は、その表面からスピキュル（Spicule：針状突起、小突起物）とか、スパイク（Spike：釘状のもの）といわれる突起が出ているものがあります。これらの小雨滴は、母結晶である雪と同じ主軸をもつものもあれば、母結晶とは別に多結晶に凍っているものもあります。小雨滴の直径は 100 μm から 150 μm くらいで、雲粒の数倍以上の大きさです。

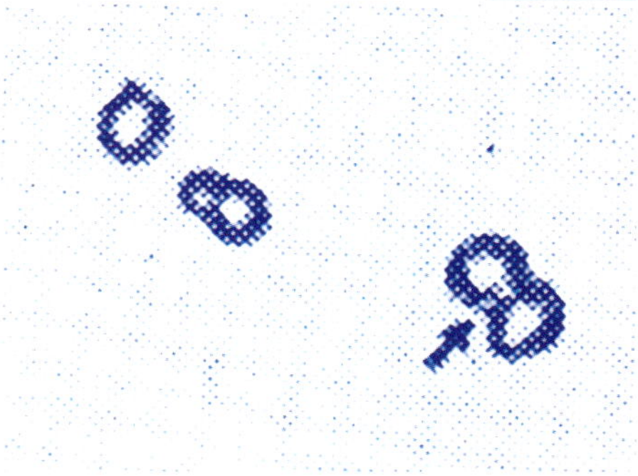
H1a：凍結雲粒

H1a：凍結雲粒

H1a：凍結雲粒

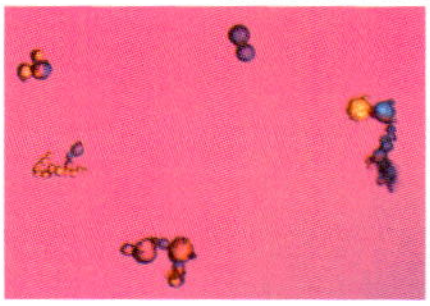
H1a：凍結雲粒

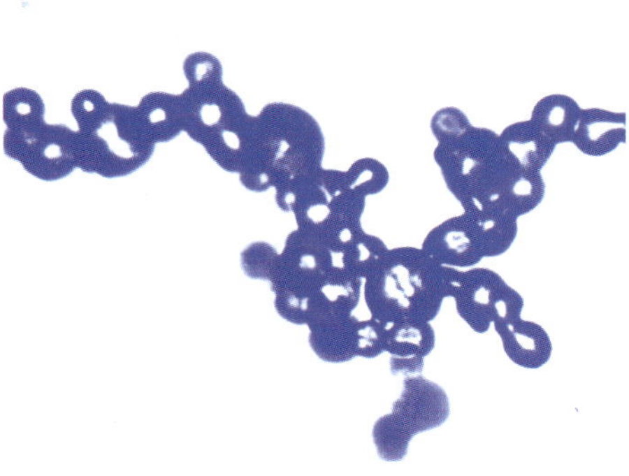
H1b：連鎖凍結雲粒

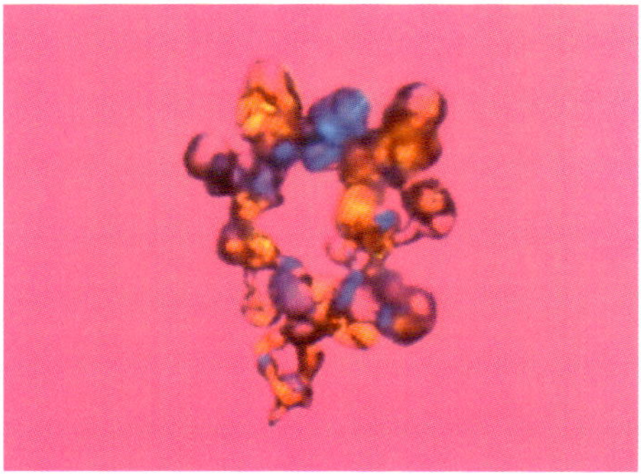
H1b：連鎖凍結雲粒

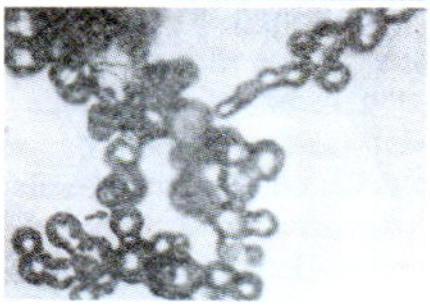
H1b：連鎖凍結雲粒

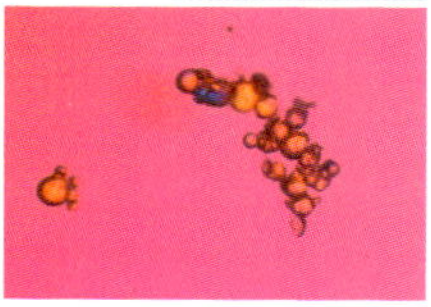
H1b：連鎖凍結雲粒

H1：凍結降水（とうけつこうすい）／H：その他の固体降水群

H1b：連鎖凍結雲粒

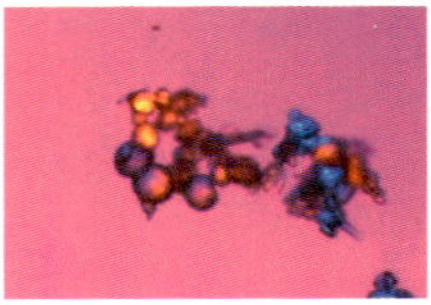

H1c：凍結小雨滴

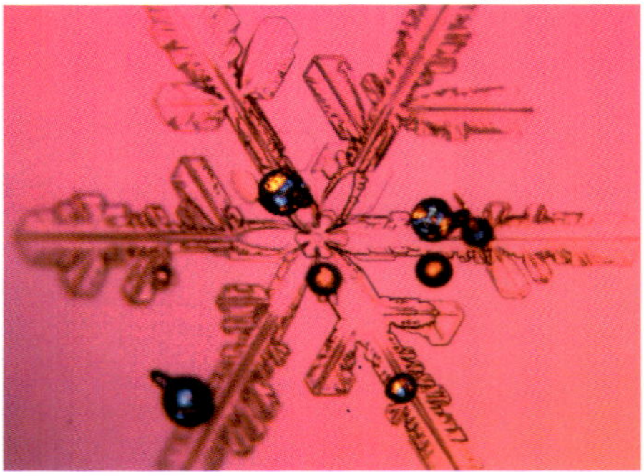

H1c：凍結小雨滴

H1b：連鎖凍結雲粒

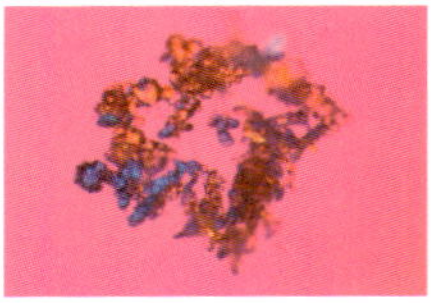

H1c：凍結小雨滴

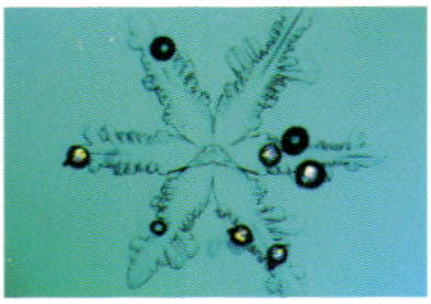

H1c：凍結小雨滴

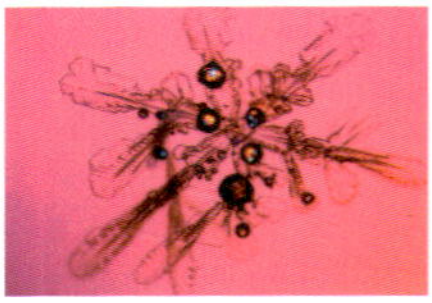

H1c：凍結小雨滴

H1c：凍結小雨滴

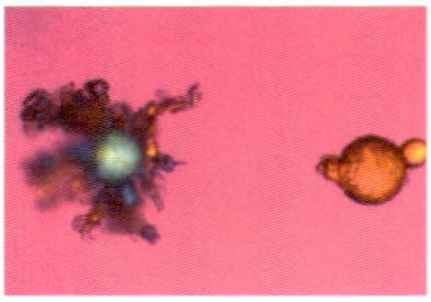

H1c：凍結小雨滴

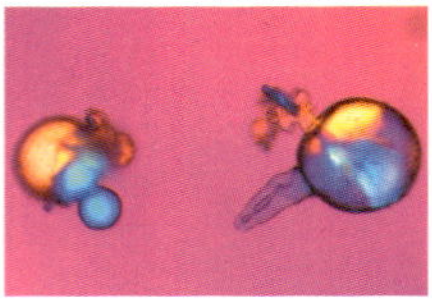

H1c：凍結小雨滴

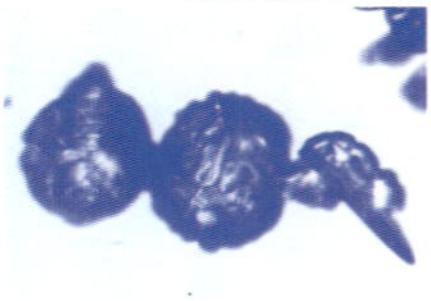

H1c：凍結小雨滴

H1c：凍結小雨滴

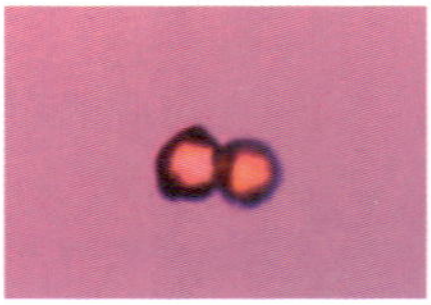

H1c：凍結小雨滴

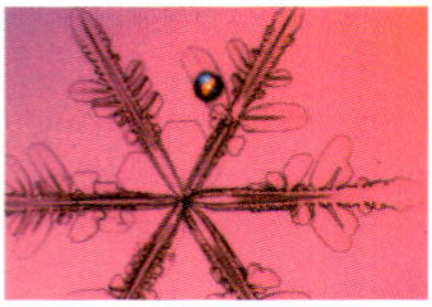

H1c：凍結小雨滴

H1c：凍結小雨滴

H1c：凍結小雨滴

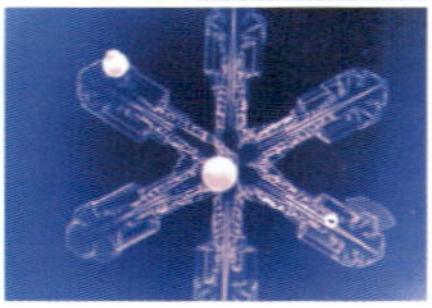

H1c：凍結小雨滴

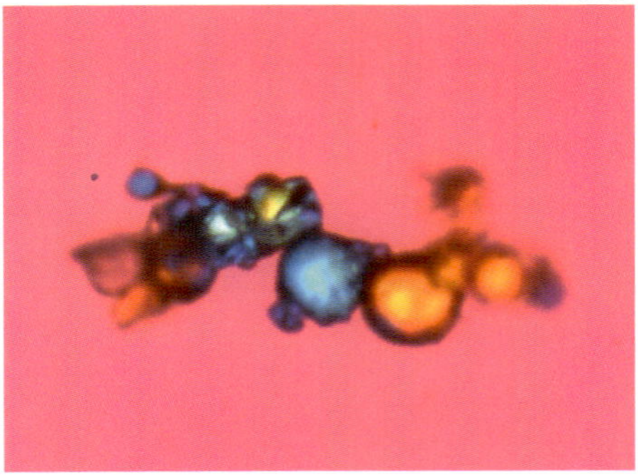

H1c：凍結小雨滴

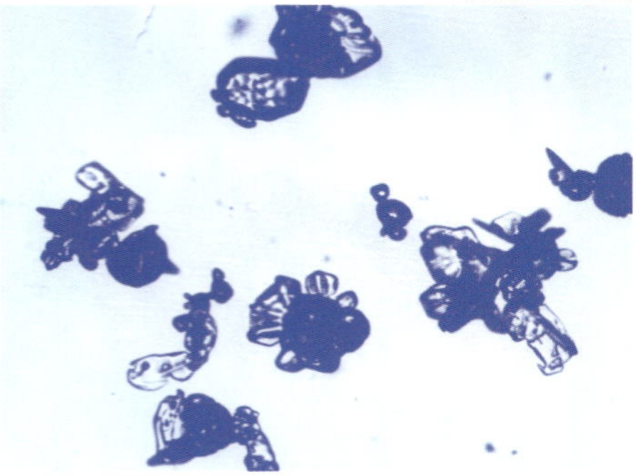

H2：霙（みぞれ）／H：その他の固体降水群

H2a：霙

「**H2a：霙**」は雨と雪が混在している状態です。秋から冬にかけて寒冷前線の通過に伴って寒気が入り込み、雨だったものが凍結し始めて霙となる場合と、雪が降ってくる途中で融解層（0℃層）を通過して融解し始めて霙となる場合があります。

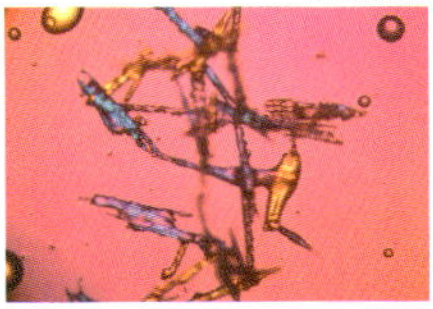

H2a：霙

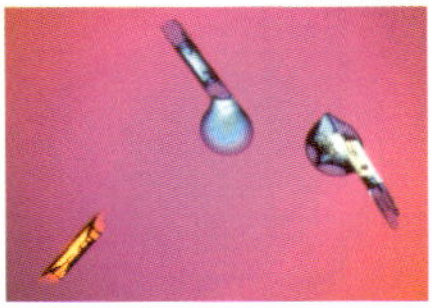

H2a：霙

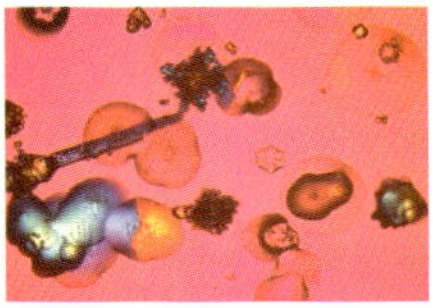

H2a：霙

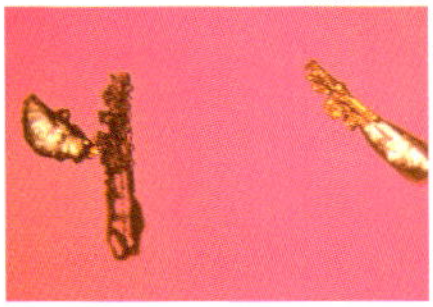

H2a：霙

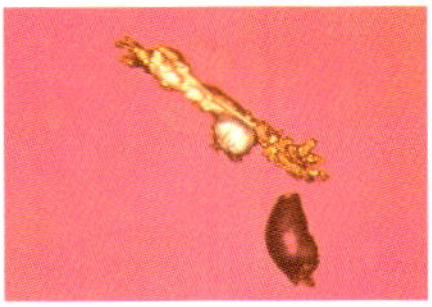

H2a：霙

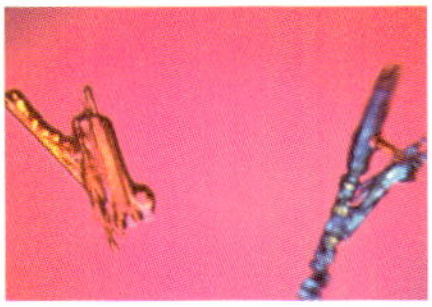

H2a：霙

H2a：霙

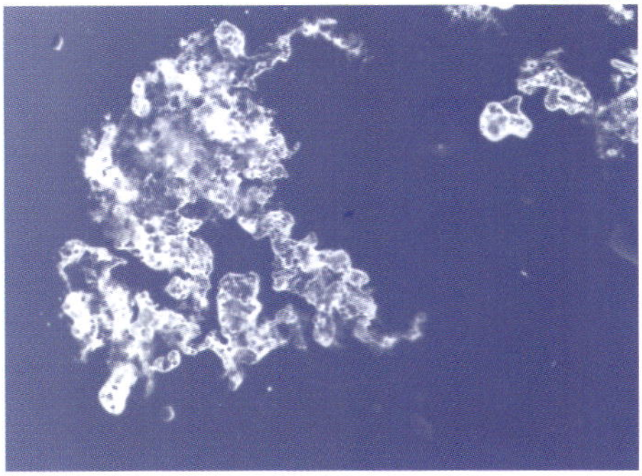

H2a：霙

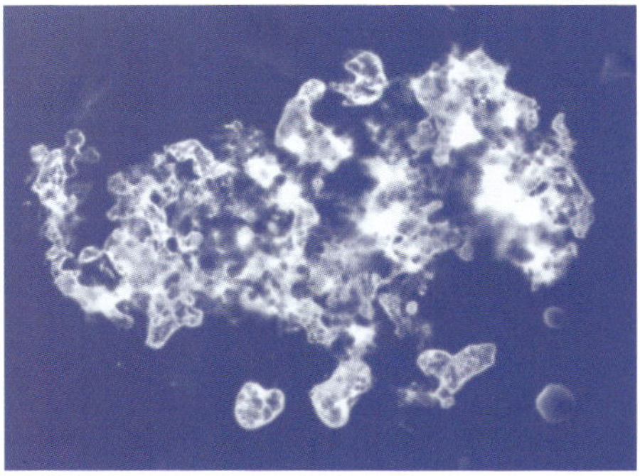

H2a：霙

「**H3a：凍雨**」は、雨滴が氷結したり、雪片の大部分が解けて再び氷結してできた透明、または半透明の氷の粒です。この氷の粒が降る現象も凍雨と呼びます。

H3a：凍雨

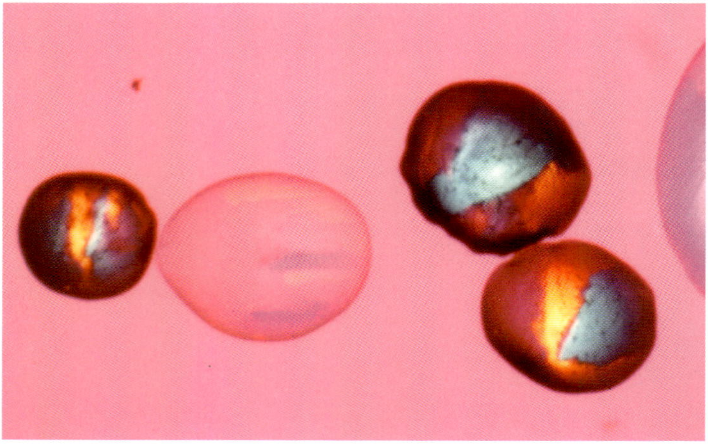

H3a：凍雨

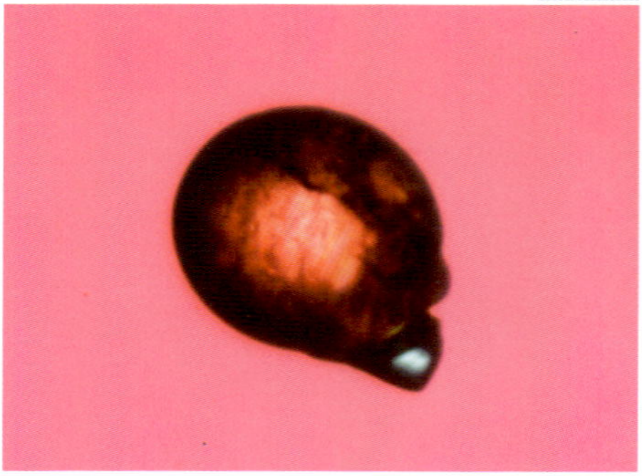

H3a：凍雨

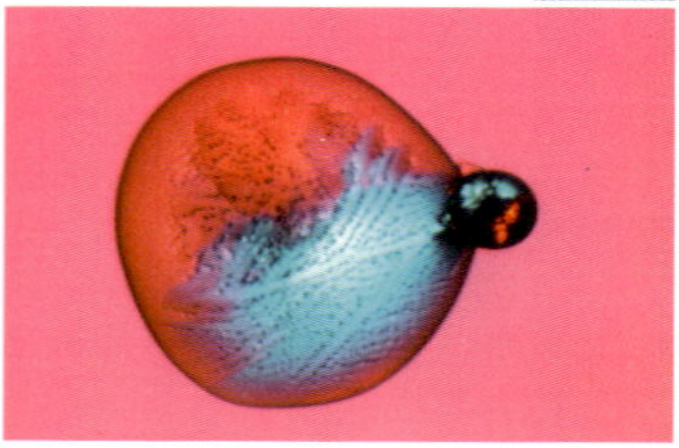

H3a：凍雨

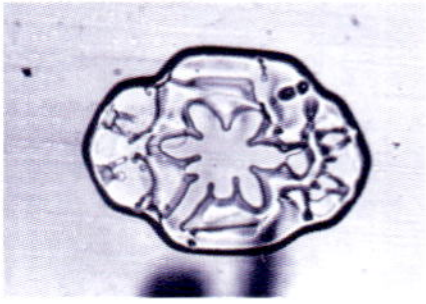

H3a：凍雨

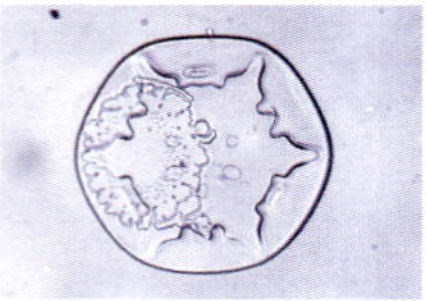

H3a：凍雨

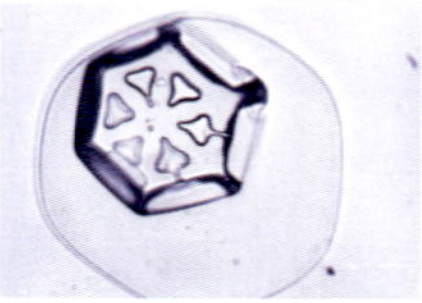

H3a：凍雨

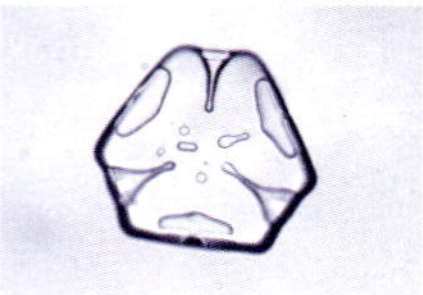

H3a：凍雨

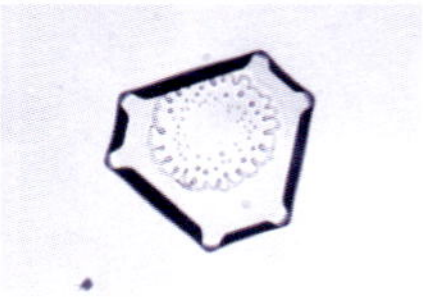

H3a：凍雨

H3a：凍雨

H3a：凍雨

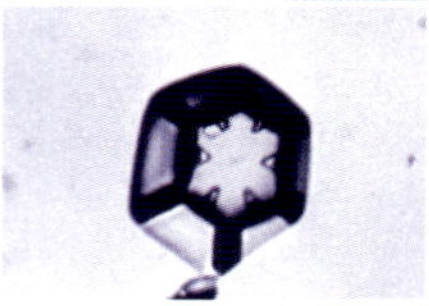

H4：雹（ひょう）／H：その他の固体降水群

雹は、透明または透明な層と半透明の層とが交互に重なってできた氷の粒、またはそれが降る現象のことです。雹の粒の直径は日本では3cmくらいでも大きいほうですが、アメリカの猛烈に発達した積乱雲に伴って降る雹は、人の頭くらいのものもあるといわれています。

H4a：雹

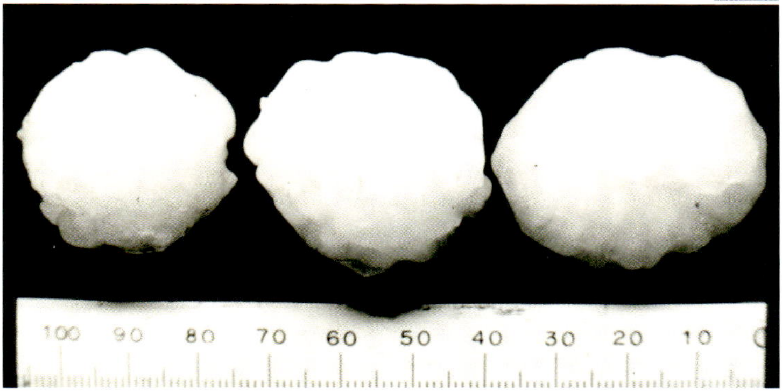

H4a：雹

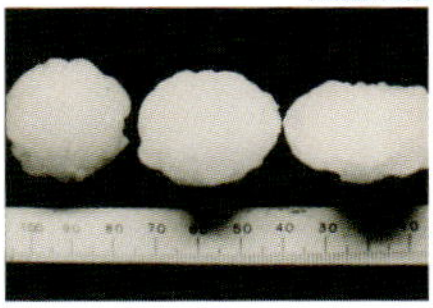

H4a:雹(薄片)

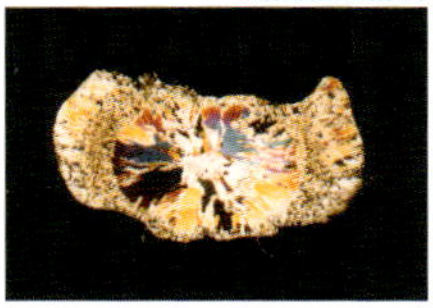

H4a:雹(薄片)

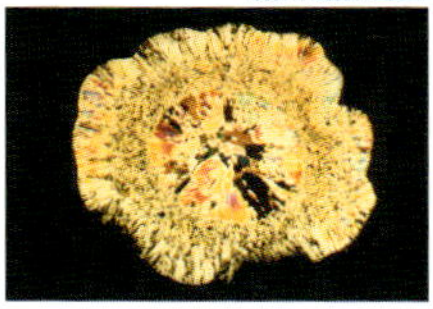

H4a:雹(薄片)

H4a:雹(薄片)

H4a:雹(薄片)

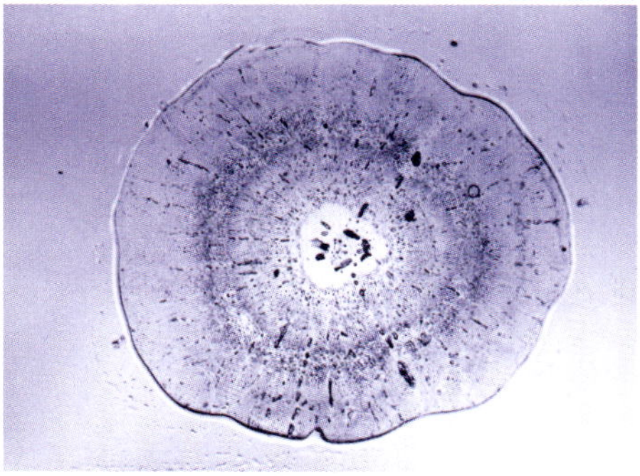

同じ雹の薄片の顕微鏡写真。 左:偏光、右:透過光

柱状・板状結晶群の特にCP6～CP9の位置づけ

雪の結晶の新しい分類であるグローバル分類と、従来の一般分類、気象学的分類の大きな違いは、主として極域で発見されたCP6～CP9に代表される底面の立体化・複雑化や柱面の平板化・複雑化です。これらの結晶の成長の型と変化を表すダイヤグラムでの位置づけは、温度が-25℃以下、湿度が水飽和という、おおよその条件しかわかっていません。基本形の角柱からの成長との相互関係を図1に表してみましょう。

まず、均質核形成（単結晶の核からの成長）で成長する－7℃前後の柱状結晶と、-15℃前後の板状結晶の成長に、従来の多結晶の砲弾集合と放射樹枝をあてはめると、これらはともに不均質核形成（多結晶の核からの成長）による立体化で統一できます。これに対して、CP6～CP9は、凍結雲粒などを中心核とする不均質核形成による「柱面の平板化（まれに単結晶）・複雑化（多結晶、双晶）」と「底面の複雑化（まれに単結晶）・立体化（多結晶）」で成長を表現できます。前者は、CP6a：骸晶四角形（柱面の平板化）とCP7a：御幣やCP8b：砲弾集合付矛先、CP9d：内側鋸歯付鴎（いずれも柱面の複雑化・多結晶）など、後者は、P8b：複雑多重角板（底面の複雑化・単結晶）とCP4a：交差角板やCP4c：放射交差角板、CP9a：内側角板付鴎（いずれも底面の立体化・多結晶）などが代表的な結晶です。

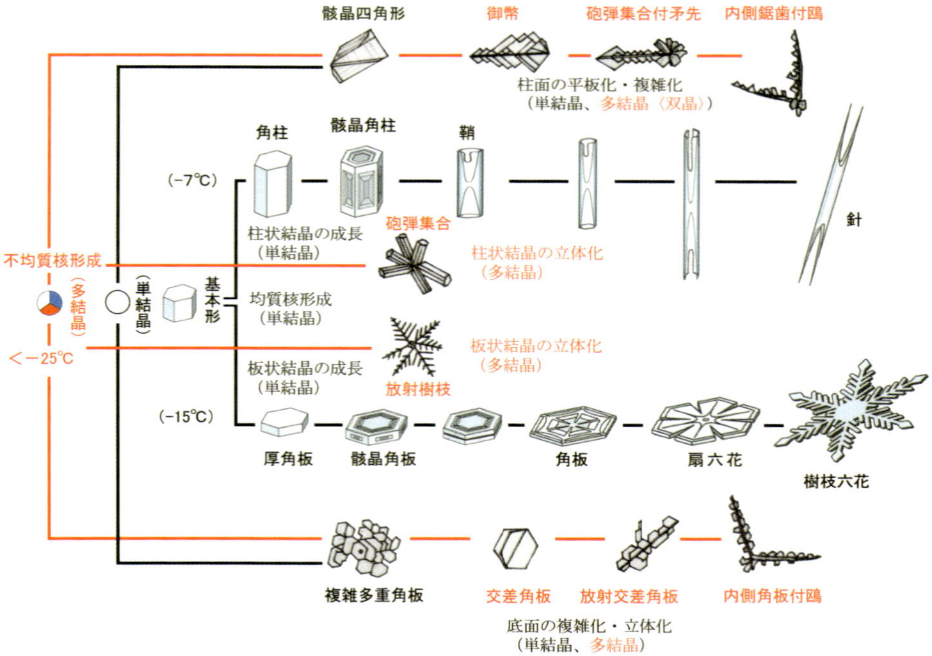

図1　小林（1984）に菊地が加筆

III

これまでの雪の結晶の分類

菊地勝弘

1．中谷ダイヤグラム（または中谷の「Ta－sダイヤグラム」）

中谷宇吉郎博士が北海道大学理学部物理学科で雪の研究を始めたのは1932年（昭和７年）の冬からです。顕微鏡写真撮影から始まり、1933年（昭和８年）からは北海道の中央部にある十勝岳中腹の山小屋「白銀荘」にその拠点を移し、合計3000枚にものぼる写真を得ました。これらの写真をもとに、雪の結晶を七つの大分類に分けました。その後、人工雪の生成にとりかかり、ついに1936年（昭和11年）３月12日に世界で最初の人工雪の成長に成功しました。**図１**はそのときの結晶です。その後、中谷博士は各種の雪の結晶が成長する温度（Ta）を横軸に、縦軸に氷に対する過飽和度（s）、つまり水蒸気量をとって表すことにより、雪の結晶形による成長条件の違いを明らかにしました。**図２**がそのダイヤグラムです。中谷博士が残した有名な「雪は天から送られた手紙である」という言葉は、地上に舞い降りてきた雪の結晶形をこのダイヤグラムに当てはめてみると、結晶が生成・成長した雲の中の状態、つまり温度と過飽和度（湿度）を推測できることを示しているのです。つまり、雪の手紙が投函された雲の中の状態を知ることができるようになったのです。

図１　世界初の人工雪（中谷、1949）

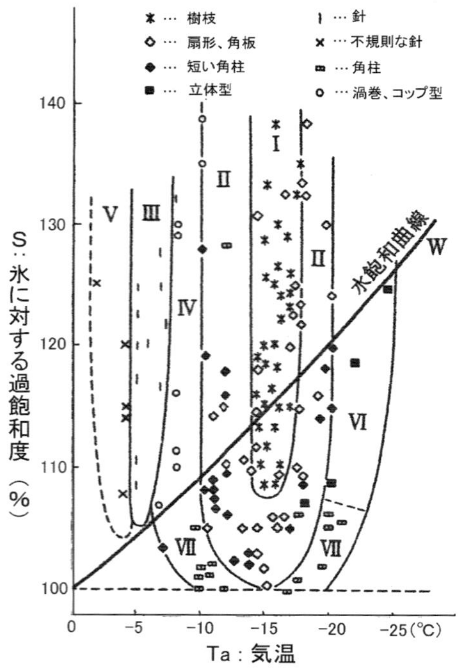

図２　中谷のTa－sダイヤグラム（中谷、1954）

2．小林の「Ta−Δρダイヤグラム」

中谷ダイヤグラム（中谷のTa − sダイヤグラム）は、縦軸に「氷に対する過飽和度（s）」、横軸に結晶が成長する温度（Ta）で示されています。この実験は当時としては十分だったのですが、現在では、水蒸気の過飽和度（水蒸気量）の測定がさらに進んでいます。現在でも氷点下の温度、特に低温になればなるほど水蒸気量の測定は困難とされています。小林禎作博士は、縦軸に、中谷博士の過飽和度の代わりに、氷飽和以上に存在する過剰水蒸気密度＝Δρ（g／m^3）＝をとり、横軸は中谷と同じ温度＝Ta（℃）＝をとりました（**図3**）。この図が「**小林のTa −Δρダイヤグラム**」です。図中、過冷却の水に対する飽和と書いてある曲線の下側が氷飽和で水未飽和の領域です。当然のことですが、雪の結晶は水未飽和でも氷飽和であれば成長するのです。中谷ダイヤグラムとの大きな違いは、水蒸気量の表し方を変えたことですが、これによって小林ダイヤグラムでは、ある温度条件の下では、基本形の六角柱から→厚角板→骸晶角板→角板→扇六花→樹枝六花のように成長の型

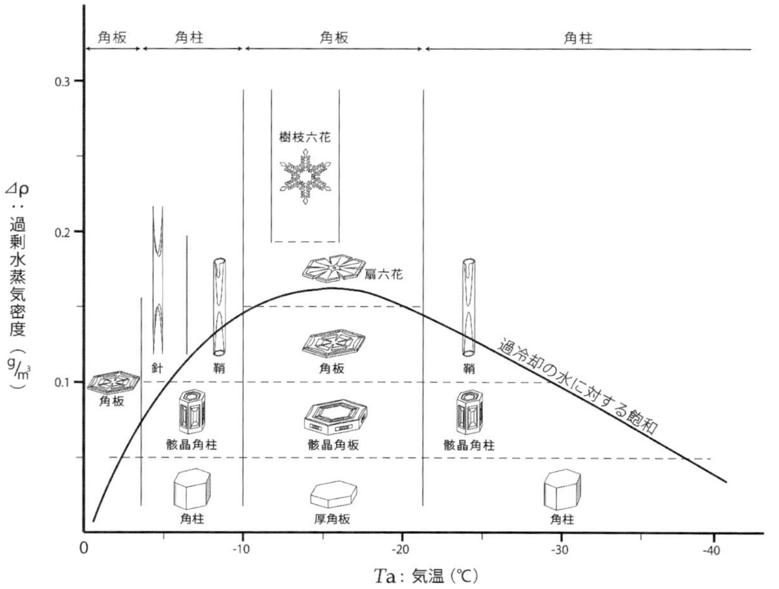

図3　小林のTa−⊿ρダイヤグラム（小林、1961）

の変化をより明確にし、実験を－40℃以下まで拡張することができました。両者のダイヤグラムで結晶の成長温度範囲が少し異なっていますが、中谷博士が対流型、小林博士が拡散型という実験装置を使用したことによる温度測定が多少影響しているのかもしれません。

3．「一般分類」と「気象学的分類」

中谷博士が札幌や十勝岳中腹の山小屋で観測した結果、分類したのは大分類で7種、中・小分類合わせて30種でした。この分類は1938年11月に出版された岩波新書『雪』に詳しく述べられています。1949年に中谷博士は31種に分類して「**一般分類**」(178ページの**表1**）として発表しました。さらに1954年、アメリカ・ハーバード大学出版局から発刊した『Snow Crystals−natural and artificial』では、最終的に41種に分類しました。

その後、中谷博士の研究を引き継いだ北海道大学理学部地球物理学科気象学研究室の孫野長治博士は、研究室のスタッフ、大学院生を総動員して北海道大学手稲山雲物理観測所や石狩平野で精力的に観測を続け、1966年に8大分類、31中分類、67小分類とし、最終的には81種に分類しました。これが孫野博士らの「**気象学的分類**」(179ページの**表2**）です。

孫野博士らの分類は、中谷博士の分類を基本として発展させたものです。たとえば、変遷六花グループでは、角板付樹枝のように、樹枝の領域で成長した雪が降ってくる途中で角板が成長する温度領域に入ると、樹枝の先端に角板が成長するはずであり、事実そのような結晶が見つかることから、成長する枝や角の先端に注目して分類したのです。

4．「グローバル分類」

1954年に発表された中谷博士の「一般分類」や、1966年の孫野博士らの「気象学的分類」は、主に北海道で観測された結晶をもとに分類されたものでした。研究観測のために国内外で多く使われてきた気象学的分類も、公表されてから45年が経過しました。

この間、私たちが極域などで、特に柱面の異常に発達した奇妙な形をした多くの結晶を発見しました。さらに人工雪を成長させることのできる温度、湿度の制御が比較的簡単にまた精度良く測定できる装置が開発され、極域で報告された結晶と類似のものが報告されるようになりました。

今回、本書で紹介した「**グローバル・スケール分類**（略して**グローバル分類**、14〜15ページ参照）」は、第Ⅰ章で書いたように、国内では北海道、秋田県、石川県、国外の南半球では昭和基地、南極マクマード基地、南極点基地、北半球ではカナダ、ノルウェー、スウェーデン、フィンランド、グリーンランド、スバルバール諸島といった多くの極域を含んだ観測結果を加えたものです。気象学的分類との大きな相違は、次の通りです。

①気象学的分類のN：**針状結晶**とC：**柱状結晶**を整理して統合し、整合性をとって新たに【**C：柱状結晶群**】としました。

②中緯度帯で最も代表的な結晶形である「**角板**」型、「**扇六花**」型、「**樹枝六花**」型を中分類に格上げし、【**N：板状結晶群**】を充実させました。

③従来の大分類のCP：**柱状・板状組合せ**とS：**側面結晶**を統合して、新たに発見された数多くの結晶を含めた新しい大分類【**CP：柱状・板状結晶群**】をつくり、中分類にCP６：**骸晶状結晶**、CP７：**御幣状結晶**、CP８：**矛先状結晶**、CP９：**鴎状結晶**を加え、従来の分類を大きく改変しました。

④従来のＮ２ａ：**針組合わせ**、Ｎ２ｂ：**鞘組合せ**、Ｎ２ｃ：**針状角柱組合せ**など、降ってくる途中で付着・併合した結晶を、新たに大分類【**A：付着・併合結晶群**】としました。

⑤極域の観測事実が増えたことにより、【**G：初期結晶群**】を全面的に見直し、充実させました。

⑥「一般分類」「気象学的分類」が対象外としていた、1949年国際雪氷委員会が制定した10種の「実用分類」に採用されている**霙**、**凍雨**、**雹**に、極域で多く発見した**凍結雲粒**や**凍結小雨滴**を加えて、新たに【**H：その他の固体降水群**】としました。

⑦【R：雲粒付結晶群】と【I：不定形群】はマイナーな変更にとどめました。

その結果、新しいグローバル分類は、**８大分類**、**39中分類**、**121小分類**となりました。

これによって、従来の中緯度帯での観測をもとにした分類に、北極、南極を含む極域の低温条件下で観測された雪の結晶のほとんどすべてが含まれることになりました。まさに「グローバル分類」と呼ぶにふさわしい新しい分類が完成したと自負しています。

表1　中谷宇吉郎博士による「一般分類」(中谷, 1949)

- Ⅰ 針状結晶
  - 1）単なる針
  - 2）針組合せ
- Ⅱ 角柱状結晶
  - 1）単なる角柱
    - i）角錐
    - ii）砲弾型
    - iii）角柱
  - 2）角柱組合せ
    - i）砲弾集合
    - ii）角柱集合
- Ⅲ 板状結晶
  - 1）正規六花型
    - i）角板
    - ii）扇形
    - iii）枝付角板
    - iv）広幅樹枝
    - v）星状
    - vi）普通樹枝
    - vii）羊歯状
    - viii）角板付六花
    - ix）樹枝付角板
  - 2）三花四花系
  - 3）十二花結晶
  - 4）畸型
  - 5）立体六花
  - 6）立体放射型
- Ⅳ 角柱板状組合せ
  - 1）鼓型
  - 2）平板付砲弾型
  - 3）「粉雪」(角柱板状不規則集合)
- Ⅴ 側面結晶
- Ⅵ 雲粒付結晶
  - 1）雲粒付結晶、各種
  - 2）厚板
  - 3）霰状雪
  - 4）霰
- Ⅶ 無定形
  - 1）氷片状
  - 2）雲粒付無定形

表２　孫野長治博士らによる「気象学的分類」(孫野ら, 1966年)

- N　針状結晶
  - 1．単なる針
    - a．単針
    - b．束状針
    - c．単鞘
    - d．束状鞘
    - e．針状角柱
  - 2．針状結晶組合せ
    - a．針組合せ
    - b．鞘組合せ
    - c．針状角柱組合せ
- C　角柱状結晶
  - 1．単なる角柱
    - a．ピラミッド
    - b．盃
    - c．無垢砲弾
    - d．中空砲弾
    - e．無垢角柱
    - f．中空角柱
    - g．無垢厚板
    - h．骸晶
    - i．渦巻
  - 2．角柱組合せ
    - a．砲弾集合
    - b．角柱集合
- P　板状結晶
  - 1．正規六花
    - a．角板
    - b．扇形
    - c．広巾六花
    - d．星状六花
    - e．普通樹枝
    - f．羊歯状六花
  - 2．変遷六花
    - a．角板付六花
    - b．扇形付六花
    - c．角板付樹枝
    - d．扇形付樹枝
    - e．枝付角板
    - f．扇形付角板
    - g．樹枝付角板
  - 3．不規則六花
    - a．二花
    - b．三花
    - c．四花
  - 4．十二花
    - a．広巾十二花
    - b．樹枝十二花
  - 5．畸形
  - 6．立体型
    - a．立体扇形付角板
    - b．立体樹枝付角板
    - c．立体扇形付樹枝
    - d．立体樹枝付樹枝
  - 7．放射型
    - a．放射角板
    - b．放射樹枝
- CP　角柱・板状組合せ
  - 1．鼓型結晶
    - a．角板付角柱
    - b．樹枝付角柱
    - c．段々鼓
  - 2．砲弾･板状組合せ
    - a．角板付砲弾
    - b．樹枝付砲弾
  - 3．縁高結晶
    - a．針付六花
    - b．角柱付六花
    - c．渦巻付六花
    - d．渦巻付角板
- S　側面結晶
  - 1．側面結晶
  - 2．鱗型側面結晶
  - 3．側面、砲弾、角柱の不規則集合
- R　雲粒付結晶
  - 1．雲粒付結晶
    - a．雲粒付針状結晶
    - b．雲粒付角柱状結晶
    - c．雲粒付角板
    - d．雲粒付六花
  - 2．濃密雲粒付結晶
    - a．濃密雲粒付角板
    - b．濃密雲粒付六花
    - c．雲粒付立体六花
  - 3．霰状雪
    - a．六花霰状雪
    - b．塊状霰状雪
    - c．枝付霰状雪
  - 4．霰
    - a．六花霰
    - b．塊状霰
    - c．紡錘状霰
- I　不定形
  - 1．氷粒
  - 2．雲粒付雪粒
  - 3．結晶破片
    - 枝破片
    - 雲粒付破片
  - 4．その他
- G　初期結晶
  - 1．小角柱
  - 2．初期骸晶
  - 3．小角板
  - 4．小六花
  - 5．小角板集合
  - 6．小不規則結晶

※編著者注　　R2cは「濃密雲粒付立体六花」が正しい

プラスチック樹脂を使って雪の結晶をかたどることができる

美しい雪の結晶を見た人なら、誰もが何とかしてそのままの姿を保存したいと思うのは当然のことでしょう。1949 年当時アメリカのゼネラル・エレクトリック研究所にいた V.J. シェーファー博士（後にニューヨーク州立大学大気科学研究センター教授）は、合成樹脂を使った方法で雪の結晶を複製する方法を考案しました。彼はこの方法でかたどった結晶を「雪の化石」と呼びましたが、今日ではこの方法はレプリカ法として知られています。レプリカとは、複製という意味で、二塩化エタンの 100 に対してポリビニールホルムバールを重量比にして 1%くらい溶かした溶液で、レプリカ液（今日では市販されています）と呼ばれています。あらかじめ－5℃以下に冷やしたスライドグラスに塗布または採取した雪の結晶に、この溶液を一滴滴下するだけで1時間ほどたつと、プラスチックの皮膜が形成され、レプリカが完成します（図1）。図2 は 1968 年、南極昭和基地でつくった「樹枝六花」と「鞘」のレプリカの顕微鏡写真です。

この方法は柱状結晶や板状結晶などの2次元に成長した結晶には有効ですが、立体状や放射状結晶のような3次元に成長した結晶の複製には向いていません。立体的に伸びた枝がレプリカ液によって崩れてしまうからです。そのような結晶には、液状の光硬化性樹脂（商品名：アロニックス LC0208）に結晶を浸漬した後、光照射によって硬化させる方法が開発されており、現在有効な手段となっています。（菊地）

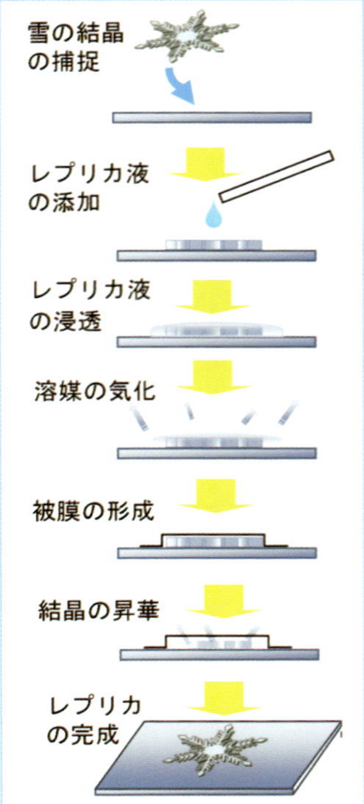

図1　レプリカが完成するまでの過程

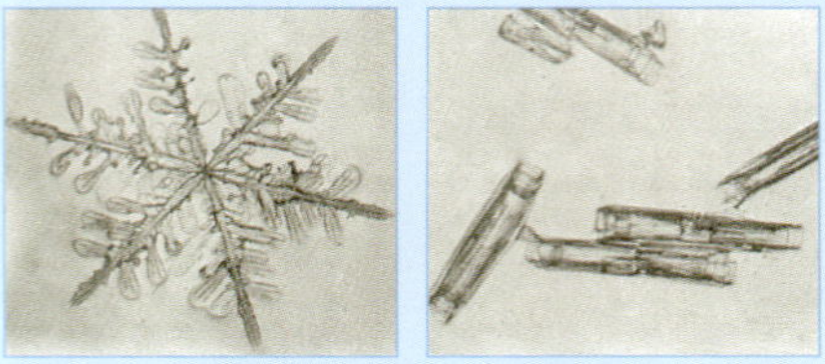

図2　昭和基地でつくった結晶のレプリカ。左は樹枝六花型、右は鞘型。

Ⅳ
身近な雪の情景

菊地勝弘

1．雪の情景

ある雪の日の朝、車を駆って原始林に向かいました。この原始林は春の山菜、夏の緑、秋のきのこと知る人ぞ知る格好のお散歩コースですが、冬の雪道は除雪されることもなく、その入り口にまでしか行くことができません。ここからは車を降りてカメラ一式を入れたバッグを持ち、とにかく行けるところまで行こうと決めて歩き始めました。ほどなく、二股にさしかかりました。どちらの小道を選ぼうかと少し迷いましたが、右側を選んで少し進みました。小道の右側は針葉樹が、左側には雑木が無造作に生えた何の変哲もないこの道。でもこの道の向こうには何か雪の精に出会えるような気がしたからです。いつの間にか先ほどよりも雪が少し強くなっていました。積雪だけの何とも殺風景なこの小道の脇を見ると、気がつかなかったが赤茶けた枯れ雑草の中に、ひときわ緑色したササの葉が目に入りました。深い雪を一歩一歩近づくと、その葉の上には降ったばかりの雪がわずかに乗っかっているのです。顔を近づけてよく見ると、なんと代表的な樹枝六花の結晶がすまし顔で乗っかっているのです。一方、針葉樹の下枝を見ると、そこにもたくさんの「樹枝六花」型が。急ぎカメラを取り出してシャッターを切ったのはいうまでもありません。そのとき、思いました。——そうだ、これが雪の精なのだ。誰にも見られることもなく、しかし、凛(りん)としてその表情を保ってはいるが、降り積もる雪の重みで葉から落下し、または蒸発してそのはかない一生が終わってしまうのは間近なのだ。右手の小道を選んだのは正解だった。天からの贈り物だったのだ——。

図１　「樹枝六花」型の雪の結晶

ところで、みなさんはどんな情景の時に「ああ、雪だあ」という表現を使いますか？　そうですね、きっと、晩秋から初冬にかけて、部屋の窓から何気なく外を見たらそこには「白いもの」が、音もなくふわふわと浮いているようにも見える「降っている雪」のとき、そう「降雪」です。

この降ってきた雪の１個がコートや上着の袖に付着して、その輪郭が比較的はっきりと６本の枝から構成されているのを確認できたとき、そう、それが単体の「雪の結晶」です。**図１**は誰もが知っている最も対称性の美しい「樹枝六花」型とか樹枝状結晶といわれる結晶です。気象観測業務には雪の結晶の種類や大きさなどといったことは観測項目に入っていませんから、雪の結晶は主に研究者や、結晶の美しさに魅了された人たちが注目するだけです。

雪がある程度降り続くと地表に積もります。朝起きて、カーテンを開けると昨夜来の新雪がうっすらと積もっていた、などということは誰もが経験することです。雪が積もっている「積雪」です。“雪の朝二の字二の字の下駄のあと”という元禄の四俳女の一人、田捨女（でんすてじょ）の有名な俳句があります。まさに数cmの初雪の光景を表現していますが、下駄をあまり履（は）かない世代にとっては、二の字二の字が何なのかわからないかもしれませんね。

図２　積雪断面の層構造（積雪深80cm）

気象庁の観測項目の中には積雪内部の観測はありませんが、いろいろな研究観測の目的のために、積雪内部を詳しく調べることがあります。これを積雪断面観測といいます。

積雪に穴を掘り、鉛直方向に切り出した雪の断面には、肉眼でも積雪にいろいろな層構造のあることがわかります。この層構造をよりはっきりさせるために、積雪断面にブラシをかけると、固い層と軟らかい層の区別が明瞭になります。また、薄めたインクを噴霧器でスプレーすると細かな層構造がインクの濃淡で、鮮やかなコントラストをつくり出します（**図２**）。積雪断面観測では、積雪の層構造、雪温、雪質粒度、硬度、含水率、全水量などが測定されます。これらの測定が必要なのは、雪崩災害などがあった時など、発生原因と密接な関係があるからです。それと同時に、積雪を構成している雪質がどんな性質だったかも重要な要素です。

平たんな平野部の積雪は時間的変化、温度的変化があっても積雪表面、積雪内部の雪質や密度が変わるだけで、特に問題はありません。しかし、山間部の斜面の積雪は、多量の新雪や雨が降ったりすることによって、積雪面が不安定となり、いろいろの形で雪崩を発生させます。それらはすべり面の形態によって、たとえば多量の新雪によって発生する表層雪崩、また降雨などによって発生する全層雪崩、またそれらは発生の形によって一点から発生した点発生か、かなり幅広い斜面から発生した面発生かに分けられ、さらに乾雪か湿雪かといった雪質の違いによって分けられるので、たとえば点発生乾雪表層雪崩から面発生湿雪全層雪崩の６種に分けられます。

一方、積雪表面にはときどき「おやっ」と思うような現象が現れ、私たちを楽しませてくれます。さらりと降った新雪は、太陽の位置と、観測者の位置との関係から特にキラキラと輝くいくつもの単体の結晶があることに気づきます。そうっと近づいて注視すると、降りやんでからしばらくたっているのに、降ってきたときのままの姿、特に「樹枝六花」型はその大きめのサイズから鮮やかな容姿を浮かびたたせています。見る人によっては、雪原は雪の花で満開なのです。中谷宇吉郎博士と花島政人博士の著書『霜の花』のプロローグの中で、「北国の冬にも咲く花がある　一年の半ばを雪に埋もれて暮らす人々にとっては、朝ごとにわが家の窓ガラスに咲くこれらの花が何よりの慰めである。この冬の花を、われわれは霜の花と呼んでいる」というものです。ここでいう霜の花は「窓の霜」または「窓霜」のことで、「霜華（しもばな）」ということもあります。代表的な「樹枝六花」型は六花（りっか）（六華）ともいいますが、雪原一面に咲く雪の花は「雪華（ゆきはな）」といっても良いのではないでしょうか。

「雪俵（ゆきだわら）」、地方によっては「雪まくり」といわれる現象もあります。寒気に伴って降雪があり、その後暖気が入ると、積雪表面は湿潤でその内部はまだ乾燥している場合があります。そんな状態のとき、樹木から雪の塊が落下すると、それが芯になって斜面を転げ落ちることになります。雪の塊は回転すると同時に表層の雪をまるで「のり巻き」か、かまぼこの「だて巻き」をつくるようにどんどん直径が大きくなり、雪俵ができるのです。ときには直径50〜60cmくらいになることもあります。平野部では突風の時に雪面がまくれることが発端となって雪俵ができることもあります。

「雪えくぼ」という、かわいらしい名前の現象がおきることもあります。これは新雪が積もった後に、雪面が暖気や強い日射を受けて、雪面のところどころにえくぼのように凹（くぼみ）状の模様ができる現象です。雪えくぼの分布の配列は不規則で、当時の気温や日射、新積雪の深さによるともいわれています。

平野部ではもう雪が消え、春の足音が聞こえるころになると、山の斜面には山肌と残雪との兼ね合いでいろいろな動物や人間の形のような模様が現れます。これは「雪形（ゆきがた）」と呼ばれます。今日のように農作業に伴う最良の情報のなかった時代には、山肌がつくり出す模様は農村での重要な農耕をはじめとする農作業開始の目安となったものです。「雪形」には白く残る雪と、逆に残雪が早く解けて黒い斜面が何かの形に見えることの両方があり、古くは残雪絵という言葉もあったようですが、現在では「雪形」で統一されているようです。有名なのは、長野県白馬村の白馬岳の「代（しろ）かき馬」（**図3**）でしょう。雪解けによって、山腹に巨大な黒い馬が現れ、「田に馬を入れて代かきをしても良いころ」の指標となってきました。最近でも日本アルプスの雪形は農家の自然暦の一つとして使われているのですが、それよりも自然に親しむという意味の方が大きいかもしれません。

図3　長野県白馬岳の雪形「代かき馬」（納口恭明氏撮影）

2．雪のデザイン

雪の結晶はその六方対称という対称性の美しさ、また光の反射・屈折・散乱などにより白く見え、その清らかさから美しいものの代表とされてきました。古くは多様な雪の文様を身近な道具の図柄としても採用してきました。着物や家具、食器の模様には雪の六角形を丸くかたどった「雪輪」が、また剣のつば、風呂敷、そして落雁やもろこしといったお菓子にもその六角形の美しさが雪華文様として多く使われてきています。最近では、照明器具などにもそのデザインが使用されています。石川県加賀市潮津町にある「中谷宇吉郎 雪の科学館」が主催する「雪のデザイン賞」募集で、その人気が一気に高まり、クリスマスを中心にオーナメントやグッズなどが出回っています。

2000年には当時の郵政省が発行する文化人切手に生誕100年を記念して、中谷宇吉郎博士が雪の結晶を顕微鏡で見ている姿と雪の結晶がセットになった切手が発行されました。最近、オーストリアで発行された雪の結晶を図柄とした切手シリーズも大変美しい切手です。

雪の結晶はまた紋章や校章としても数多く利用されています。日本で最初に雪の結晶をスケッチした、下総國古河（現在の茨城県古河市）のお殿様、土井利位による「雪華図説」(1833) と「続雪華図説」(1840) があります。その古河市では市立の小中学校の多くが校章に雪の結晶を図案化したものを使っています。札幌市には小中学校・高校が計300校以上もあり、すべての学校がというわけではありませんが、それでも雪の結晶がどこかに表されている校章が多いようです。最近ではシャンデリアや門灯などにも雪のデザインが採用されているのは見ているだけでも楽しいものです（**図4**）。

図4　雪の結晶をデザインした門灯

中谷博士が人工雪の生成に成功した場所は、当時の北海道大学常時低温研究室（北海道大学低温科学研究所の前身）ですが、低温科学研究所が別の場所に移転した後、建物は1978年に撤去されました。この由緒ある場所に1979年、中谷博士にゆかりの深かった門下生など関係者の寄付によって記念碑が建立されました。雪の分類では「角板」型といわれる六角平板状にかたどられた白御影石に彫りこまれた「人工雪誕生の地」の文字は、人工雪の共同研究者であり、教え子の一人でもあった北大理学部物理学科３期生の関戸弥太郎氏の筆です（**図５**）。1979年７月４日に記念碑の落成除幕式が行われ、中谷博士の雪の研究を継承した孫野長治博士が碑文を読み上げました。中谷博士のお墓は、生まれ故郷の石川県加賀市中島町にありますが、墓碑の台座は御影石で「角板」型をかたどったものです。

図５　「人工雪誕生の地」の碑の除幕式
（除幕しているのは中谷宇吉郎博士の妻、静子さん）

雪の結晶をあしらった記念硬貨もあります。財務省は2008年、地方自治法施行60周年を記念して、日本全国47都道府県ごとの図柄で1000円と500円の記念硬貨を発行すると発表、その第１弾として2008年７月に行われた北海道洞爺湖サミットに合わせて北海道の記念硬貨を発行しました。1000円記念硬貨は直径40mmの純銀製で、表面はサミットの開催された洞爺湖とその背景に羊蹄山、タンチョウなどが描かれており、表面に４種類６個、裏面にも２種類12個もの雪の結晶が描かれています。500円記念硬貨も表は２種類６個の雪の結晶が描かれているのです。昔から日本では雪月花、つまり春の桜、秋の月、冬の雪を美しいものの代表として、古くから歌に詠まれ、絵画に残されてきました。「雪は天から送られた手紙である」と同時に、雪は「天からの贈り物」なのです。とはいっても、南北に長い日本列島の、特に南西諸島の人々にとっては、やはり雪は遠い世界の物語か、歌としての記憶でしかないかもしれません。

3．雪のうた

北海道や北東北で本格的に冬の前触れとしてやってくるのが霰（あられ）です。地上気温はまだプラスなのに、この霰は雲の中でたくさんの過冷却（氷点下の温度でも凍結しないで液体の水のままの状態）の雲粒を捕捉して凍結させ、雲粒付結晶（うんりゅうつきけっしょう）となり、さらに多くの雲粒が捕捉されて濃密雲粒付結晶（のうみつうんりゅうつきけっしょう）から霰状雪（あられじょうゆき）へと変化して霰へと変わります。その証拠に、霰の表面に付着している雲粒を根気よく丹念に竹串やつまようじで１個ずつ取り除いてゆくと、中から雪の結晶や凍結雲粒が現れることがあります。

路面にまだ雪が積もっていない時期、霰の粒子は屋根の上やアスファルトの路上でポンポンと飛び跳ねます。この様子が子供たちには人気があり、きっと、お母さんと一緒に「雪やコンコ、あられやコンコ」をうたうきっかけになるのでしょう。このコンコは地方によっては「雪コンコン」とか「雪やコーンコン」となりますが、秋田や宮城、京都でも同じような表現というのは面白いですね。このように童謡にうたわれる雪や霰は、待ちわびていたものがやっとやって来たという楽しさが感じられますが、子供たちには雪除けなどの苦労はわからないでしょうから当然かもしれません。数ある歌謡曲ではどちらかというと厳しい寒さや、別れ、思い出といった、寂しい、または現実の厳しさをうたっているものが多いように私には感じられますが、皆さんはいかがですか。

私の好きな内村直也作詞、中田喜直作曲の「雪の降るまちを」や、作詞作曲サルバトーレ・アダモ、日本語詞安井かずみの「雪が降る」もどちらかというと雪のソフトな雰囲気が出ていますが、「雪よ岩よ　われ等が宿り」の「雪山讃歌」は第１次日本南極地域観測隊越冬隊長だった西堀栄三郎の作詞のこの歌は、もともとはアメリカ民謡の「いとしのクレメンタイン」です。西部劇映画「荒野の決闘（原題は My Darling Clementine）」の主題歌でもあります。それを雪山賛歌としたわけですから、ちょっと雰囲気が違いますね。この映画を何度も観た山男たちに一気に広がったのかもしれません。みなさんはどんな雪の歌を口ずさみますか。

雪の結晶名の和・英対照表
（菊地・亀田ほか, 2011）

G	I	E	和　名	英　名
C			柱状結晶群	Column crystal group
	C1		針状結晶	Needle-type crystal
		C1a	針	Needle
		C1b	束状針	Bundle of needles
		C1c	針集合	Combination of needles
	C2		鞘状結晶	Sheath-type crystal
		C2a	鞘	Sheath
		C2b	束状鞘	Bundle of sheaths
		C2c	鞘集合	Combination of sheaths
	C3		角柱状結晶	Column-type crystal
		C3a	角柱	Solid column
		C3b	骸晶角柱	Skeletal column
		C3c	巻込骸晶角柱	Skeletal column with scrolls
		C3d	細長角柱	Long solid column
		C3e	角柱集合	Combination of columns (Column rosettes)
	C4		砲弾状結晶	Bullet-type crystal
		C4a	角錐	Pyramid
		C4b	砲弾	Solid bullet
		C4c	骸晶砲弾	Skeletal bullet
		C4d	砲弾集合	Combination of bullets (Bullet rosettes)
P			板状結晶群	Plane crystal group
	P1		角板状結晶	Plate-type crystal
		P1a	角板	Plate
		P1b	厚角板	Thick solid plate
		P1c	骸晶角板	Skeletal plate
	P2		扇状結晶	Sector-type crystal
		P2a	扇六花	Sector
		P2b	広幅六花	Broad branches
	P3		樹枝状結晶	Dendrite-type crystal
		P3a	星六花	Stellar
		P3b	樹枝六花	Dendrite
		P3c	羊歯六花	Fern
	P4		複合板状結晶	Composite plane-type crystal
		P4a	角板付六花	Stellar with plates
		P4b	扇付六花	Stellar with sectors
		P4c	角板付樹枝	Dendrite with plates
		P4d	扇付樹枝	Dendrite with sectors
		P4e	枝付角板	Plate with branches
		P4f	扇付角板	Plate with sectors
		P4g	樹枝付角板	Plate with dendrites
	P5		分離・多重六花状結晶	Separated and multiple dendrite-type crystals
		P5a	二花	Two branches
		P5b	三花	Three branches
		P5c	四花	Four branches
		P5d	十二花	12-branches
		P5e	十八花	18-branches
		P5f	二十四花	24-branches
	P6		立体状結晶	Spatial assemblage of plane-type crystal
		P6a	立体扇付角板	Plate with spatial sectors
		P6b	立体樹枝付角板	Plate with spatial dendrites
		P6c	立体扇付樹枝	Dendrite with spatial sectors
		P6d	立体樹枝付樹枝	Dendrite with spatial dendrites
	P7		放射状結晶	Radiating assemblage of plane-type crystal
		P7a	放射角板	Radiating assemblage of plates
		P7b	放射樹枝	Radiating assemblage of dendrites
	P8		非対称板状結晶	Asymmetrical plane - type crystal
		P8a	非対称板状	Asymmetrical plane
		P8b	複雑多重角板	Complex multiple plates
CP			柱状・板状結晶群	Combination of column and plane crystals group
	CP1		鼓状結晶	Column with plane - type crystals (capped column)
		CP1a	角板鼓	Column with plates
		CP1b	樹枝鼓	Column with dendrites
		CP1c	多重鼓	Column with multiple planes
	CP2		砲弾・板状結晶	Combination of bullets with plane-type crystal
		CP2a	角板付砲弾	Bullet with plate
		CP2b	樹枝付砲弾	Bullet with dendrite
		CP2c	角板付砲弾集合	Combination of bullets with plates
		CP2d	樹枝付砲弾集合	Combination of bullets with dendrites
	CP3		柱状・板状結晶	Plane crystals with column-type crystal
		CP3a	針付六花	Dendrite with needles
		CP3b	角柱付六花	Dendrite with columns
		CP3c	巻込骸晶付六花	Dendrite with scroll
		CP3d	針付角板	Plate with needles
		CP3e	角柱付角板	Plate with columns
		CP3f	巻込骸晶付角板	Plate with scroll
	CP4		交差角板状結晶	Crossed plate-type crystal
		CP4a	交差角板	Crossed plates
		CP4b	連鎖交差角板	Chained crossed plates
		CP4c	放射交差角板	Radiating assemblage of crossed plates
	CP5		柱状・板状の不規則結晶	Irregular crystal of combination of columns and planes type crystal
		CP5a	角柱・砲弾・交差角板の不規則結晶	Irregular crystal of combination of columns, bullets and crossed plates
	CP6		骸晶状結晶	Skeletal-type crystal
		CP6a	骸晶四角形	Skeletal tetragon
		CP6b	多結晶骸晶四角形	Polycrystalline skeletal tetragon
		CP6c	多重骸晶四角形	Multiple skeletal tetragon
		CP6d	複雑骸晶多角形	Complex skeletal polygon
		CP6e	骸晶角柱・交差角板	Combination of skeletal columns and crossed plates
		CP6f	骸晶砲弾・四角形	Combination of skeletal bullets and tetragon
		CP6g	多角形骸晶集合	Combination of skeletal polygons

		CP6h	複雑柱面構造	Complex prism plane structures
	CP7		御幣状結晶	Gohei twin-type crystal
		CP7a	御幣	Gohei twin
		CP7b	砲弾付御幣	Gohei twin with combination of bullets
		CP7c	交差角板付御幣	Gohei twin with crossed plates
		CP7d	角柱御幣	Gohei twin composed of multiple columns
		CP7e	対称御幣	Double symmetrical gohei twin
		CP7f	氷柱御幣	Iciclelike gohei twin
		CP7g	多重菱形御幣	Multiple lozenge gohei twin
	CP8		矛先状結晶	Spearhead-type crystal
		CP8a	矛先	Spearhead
		CP8b	砲弾集合付矛先	Spearhead with combination of bullets
		CP8c	交差角板付矛先	Spearhead with crossed plates
		CP8d	多重矛先	Multiple spearhead
	CP9		鴎状結晶	Seagull-type crystal
		CP9a	内側角板付鴎	Seagull with attached plates inside wings
		CP9b	外側角板付鴎	Seagull with attached plates outside wings
		CP9c	両側角板付鴎	Seagull with attached plates on both sides of wings
		CP9d	内側鋸歯付鴎	Seagull with attached serrate crystals inside wings
		CP9e	外側鋸歯付鴎	Seagull with attached serrate crystals outside wings
A			付着・併合結晶群	Aggregation of snow crystals group
	A1		柱状結晶の併合	Aggregation of column-type crystals
		A1a	角柱・砲弾集合等の併合	Aggregation of combination of columns and bullets
	A2		板状結晶の併合	Aggregation of plane-type crystals
		A2a	角板・樹枝状等の併合	Aggregation of combination of plates and dendrites
	A3		柱状・板状結晶の併合	Aggregation of column and plane-type crystals
		A3a	柱状・板状・交差角板等の併合	Aggregation of combination of columns, planes and crossed plates
R			雲粒付結晶群	Rimed snow crystal group
	R1		雲粒付結晶	Rimed crystal
		R1a	雲粒付柱状	Rimed column
		R1b	雲粒付角板	Rimed plate
		R1c	雲粒付六花	Rimed dendrite
		R1d	雲粒付立体	Rimed spatial branches
	R2		濃密雲粒付結晶	Densely rimed crystal
		R2a	濃密雲粒付柱状	Densely rimed column
		R2b	濃密雲粒付角板	Densely rimed plate
		R2c	濃密雲粒付六花	Densely rimed dendrite
		R2d	濃密雲粒付立体	Densely rimed spatial branches
	R3		霰状雪	Graupel-like snow
		R3a	六花霰状雪	Graupel-like snow of hexagonal shape
		R3b	塊霰状雪	Graupel-like snow of lump shape
		R3c	枝付霰状雪	Graupel-like snow with non-rimed branches
	R4		霰	Graupel
		R4a	六花霰	Hexagonal graupel
		R4b	塊霰	Lump graupel
		R4c	紡錘霰	Cone graupel
G			初期結晶群	Germ of ice crystal group
	G1		柱状氷晶	Column type ice crystal
		G1a	角柱氷晶	Column ice crystal
		G1b	扁平角柱氷晶	Tabular column ice crystal
	G2		板状氷晶	Plane type ice crystal
		G2a	角板氷晶	Plate ice crystal
		G2b	非六角板氷晶	Non-hexagonal ice crystal
		G2c	六花氷晶	Dendrite ice crystal
	G3		多面体氷晶	Polyhedral type ice crystal
		G3a	十四面体氷晶	14 − faces polyhedral ice crystal
		G3b	二十面体氷晶	20 − faces polyhedral ice crystal
	G4		多結晶氷晶	Polycrystalline type ice crystal
		G4a	角板氷晶集合	Assemblage of hexagonal ice crystals
		G4b	複雑交差角板集合	Complex crossed plates ice crystal
		G4c	不規則氷晶	Irregular ice crystal
I			不定形群	Irregular snow particle group
	I1		氷粒	Ice particle
		I1a	氷粒	Ice particle
	I2		雲粒付雪粒	Rimed snow particle
		I2a	雲粒付雪粒	Rimed snow particle
	I3		結晶破片	Broken snow particle
		I3a	結晶破片	Broken snow particle
H			その他の固体降水群	Other solid precipitation group
	H1		凍結降水	Frozen hydrometeor particle
		H1a	凍結雲粒	Frozen cloud particle
		H1b	連鎖凍結雲粒	Chained frozen cloud particles
		H1c	凍結小雨滴	Frozen small rain drop
	H2		霙	Sleet particle
		H2a	霙	Sleet particle
	H3		凍雨	Ice pellet
		H3a	凍雨	Ice pellet
	H4		雹	Hail stone
		H4a	雹	Hail stone

※表中のG、I、Eはそれぞれ大分類、中分類、小分類を意味する

【著者略歴】

菊地 勝弘　きくち・かつひろ　●本文、コラム、顕微鏡写真、写真

北海道大学名誉教授、秋田県立大学名誉教授、日本気象学会名誉会員。1934年（昭和 9 年）、根室管内標津町生まれ。北海道大学大学院修了。理学博士。北海道大学理学部助教授を経て 1980年、北海道大学理学部教授、大学院教授。1998年、北海道大学定年退官。1999～2005年、秋田県立大学教授。1967～1969年第 9 次日本南極地域観測隊越冬隊員（昭和基地）。1975年、78年、アメリカ南極観測隊員（南極点基地）。1974年、日本気象学会賞。1997年、紫綬褒章（気象学研究功績）、北海道科学技術賞、日本雪氷学会功績賞。2000年日本気象学会藤原賞。2009年、瑞宝中綬章。2013 年、北海道新聞文化賞（学術部門）。『実験気象学入門（共著）』（東京堂出版）『雲と霧と雨の世界—雨冠の気象の科学〈1〉』『雪と雷の世界—雨冠の気象の科学〈2〉』『雲の博物館（共著）』（いずれも成山堂書店）など著書多数。札幌市在住。

梶川 正弘　かじかわ・まさひろ　●コラム、顕微鏡写真

秋田大学名誉教授。1940年（昭和15年）、上川管内剣淵町生まれ。北海道大学大学院修了。理学博士。秋田大学教育学部助教授を経て 1982年、教育学部教授。1998年、秋田大学工学資源学部教授。2005年、秋田大学定年退官。1987～1988年、アメリカ大気科学研究センター研究員。1998年日本気象学会賞。2002 年、日本雪氷学会学術賞。後志管内余市町在住。

【装幀・レイアウト】
桜井 茜（クライ・アント）

【図版制作】
鈴木真理子、石川京介

雪（ゆき）の結晶図鑑（けっしょうずかん）

2011年12月17日　第1版第1刷発行
2016年10月31日　第1版第3刷発行

著　者　菊地勝弘、梶川正弘
発行者　鶴井　亨
発行所　北海道新聞社
〒060－8711　札幌市中央区大通西3丁目6
出版センター（編集）011-210-5742
（営業）011-210-5744
印刷所　山藤三陽印刷株式会社
製本所　石田製本株式会社

ISBN 978-4-89453-629-6　C0044

北海道新聞社の科学シリーズ

北海道の森林

北方森林学会　編著

森林科学の第一線で活躍する研究者 76 人が、北海道の森の姿をわかりやすく解説する。地球温暖化、大気汚染、病害虫、ヒグマや野鳥などの野生生物、森と海の物質循環、林業、津波と海岸林、放射能汚染と生態系の回復など、「森でいま何がおきているか」を知るための一冊。

A 5判　320 ページ

北海道の活火山

勝井義雄・岡田弘・中川光弘

駒ケ岳、有珠山、樽前山、十勝岳、雌阿寒岳という最も活動的な 5 火山を中心に、北海道の 20 火山を紹介。主要 5 火山のハザードマップ、有珠山噴火の貴重な写真も収録した。防災関係者も必読の一冊。

A 5判　240 ページ

北海道の湿原

辻井達一・岡田操・高田雅之

釧路湿原、サロベツ原野、猿払湿原群、オホーツク海沿岸、野付半島、霧多布湿原、雨竜沼、大雪山系、利尻島・礼文島など個性豊かな湿原の特徴を、最新の研究成果を交えて解説。湿原の再生と共存の道を探る。

A 5判　240 ページ